中国通信学会普及与教育工作委员会推荐教材

21世纪高职高专电子信息类规划教材·移动通信系列

21 Shiji Gaozhi Gaozhuan Dianzi Xinxilei Guihua Jiaocai

通信电源
设备与维护

朱永平 主编

周三 张效民 顾伟 编

Electronic
Information

人民邮电出版社

北 京

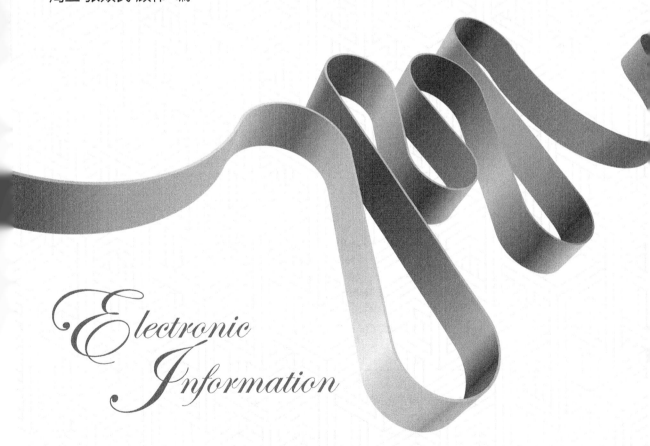

图书在版编目（CIP）数据

通信电源设备与维护 / 朱永平主编. -- 北京：人
民邮电出版社，2013.9（2024.1重印）
21世纪高职高专电子信息类规划教材
ISBN 978-7-115-32453-5

Ⅰ. ①通… Ⅱ. ①朱… Ⅲ. ①通信设备－电源－操作
－高等职业教育－教材②通信设备－电源－维修－高等职
业教育－教材 Ⅳ. ①TN86

中国版本图书馆CIP数据核字(2013)第167379号

内 容 提 要

　　本书是配合移动通信技术省级精品专业建设项目与实施技能型人才培养的要求而编写的。从通信电源系统的总体结构出发，分模块详细介绍了高低压交流配电系统、油机发电机组、交直流配电与安全用电、整流与变换设备、蓄电池、UPS、空调、接地与防雷、动力环境集中监控内容。

　　本书根据高职高专学生的特点，对各模块从原理和理论基础知识进行较为详尽的讲解，又从培养学生实际动手能力的角度出发，对电源设备的操作与维护做了较为基础的阐述。做到"理论够用、突出岗位知识、重视技能应用、引入实践活动"的编写理念。该书语言简洁，内容通俗易懂，可作为高职高专院校通信类非电源专业的教材，也可作为从事通信电源专业工程技术员工的初、中级培训和参考书。

　◆ 主　　编　朱永平
　　　编　　　周 三　张效民　顾 伟
　　　责任编辑　滑 玉
　　　责任印制　彭志环　杨林杰
　◆ 人民邮电出版社出版发行　　北京市丰台区成寿寺路 11 号
　　　邮编　100164　电子邮件　315@ptpress.com.cn
　　　网址　http://www.ptpress.com.cn
　　　固安县铭成印刷有限公司印刷
　◆ 开本：787×1092　1/16
　　　印张：15.5　　　　　　　　2013 年 9 月第 1 版
　　　字数：386 千字　　　　　　2024 年 1 月河北第 19 次印刷

定价：38.00 元
读者服务热线：(010)81055256　印装质量热线：(010)81055316
反盗版热线：(010)81055315
广告经营许可证：京东市监广登字20170147号

前　言

　　当今时代是信息时代，随着通信技术的日新月异，通信网络的规模越来越大。通信电源是通信网重要的子系统，是通信专业的一个分支专业。通信电源是保障通信网络安全可靠运行的前提和基础，是通信的"心脏"。可靠性和节能是通信电源永恒的主题，而可靠性永远是第一位的。一旦供电出现问题，网络再好也是空谈。其重要性不言而喻。因此，让更多的通信工程技术维护人员更多更好地掌握电源方面的知识显得尤为重要。

　　为适应我国高职高专教育"以就业为导向，以能力培养为本位"的要求，本书的作者在多年的教学工作基础上，结合了高职高专的教学要求和特点，经过教学改革与实践，编写了《通信电源设备与维护》一书。本书根据岗位任务需要合理划分模块；做到"理论够用、突出岗位知识、重视技能应用、引入实践活动"的编写理念；较好地体现了面向应用型人才培养的高职高专教育特色。

　　本书共分 10 个模块：通信电源系统概述、高低压交流配电系统、油机发电机组、交直流配电与安全用电、整流与变换设备、蓄电池、UPS、空调、接地与防雷、动力环境集中监控。各模块均体现了相关实践应用环节。

　　本书在编写过程中充分考虑到读者的接受能力和实际需要，尽量做到只讲解最基本的知识，既不进行深入的理论探讨，又尽量避免深奥的数学计算。同时做到了语言通俗易懂，内容实用，实例丰富，便于学生自学和教师施教，为学生今后从事电源设备的维护打下良好的基础，实现高职毕业生零距离上岗的要求；教材也可作为通信行业从事通信电源专业工程技术员工的初、中级培训和参考书。

　　本书由湖南邮电职业技术学院的朱永平、周三、张效民、顾伟集体编写。全书由朱永平主编，周三、张效民、顾伟参编。其中，模块1、模块2由周三编写，模块3、模块4由张效民编写，模块5～模块8由朱永平编写，模块9、模块10由顾伟编写。全书由朱永平统稿。在编写过程中，还得到了中国电信集团公司湖南分公司各级领导的大力支持，得到了湖南邮电职业技术学院陈亮宏老师的悉心指导，在此一并表示衷心的感谢。

　　由于作者编写高职高专教材经验不足，水平有限，征求意见的范围还不够广泛，书中错误和不当之处在所难免，敬请广大读者提出宝贵意见和建议。

编　者

2013 年 5 月

前　言

目　录

通信电源系统概述

本模块学习目标、要求

- 电源在通信中的组成
- 交流供电系统
- 直流供电系统
- 通信系统接地
- 动力环境集中监控系统
- 通信设备对通信电源供电系统的要求
- 通信电源系统发展趋势
- 通信电源专业维护工作基本任务及相关规定

通过学习，了解通信电源系统总体概念，了解分散供电与集中供电概念以及相应的通信电源专业名词；掌握电源在通信中的组成，掌握通信设备对通信电源供电系统的要求。

本模块问题引入

通信电源是向电信设备提供交、直流电的能源，它在通信网中处于极为重要的位置，人们往往把电源设备的供电比喻为电信设备运行的"心脏"。如果通信电源供电质量不佳或中断，则会使通信质量下降，甚至通信设备无法正常工作直至通信瘫痪，造成严重的经济损失和社会影响。因此，要求电源工作人员全面掌握电源设备的基本性能、工作原理和运用维护方法，做好电源设备的维护工作。

任务 1　通信电源系统组成

通信电源设备和设施主要包括：交流市电引入线路，高低压局内变电站设备，油机发电机组，整流设备，蓄电池组，交、直流配电设备等，以及机房空调、UPS、动力环境集中监控系统等设备和设施。另外，在很多通信设备上还配有板上电源，即 DC/DC 变换、DC/AC 逆变。

通信配电就是把上述的电源设备，组合成一个完整的供电系统，合理地进行控制、分配、输送，满足通信设备的要求。

通信电源是专指对通信设备直接供电的电源。在一个实际的通信局（站）中，除了对通信设备供电的不允许间断的电源外，一般还包括对允许短时间中断的保证建筑负荷（比如电梯、营业用电等）、机房空调等供电的电源和对允许中断的一般建筑负荷（比如办公用空调、后勤生活用电等）供电的电源。所以说，通信电源和通信局（站）电源是两个不同的概念，通信电源是通信局（站）电源的主体和关键组成部分。一个完整的电源系统，其组成如图 1-1 所示。

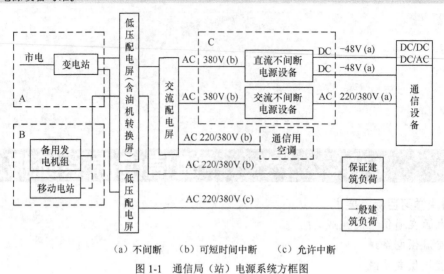

（a）不间断　　（b）可短时间中断　　（c）允许中断

图 1-1　通信局（站）电源系统方框图

任务2　交流供电系统

交流供电系统是由主用交流电源、备用交流电源（油机发电机组）、高压开关柜、电力降压变压器、低压配电屏、低压电容器屏和交流调压稳压设备及连接馈线组成的供电总体。

主用交流电源均采用市电。为了防备市电停电，采用油机发电机等设备作为备用交流电源。大中型通信局（站）采用 10kV 高压市电，经电力变压器降为 380V/220V 低压后，再供给整流设备、不间断电源设备（UPS）、通信设备、空调设备和建筑用电设备等。小型通信局（站）则一般采用低压市电供电。

一、交流供电系统的组成

1．高压开关柜

高压开关柜的主要功能，除了引入高压（一般 10kV）市电并能保护本局的设备和配线外，还能防止由本局设备故障造成的影响波及外线设备。高压开关柜还有操作控制及监测电压及电流的功能。

高压开关柜内安装有高压隔离开关、高压真空断路器（或油断路器）、高压熔断器、高压电压/电流互感器和避雷器等元器件。

2．降压电力变压器

降压电力变压器是把 10kV 高压电源变换到 380V/220V 低压的电源设备。电力变压器一般采用油浸式变压器，也有的采用有载调压变压器。近年来，由于干式电力变压器便于在机楼内安装，因此，也逐渐得到应用。

3．低压配电设备

低压配电设备是将由降压电力变压器输出的低电压电源或直接由市电引入的低电压电源

進行配電，作市電的通斷、切換控制和監測，並保護接到輸出側的各種交流負載。低壓配電設備由低壓開關、空氣斷路開關、熔斷器、接觸器、避雷器和監測用各種交流電表等組成。

4．低壓電容器屏

根據《全國供用電規則》規定："無功電力應就地平衡，用戶應在提高用電自然功率因數基礎上，設計和裝置無功補償設備"以達到規定的要求。通信局（站）以采用低壓補償用電功率因素的原則，裝設電容器屏。屏內裝有低壓電容器、控制接入或撤除電容器組的自動化器件和監測用功率因數表等組成。

5．調壓穩壓設備

在市電電壓變動超出規定時，需裝設調壓設備使輸出電壓穩定在額定電壓允許範圍內。除采用有載調壓變壓器在高壓側調壓外，通信局（站）一般在低壓側調壓，過去曾采用感應調壓器，但因調節速度慢、體積大等問題，現已改用自動補償式電力穩壓器和交流參數穩壓器等設備。

6．柴油發電機組

柴油發電機組是用柴油機作為動力，驅動三相交流發電機提供電能。柴油機利用柴油在發動機氣缸內燃燒，產生高溫、高壓氣體爆燃作功，經過活塞連桿和曲軸機構轉化為機械動力。柴油機分為二沖程柴油機和四沖程柴油機。二沖程柴油機是兩個沖程（曲軸旋轉一周）完成一個工作循環，四沖程柴油機是4個沖程（曲軸旋轉兩周）完成一個工作循環。

二、幾個重要的概念

1．系統容量

系統容量指的是交流供電時，供電設備所能提供的最大功率。如市電供電時，指的就是電力變壓器的額定容量；柴油發電機組供電時指的就是柴油機的額定功率；UPS供電時指的就是UPS的額定功率等。但是它們表示容量的單位卻不一樣，電力變壓器和UPS計量單位是伏安（VA）或千伏安（kVA），我國國家標準（GB）規定發電機組必須用瓦（W）或千瓦（kW）表示。伏安表示的是視在功率，瓦表示的是有功功率。這在實際應用中是有很大的區別的，只有在理想情況下，它們的功率因數都等於1時，在數值上才是相等的。

2．功率因數

功率因數的定義是有功功率與視在功率的比值。功率因數 $\cos\varphi = P/S$ 的物理意義是供電線路上的電壓與電流的相位差的余弦。

國標規定：變壓器的功率因數為 0.8；柴油發電機組的功率因數為 0.85；例如，標稱容量 100kVA 的變壓器，在規定的使用環境下，它的輸出最大有功功率是 80kW；同理，標稱容量是 100kW 的柴油發電機組，在規定的使用環境下，可以提供 116kVA 的視在功率。UPS的功率因數，因類型不同，工作方式不同，實際使用時差異較大。

3．電功和電功率

電功指的是供電系統實際消耗的電能，計量單位是千瓦時（kWh）。電功率指的是在

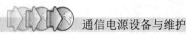
正常工作情况下，负载上消耗的额定功率。在市电和油机供电的情况下，由于每个负载的功率相对于系统总容量较小，故不需要考虑它的瞬时功率；而 UPS 系统供电的情况则不同，负载功率与系统容量比较接近，就必须考虑负载的瞬时功率（例如，负载的启动功率）。

任务3　直流供电系统

直流供电系统是由整流设备、直流配电设备、蓄电池组、直流变换器、机架电源设备和相关的配电线路组成的总体。

按电信设备供电电压允许变动范围的不同要求，可分为窄电压直流供电系统和宽电压直流供电系统；按电源设备的安装地点不同，可分为集中直流供电系统和分散直流供电系统；按馈电线配线方式不同又可分为低阻配电直流供电系统和高阻配电直流供电系统（高阻配电又有一次高阻配线和二次高阻配线等方式）。

组成直流供电系统的主要电源设备的作用和性能如下。

1．换流设备

换流设备是整流设备、逆变设备和直流变换设备的总称。其中，整流设备可将交流电变换为直流电。逆变设备则将直流电变换为交流电。直流变换设备可将一种电压的直流电变换成另一种或几种电压的直流电。

晶闸管（可控硅）整流器是老一代整流设备，由于电路中采用工频变压器，工作频率低，体积和重量都很大，效率也低，故逐步淘汰，取而代之的是高频开关型整流器。

高频开关整流器在技术上先进，具有小型、轻量、高效、高功率因数和高可靠性等显著优点。高频开关整流器机架的输出功率大，机架上装有监控模块，与计算机相结合，组成新一代智能型电源设备，已经替代晶闸管整流器。

随着电力电子学技术和电力半导体器件的发展，换流设备变换电路日趋完善，采用PWM 脉宽调制或谐振技术等控制技术，提高变换频率，采用零电压或零电流开关电路，降低开关工作损耗，使换流技术达到新的水平。

2．蓄电池

在通信电源中蓄电池作为直流备用能源使用。蓄电池可分为酸性电解液（即硫酸）的铅酸蓄电池和碱性电解液（即苛性钾）的碱蓄电池。

铅酸蓄电池自 1859 年普兰特发明以来，已有 150 多年的历史，由于它具有电压稳定性好和可以进行大电流放电的特点，所以在通信局（站）内得到广泛使用，目前铅酸蓄电池已由防酸式铅酸蓄电池发展为阀控式密封铅酸蓄电池。国际上也正在发展其他蓄电池如新型锂电池。

阀控式密封铅酸蓄电池是一种新型的蓄电池，使用过程中无酸雾排出，不会污染环境和腐蚀设备，蓄电池可以和通信设备安装在一起，平时维护比较简便，不需加酸和加水。阀控式密封蓄电池体积较小，可以立放或卧放工作，蓄电池组可以进行层叠式安装，节省占用空间，因此，在 20 世纪 80 年代后期，在我国通信局（站）得到迅速推广使用，已经取代防酸式铅酸蓄电池。蓄电池制造厂正在工艺结构设计上保证电池质量，防止电液渗漏，提高电池使用寿命，并研究开发有效而简便的电池容量测试器。

　　蓄电池正常情况下是与整流器并联工作的，所以它有两个作用：在交流电停电时，自动向直流负载供电，保证直流供电连续不间断；当交流电正常供电时，它可以等效为一个充分大的电容器，滤掉整流器输出的各种谐波（即杂音），保持直流电的纯度，如图 1-2 所示。蓄电池的容量越大，直流电的纯度越高。

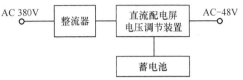

图 1-2　直流不间断电源系统示意图

　　蓄电池与整流器并联工作可以保证供电连续不间断，但并不是高枕无忧，蓄电池放电时，随着放电时间的延长，端电压不断降低；蓄电池充电时，为了保证电池能充足电，充电电压必须提高。这就有供电系统的电压变动范围的问题。一方面，设计直流供电系统时，要充分保证直流负载能承受的电压变动范围（-40～-57V）；另一方面，设计通信设备时，也要考虑蓄电池固有的特性，给出一个合理的供电电压范围，使蓄电池尽可能延长使用寿命。

　　需要特别注意的是，当一套直流系统同时向不同电压范围的交换机供电时，蓄电池的工作方式需兼顾考虑，偏差太大时，需要分别重建直流供电系统，独立供电。

3．直流配电屏

　　直流配电屏是连接和转换直流供电系统中整流器和蓄电池向通信负载供电的电源设备，屏内装有自动空气断路器、接触器、低电熔断器以及电工仪表、告警保护等元器件。

　　直流配电屏按照配线方式不同，分为低阻配电和高阻配电两种，高阻配电屏是把馈线改用小截面电缆出线，每路出线的负线上加装上一定的电阻，如爱立信交换机为 26mΩ。高阻配电的好处是：当任何一路负载发生短路时，供电母线上的电压变动较小，不足以影响其他分路供电，供电系统的可靠性相对较高。

　　除上述供电系统外，还有太阳能供电系统和混合供电系统等。太阳能供电系统由太阳能电池、蓄电池组、迭制配电设备组成，有光照时靠太阳电池供电，并对蓄电池充电，无光照时由蓄电池供电，它是直流供电系统的一种。如果由太阳电池、风力发电、市电或油机发电机等两种或两种以上发电设备供电的系统则称为混合供电系统。

任务 4　通信系统接地

　　为了保证各类通信设备可靠和安全地工作，通常在各种电气设备上设置零电位点，该点在物理上与大地有良好的电气连接，这种连接称为接地。构成接地的一切装置称为接地系统。

　　接地系统通常由接地体、接地引入线、接地汇集线（接地母排）和接地线组成。

　　接地体：埋入地中并直接与大地接触的金属导体（或钢筋混凝土建筑物基础组成的金属导体）。

　　接地引入线：为了减少接触电阻，通常安装多根金属接地体。把多根接地体用一条金属导体连接成一组并接入室内接地母排，该连接导体称为接地引入线。

　　接地汇集线：为了接地的安全和可靠，把不同方向、不同物理位置的接地汇集成一条接地干线，该干线称为接地汇集线或称为接地母线。

接地线：被接地的设备或电源系统与接地母线可靠连接的导体称为接地线。

通信电源按照接地系统的用途可分为工作接地、保护接地和防雷接地。

工作接地按照电源性质分为直流接地和交流接地。

保护接地按保护功能分为设备保护接地和屏蔽接地。

接地系统按照安装方式分为：独立接地系统和联合接地系统。我国在 20 世纪 80 年代考虑到防雷等电位原则，已实施将工作接地、保护接地和防雷接地汇接成一组接地系统的联合接地方式。

任务 5　动力环境集中监控系统

动力环境集中监控系统（以下简称监控系统）是对分布的各个独立的动力设备和机房环境监控对象进行遥测、遥信等采集，实时监视系统和设备的运行状态，记录和处理相关数据，及时侦测故障，并做必要的遥控操作，适时通知人员处理；实现通信局（站）的少人或无人值守，以及电源、空调的集中监控维护管理，提高供电系统的可靠性和通信设备的安全性。

任务 6　通信设备对通信电源供电系统的要求

通过对通信电源系统总体的认识，为了保证通信生产可靠、准确、安全、迅速，我们可以将通信设备对通信电源的基本要求归纳为：可靠、稳定、小型智能、高效率。

1．可靠

这里的可靠，指通信电源不发生故障停电或瞬间中断。所以，可靠性是通信设备对通信电源最基本的要求。要确保通信畅通可靠，除了必须提高通信设备的可靠性外，还必须提高供电电源的可靠性。为了保证供电的可靠，要通过设计和维护两方面来实现。设计方面：其一，尽量采用可靠的市电来源，包括采用两路高压供电；其二，交流和直流供电都应有相应的优良的备用设备，如自启动油机发电机组（甚至能自动切换市电、油机电），蓄电池组等，对由交流供电的通信设备应采用交流不间断电源（UPS）。维护方面：操作使用准确无误，经常检修分析，做到防患于未然，确保可靠供电。

2．稳定

各种通信设备都要求电源电压稳定，不能超过允许的变化范围。因此，电源电压高了会损坏通信设备中的电子元器件，电压低了通信设备都不能正常工作。对于直流供电电源来说，稳定还包括电源中的脉动波要低于允许值，也不允许有电压瞬变，否则，会严重影响通信设备的正常工作。对于交流供电电源来说，稳定还包括电源频率的稳定和应具有良好的正弦波形，防止波形畸变和频率的变化影响通信设备的正常工作。

3．小型智能化

随着集成电路、计算机技术的飞速发展和应用，通信设备正越来越小型化、集成化，为了适应通信设备的发展以及电源集中监控技术的推广，电源设备也正在向小型化、集成化、智能化方向发展。

4．高效率

随着通信设备容量的日益增加，以及大量通信用空调的使用，通信局站用电负荷不断增大。为了节约能源、降低生产成本，必须设法提高电源设备的效率。采用分散供电方式则可节约大量的线路能量损耗。

任务7　通信电源系统的发展趋势

近年来，由于微电子技术和计算机技术在通信设备中的大量应用，通信电源瞬时中断，也会丢失大量信息，所以通信设备对电源可靠性的要求也越来越高。同时，由于通信设备的容量大幅度提高，因此，电源中断将会造成更大的影响。比如，许多大、中城市的通信局（站）容量普遍在2万～3万门以上，通信综合枢纽的装机容量和规模更大，担负的通信任务非常重要，一旦电源中断，将造成巨大的经济损失和极坏的政治影响。

为了确保可靠供电，交流供电系统中应加入不间断电源（UPS）或通信逆变器，如图1-3所示。直流供电系统应采用整流器与蓄电池并联的浮充供电方式。此外，还必须提高各种通信电源设备的可靠性，为此，较先进的高频开关整流器都采用多只整流模块并联工作，某一个模块发生故障不会影响供电。目前，先进的通信电源设备的平均无故障时间可达20年。

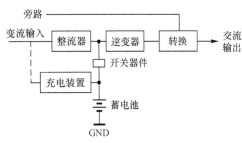

图1-3　交流不间断电源系统示意图

一、提高交流供电系统可靠性

传统的通信电源系统以直流供电为主，为了保证不间断供电，必须配备两组很大容量的蓄电池。近年来大量应用的阀控铅酸蓄电池的价格较高，体积和重量也较大。因此，若以直流供电为主，势必造成电源投资很大，同时，电源机房占用面积也很大。

许多先进通信设备对环境温度的要求很高，机房空调设备的供电非常重要，为了确保空调设备正常工作，必须保证交流电源不间断。此外，许多计费设备、服务器、显示设备等也需要交流电源，采用交流不间断供电后，蓄电池组的容量可以大幅度降低，蓄电池组的提供供电时间可降到1h以内。

近年来，通信局（站）引入两路高压市电同时供电，采用交流不间断电源，通信逆变器，交流稳压电源和无人值守油机发电机组的技术水平迅速提高，大大提高了交流供电的可靠性和供电质量，一旦市电中断，几分钟内，油机发电机组即可正常供电，为交流电提供了有力的技术保障。

二、实施分散供电

通信电源系统按照电源设备与其供电负载所处的相对物理位置分类，分为集中供电和分散供电两种方式。

1. 集中供电

传统的供电方式采用集中供电，即供电设备集中和供电负荷集中。采用集中供电方式电源系统组成方框图如图1-4所示。

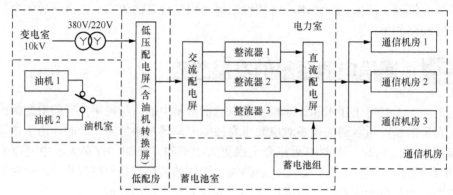

图1-4　集中供电方式系统方框图

（1）集中供电的优点

由于整流器、直流配电屏、变换器、逆变器都集中放置在电力室内，各类电压的蓄电池组都集中放置在电池室内，因而供电容量大，且无须考虑兼容问题，供电设备的干扰也不会影响通信设备。

（2）集中供电的缺点

① 供电设备集中，体积大，重量重，故电力室和电池室必须建在电信大楼的底层，土建工程大。同时，由于负载集中，若出现局部故障，则影响到全局，供电可靠性差。

② 电力室至机房的馈电线截面积很大，且随着不断扩容而增大，造成安装困难，消耗铜材太多，且线路压降大。

③ 需在基础电源引出端至负载端装设中间滤波器，否则，电磁干扰、射频干扰将通过汇流线进入通信设备，影响通信质量。

④ 扩容困难。

2. 分散供电

分散供电系统是指供电设备独立于其他供电设备的负载，即负荷分散或电池与负载都分散。

（1）分散供电的类型

① 在通信机房内设一个集中的电源系统，包括整流设备和蓄电池，向全部通信设备供电。

② 在通信机房内设多个电源系统（包括整流设备和蓄电池），分别向通信设备供电。

③ 通信设备每个机架内设独立的子电源系统，仅供本机架通信设备使用。

（2）分散供电的优点

分散供电方式电源系统组成方框图如图1-5所示。

同一通信局（站）原则上应设置一个总的交流供电系统，并由此分别向各直流供电系统提供低压交流。

交流供电系统的组成和要求同上所述。各直流供电系统可分层设置或分机房设置，也可按通信设备系统设置。设置地点可为单独的电力电池室，也可与通信设备处于同一机房。使用分散供电,主要优点体现在以下几个方面。

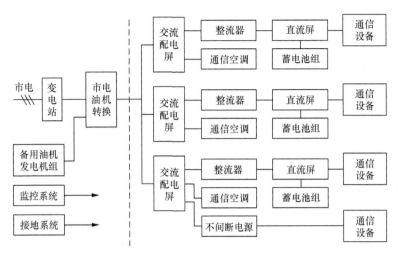

图1-5 分散供电方式电源通信系统方框图

① 占地面积小,节省材料。

② 节能、降耗。如在分散供电系统中,整流设备采用高频开关整流模块,控制单元采用微机技术,便可大量节省能耗。(PWM高频整流模块 $\cos\phi\approx1$,效率90%以上)。

又如集中供电时,从电力机房到通信机房馈电线压降为1~2V,故电能损耗大,而分散供电,电源设备与通信设备同装一室,故馈电线压降极小。

③ 运行维护费用低。由于电源设备不需要一开始按终期容量配置,机动灵活,有利于扩容,加之巡视工作量少,所以运行维护费用少。

④ 供电可靠性高。由于采用多个电源系统,因而故障率低,即全局通信瘫痪的概率相对减小。

近年来,大型枢纽和高层局(站)内通信设备的容量迅速增加,所需的供电电流大幅度提高,有时需要几千安培,集中供电系统很难满足通信设备的要求。同时,采用集中供电系统时,万一电源出现故障,将造成大范围通信中断,从而造成巨大的经济损失和极大的社会影响。

采用分散供电系统后,可以大大缩短蓄电池与通信设备之间的距离,大幅度减小直流供电系统的损耗。同时,从电力室到各通信机房可采用交流市电供电,线路损耗很小,可以大大提高送电效益。

总之,将大型通信枢纽或高层通信局(站)设备分为几部分,每一部分由容量适当的电源设备供电,不仅能充分发挥电源设备的性能,还能大大减小电源设备故障的影响。同时,能节约大量能源。因此,目前许多国家的通信大楼都采用分散供电方式。

采用分散供电方式时,交流供电系统仍采用集中供电方式,交流供电系统的组成与集中供电方式相同,直流供电系统可分楼层设置,也可按各通信系统设置。目前,各通信局(站)直流供电系统都采用了高频开关整流模块和阀控式铅酸蓄电池组,由于开关整流器为模块化结构,扩容很方便。因此,可根据当前用电负荷,合理配置整流模块的数量,尽可能使每个模块输出电流达到额定值的60%~70%,以便获得较高的效率。为了确保供电可靠,还可备用1~2块整流模块。考虑到远期扩容要求,开关整流器机架应留有一定的安装空位。

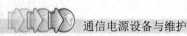

阀控式铅酸蓄电池组可设置在电池室内，也可设置在通信机房内。在各直流供电系统中，都应采用子容量阀控蓄电池。目前，阀控蓄电池的寿命大约为 10 年。因此，阀控铅酸蓄电池的配置应满足 8～10 年通信设备扩容的要求。

三、电源设备与通信设备的一体化

通信设备和电源设备（包括一次和二次电源设备）装在同一机架内，由外部交流电源供电的方式，称为一体化供电方式。采用这种供电方式时，通常通信设备位于机架的上部，开关整流模块和阀控铅酸蓄电池组装在机架的下部。目前光接入单元（ONU）和移动通信小型基站都采用这种供电方式，应当说明，在可靠性要求较高的通信设备中，都应设置备用整流模块。

四、电源设备的少人值守和无人值守

为了确保通信电源系统可靠工作，除了提高通信电源设备的可靠性外，供电系统的日常监控和维护极为重要。电源维护人员必须及时了解各种设备的运行状况和出现的问题，及时采取措施，提高供电可靠性。此外，采用集中监控管理系统，也可大大提高通信电源的现代管理水平。与集中监控相适应的技术维护方式必须是集中维护，要求维护人员一专多能，既要有比较全面的理论知识，又要有丰富的实践经验。

目前，各种通信设备发展非常迅速，随着无人（少人）值守制度的推行，将实现产品的系列化、标准化，包括组合电源逆变、整流器转换、油机启动、不停电电源全套设备都能实现自动化，满足通信设备的要求。

任务8　通信电源专业维护工作基本任务及相关规定

一、维护责任划分

（1）电力机房根据用电标准向其他专业机房供电，专业机房若有特殊要求，应由电源主管部门协调解决。

（2）各专业机房应合理地使用电能，不得临时布放电力线，需要增加负荷时必须经电源主管部门审核，并通知电力机房。

（3）电力机房至各专业机房配电设备第一受电端子间的电力线（含第一受电端子）由电源空调维护中心（或相关责任单位）负责维护，该端子以后部分由相应专业负责维护。对于分散供电系统，应按电源系统的组成方式划分维护责任，原则上电源专业负责到电源供电端子（含供电端子）。

（4）电力维护人员有权检查用电部门的第一级熔断器（开关）是否符合规定要求。

（5）分散在各通信机房内的空调设备的维护由电源空调维护机构负责，其表面和滤网日常清洁由通信机房维护人员负责。非空调维护人员未经允许不准操作，机房值守人员发现问题及时通告电源空调维护机构，电源空调维护机构接到通知后应及时进行维护。

二、维护工作的基本任务

（1）保证通信设备的供电不间断，供电质量符合标准。

（2）保证通信设备对通信机房环境的要求。

（3）保证通信电源系统的电气性能、机械性能、维护技术指标符合标准。

（4）加强设备维护管理，做好预防性维护，保证电源设备稳定、可靠地运行。

（5）及时排除安全隐患，防止重大安全事故的发生。

（6）完善应急保障方案，减少故障历时。

（7）积极采用新技术，改进维护方法，提高工作效率。

（8）合理调整系统配置，提高效率，延长电源设备使用寿命。

（9）加强用电管理，降低能耗，节约运行维护费用。

（10）保持设备和环境整洁。

三、机房保密管理规定

（1）严格遵守通信纪律，增强保密观念，保守通信秘密，不可随意增删、泄露相关资料。

（2）不准携带涉及企业机密等秘密文件进入公共场所，不得以任何方式泄露涉及企业机密等秘密文件。

（3）各种涉及企业机密的图纸、文件等资料应该严格管理，认真履行使用登记手续。

（4）所有维护和管理人员，均应熟悉并严格执行安全保密规定，各级领导必须经常对维护人员进行安全保密教育，并且定期检查，发现问题及时整改。各机房应设置兼职安全员。

四、机房环境管理规定

（1）保持机房环境整齐、清洁，并认真做好防火、防雷、防冻、防鼠害工作。

（2）机房应设置灭火装置，各种灭火器材应定位放置，定期更换，随时有效。

（3）机房应配备有仪表柜、备品备件柜、工具柜和资料文件柜等，各类物品应定位存放。

（4）机房门内外、通道、路口、设备前后和窗户附近不得堆放物品和杂物，以免妨碍通行和工作。

（5）机房应防尘，门窗要严密，并建立防尘缓冲带，备有工作服和工作鞋。

（6）机房温、湿度应符合维护技术指标要求。

（7）机房应有良好的防静电措施。

（8）室内照明应能满足设备的维护检修要求，并配置应急照明设备。各类照明设备要由专人负责，定期检修。

五、机房设备管理规定

（1）保持设备排列正规，布线整齐。

（2）机房内设备必须按照机房设备安装设计文件和相关规定布置，未经过网络部允许，任何部门不可以放置任何设备于机房内。

（3）明确各设备的安全管理责任人。设备的维护必须由专人负责，他人不可随意操作；设备需要停机检查时，应经网络部批准后，方可进行。

（4）机房内各种图纸、文件、工具、仪表未经允许不准擅自带出机房，使用后归还原处。

（5）定期对无人职守机房进行巡查。在洪水、冰凌、台风、雷雨、严寒等情况下，应加大巡视强度，以确保机房室内外环境的良好与安全，保证机房设备正常运行。

（6）任何设备与现网设备进行联调，必须符合有限公司下发的《设备入网管理规定》。

（7）机房内严禁从事与工作无关的各项工作。维护人员要切实遵守安全制度，认真执行用电、防火的规定，做好防火、防盗、防爆、防雷、防冻、防潮等工作，确保人员和设备的安全。

（8）机房内非特殊需要，严禁使用明火。如有特殊需要，应经网络部批准，并采取相应防范措施后，方可动用明火。

（9）机房内应有紧急故障处理流程图，以及相关联系电话等，且相关资料齐全。维护人员应该理解相关内容，并且按照相关规定执行。

（10）认真执行安全保卫制度，外来人员不得擅自进入机房。因公原因进入机房，应经网络部领导批准后，进行相应登记，方可进入。

 过关训练

1. 简述通信电源系统的构成。
2. 集中供电和分散供电各有什么优缺点？
3. 什么是联合接地系统？联合接地系统由哪些部分组成？
4. 简述通信设备对通信电源供电系统的要求。
5. 画出通信局（站）电源系统图。
6. 电源专业维护工作的基本任务是什么？
7. 为何通信设备对电源的可靠性要求很高？通信电源系统是通过什么方法来达到这一要求的？

高低压交流配电系统

本模块学习目标、要求

- 高压供电系统简介
- 高压配电方式
- 高压配电系统组成
- 常见高压配电设备
- 市电分类以及通信系统低压交流供电原则
- 常见低压配电设备
- 常见的低压电器
- 功率因数概念以及电容补偿方法
- 高、低压交流供电系统的运行与维护操作

通过学习，了解高压输配电过程，掌握三种高压配电方式及其优缺点；熟悉市电分类情况，掌握通信系统低压交流供电原则；熟悉常见低压配电设备和常见的低压电器，理解它们的工作原理；掌握功率因数概念，理解功率因数低下的危害和提高功率因数的方法。结合具体设备，掌握高、低压交流供电系统的运行与维护操作方法，掌握维护基本要求、保证安全的措施、相关设备的维护与操作及常见故障处理方法等。

本模块问题引入

交流系统包含有高压市电进线及分配、低压市电的分配、油机发电机组、交流配电、机房空调。相当于电源分级的第一级电源，主要作用是保证提供能源。

相对于油机发电，市电具有经济、环保的优点，在通信局（站）电源系统的建设中，国家要求市电作为主要能源（除个别地区可利用太阳能、风力发电以外）。由于市电作为通信局（站）电源系统的能源提供者，因此，我们应先了解市电在引入通信局（站）前、后的工作流程和原理。

任务 1 高压配电系统

一、高压输配电系统概述

电力系统是由发电厂、电力线路、变电站和电力用户组成。通信局（站）属于电力系统中的电力用户。市电从生产到引入通信局（站），通常要经历生产、输送、变换和分配等4个环节。

在电力系统中，各级电压的电力线路以及相联系的变电站称为电力网，简称电网。通常根据电压等级以及供电范围大小来划分电网种类，一般电压在 10kV 到几百 kV 且供电范围大的称为区域电网，如果把几个城市或地区的电网组成一个大电网，则称国家级电网。电压在 35kV 以下且供电范围较小，单独由一个城市或地区建立的发电厂对附近的用户供电，而不与国家电网联系的称为地方电网。包含配电线路和配电变电站，电压在 10kV 以下的电力系统称为配电网。电力系统的输配电方式示意图如图 2-1 所示。

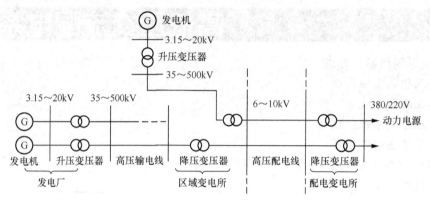

图 2-1　电力系统的输配电方式示意图

我国发电厂的发电机组输出额定电压为 3.15～20kV。为了减少线路能耗、压降，经发电厂中的升压变压器升压至 35～500kV，再由高压输电线传送到受电区域变电所，降压至 6～10kV，经高压配电线送到用户配电变电所降压至 380V 低压，供用电设备使用。

我国目前采用的输电标准电压有：35kV、110kV、220kV、330kV、500kV 等。配电标准电压有 6kV、10kV 等。

在电能的传送和分配过程中，要求电力系统供电安全可靠，停电次数少而且停电时间短，电压变动小，频率变化小，波形畸变小等。

我国规定，通信电源机房交流市电电源供电标准为 $+10\% \sim -15\%$ 额定电压值，频率为 $50 \pm 2Hz$，三相供电电压不平衡度不大于 4%，正弦波畸变率极限小于 5%。

二、交流高压配电方式

高压配电方式，是指从区域变电所将 35kV 以上的输电高压降到 6～10kV 配电高压，送至企业变电所及高压用电设备的接线方式。配电网的基本接线方式有 3 种：放射式、树干式及环状式。

1. 放射式配电方式

放射式配电方式，是指从区域变电所的 6～10kV 母线上引出一路专线，直接接通信局（站）的配电、变电所配电，沿线不接其他负荷，各配电、变电所无联系。图 2-2（a）所示为单回路放射式，图 2-2（b）所示为双回路放射式。

放射式配电方式的优点是，线路敷设简单，维护方便，供电可靠，不受其他用户干扰，适用于一级负荷。

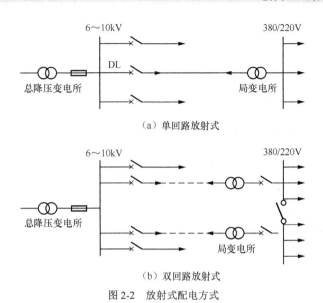

（a）单回路放射式

（b）双回路放射式

图 2-2　放射式配电方式

2．树干式配电方式

　　树干式配电方式，是指由总降压变电所引出的各路电压干线沿市区街道敷设，各中小型企业变电所都从干线上直接引入分支线供电，如图 2-3 所示。树干式配电方式的优点是，降压变电所 6～10kV 的高压配电装置数量减少，投资相应可以减少，缺点是供电可靠性差，只要线路上任一段发生故障，线路上变电所都将断电。

3．环状式配电方式

　　图 2-4 所示为环状式配电方式。环状式配电

图 2-3　树干式配电方式

方式的优点是运行灵活、供电可靠性较高，当线路的任何地方出现故障时，只要将故障邻近的两侧隔离开关断开，切断故障点，便可恢复供电。为了避免环状线路上发生故障时影响整个电网，通常将环状线路中某个隔离开关断开，使环状线路呈"开环"状态。

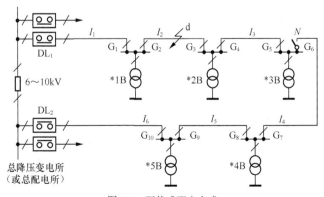

图 2-4　环状式配电方式

三、交流高压配电系统

1. 用户变、配电所的供电方式

较大的通信局、长途通信枢纽大楼为保证高质量的稳定市电，以及供电规范要求（超过600kVA 变压器），一般都由市电高压电网供电。为保证供电的可靠性，通常都从两个不同的变电站引入两路高压，其运行方式为用一备一，并且不实行与供电局建立调度关系的调度管理，同时要求两路电源开关（或母联开关）之间加装机械连锁或电气连锁装置，以避免误操作或误并列。为控制两路高压电源，常用成套高压开关柜。开关柜的一次线路可根据进出线方案、电路容量、变压器台数和保护方式，选用若干一次线路方案的高压开关柜组成高压供电系统。目前大多数较大的通信局、长途通信枢纽大楼多选用单母线用断路器分段的方式供电，其系统如图 2-5 所示。

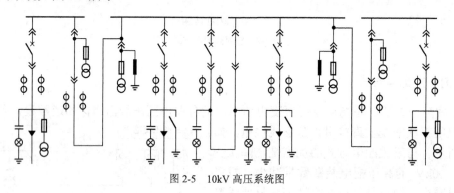

图 2-5   10kV 高压系统图

来自两个不同供电局变电站的两路高压经户外隔离开关、电流互感器、高压断路器接到高压母线，然后经隔离开关、计量柜、测量及避雷器柜、出线柜接到降压变压器。

对于通信局（站）中的配电变压器，其一次线圈额定电压即为高压配电网电压，即 6kV 或 10kV。二次线圈额定电压因其供电线路距离较短。一般选 400/230V，而用电设备受电端电压为 380/220V。

用户变、配电所的供电方式取决于用户负荷的性质、负荷容量及网络条件。一般情况下，有保安负荷的用户应以双路电源供电。一般负荷用户多为单路电源供电，以架空线或地埋电缆引入电源。

配电网中的用户根据所处的位置及电网规划要求，可能是辐射式的负荷终端，也可能是环网中的一个单元节点。

对于双路电源供电的用户和 35kV 及以上电压供电的用户的运行方式由电力调度部门实行统一调度。

2. 用户变、配电所的主接线

主接线是指由变、配电所的一次设备，即通常所称高压与电力网直接连接的主要电气设备组成的变、配电所主电路接线关系。根据现有通信局站的高压供电方式，这里着重介绍10kV 两种常用主接线。

10kV 供电的用户的变、配电所的主接线多采用线路变压器组或单母线接线方式。160～

600kVA 的工企用电单位的变、配电所多采用高供低量的供电方式，既高压供电、在低压则计量但应加计变压器损失。对于这种供电方式的用户常采用线路、变压器组方式的主接线方式，如图 2-6 所示。

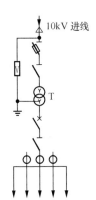

变压器 T	断路器 QF	负荷开关 Q	隔离开关 QS	避雷器 F	熔断器 FU	跌落式熔断器 FU	电流互感器 TA

图 2-6　主要电气设备符号及单母线接线方式图

对于受电变压器总容量超过 600kVA 的中型企业的变、配电所可采用单路电源供电，单母线用隔离开关或断路器分段的主接线方式。双路电源供电，两台变压器采用单母线用断路器分段的主接线方式。这种方式接线的变、配电所适用于容量 1000kVA 及以上的双路供电的企业，供电比较可靠，运行方式灵活，倒闸操作比较方便，通信系统大型局站常采用这种主接线方式，如图 2-7 所示。

3．高压配电柜倒闸操作有关技术要求

倒闸操作就是将电气设备由一种状态转换到另一种状态，即接通或断开高压断路器、高压隔离开关、自动开关、刀开关、直流操作回路、整定自动装置（或继电保护装置）、安装（或拆除）临时接地线等。

4．高压电气设备倒闸操作的技术要求

（1）高压断路器和高压隔离开关（或自动开关及刀开关）的操作顺序规定如下。

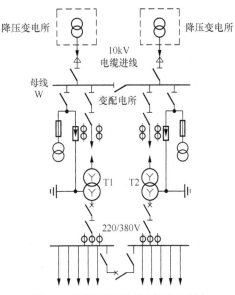

图 2-7　具有两路进线的主接线方式图

停电时，先断开高压断路器（或自动开关），后断开高压隔离开关（或刀开关）。

送电时，顺序与此相反。

严禁带负荷拉、合隔离开关（或刀开关）。

（2）高压断路器（或自动开关）两侧的高压隔离开关（或刀开关）的操作顺序规定如下。

停电时先拉开负荷侧隔离开关（或刀开关），后拉开电源侧隔离开关（或刀开关）。

送电时，顺序与此相反。

（3）变压器两侧开关的操作顺序规定如下。

停电时，先拉开负荷开关，后拉开电源侧开关。

送电时，顺序与此相反。

（4）单极隔离开关及跌落保险的操作顺序规定如下。

停电时，先拉开中间相，后拉开两边相。

送电时，顺序与此相反。

（5）双母线接线的变电所，当出线开关由一条母线倒换至另一条母线供电时，应先合母线联络开关，再切换出线开关母线侧的隔离开关。

（6）操作中，应注意防止通过电压互感器二次返回高压。

（7）用高压隔离开关和跌落保险拉、合电气设备时，应按照制造厂的说明和实验数据确定的操作范围进行操作。缺乏此项资料时，可参照下列规定（指系统运行正常情况下的操作）。

① 可以分、合电压互感器、避雷器。

② 可以分、合母线充电电流和开关旁路电流。

③ 可以分、合变压器中性点直接接地点。

④ 10kV 室外三级、单极高压隔离开关和跌落保险，可以分、合的空载变压器容量不大于 560kVA；可以分、合的空载架空线路不大于 10km。

⑤ 10kV 室内三极隔离开关可以分、合的空载变压器容量不大于 320kVA；可以分、合的空载架空线路不大于 5km。

（8）当采用电磁操动机构合高压断路器时，应观察直流电流表的变化，合闸后电流表指针应返回。连续操作高压断路器时，应观察直流母线电压的变化。

四、变压器

1．概述

变压器是一种变换电压的静止电器，它是靠电磁感应原理，把某种频率的电压变换成同频率的另一种或多种数值不等（或相等）电压的功率传输装置，以满足不同负荷的需要。

当多个电站联合起来组成一个电力系统时，除需要输电线路等设备外，还要依靠变压器把各种电压不相等的线路连接起来，形成一个系统。所以变压器是不可缺少的主要电气设备，现有的通信局（站）的低压配电系统基本是通过 10kV/400V 的变压器受电。

电力变压器可以按相数/绕组数目/铁芯形式/冷却方式等特征分类。按相数分：单相/三相/多相等；按绕组数分：双绕组/自耦/三绕组/多绕组；按铁芯形式分：芯式/壳式；按冷却方式分：干式/油浸式等，见表 2-1。但是，这样的分类包含不了变压器的全部特征，所以在变压器型号中往往要把所有特征均表达出来，并标记以额定容量和高压绕组额定电压等级。图 2-8 所示为电力变压器产品型号的表示方法。

表2-1　　　　　　　　　　电力变压器的分类及其代表符号

分　类	类　别	代　表　符　号
绕组耦合方式	自耦	O
相数	单相	D
	三相	S

分　类	类　别	代表符号
冷却方式	油浸自冷	—（或 J）
	干式空气自冷	G
	干式绕组绝缘	C
	油浸风冷	F
	油浸水冷	S
	强迫油循环风冷	FP
	强迫油循环水冷	SP
绕组数	双绕组	—
	三绕组	S
绕组导线材质	铜	—
	铝	L
调压方式	无励磁调压	—
	有载调压	Z

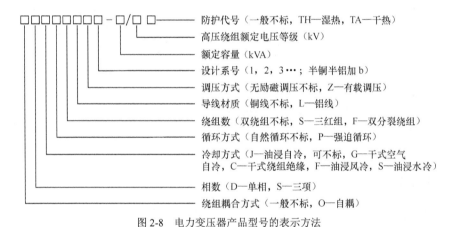

防护代号（一般不标，TH—湿热，TA—干热）
高压绕组额定电压等级（kV）
额定容量（kVA）
设计系号（1，2，3…；半铜半铝加 b）
调压方式（无励磁调压不标，Z—有载调压）
导线材质（铜线不标，L—铝线）
绕组数（双绕组不标，S—三红组，F—双分裂绕组）
循环方式（自然循环不标，P—强迫循环）
冷却方式（J—油浸自冷，可不标，G—干式空气
自冷，C—干式绕组绝缘，F—油浸风冷，S—油浸水冷）
相数（D—单相，S—三项）
绕组耦合方式（一般不标，O—自耦）

图 2-8　电力变压器产品型号的表示方法

2．变压器的工作原理

变压器是根据电磁感应原理工作的。图 2-9 所示为单相变压器的工作原理图。其基本工作原理：当一次侧绕组上加上电压 U_1 时，流过电流 I_1，在铁芯中就产生交变磁通 Φ_1，这些磁通称为主磁通，在它作用下，两侧绕组分别感应电势 E_1，E_2，感应电势公式为：

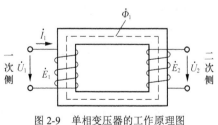

图 2-9　单相变压器的工作原理图

$$E=4.44fN\Phi_{m}$$

式中，E ——感应电势有效值；

　　f ——频率；

　　N ——匝数；

　　Φ_{m} ——主磁通最大值。

由于二次绕组与一次绕组匝数不同，感应电势 E_1 和 E_2 大小也不同，当略去内阻抗压降后，电压 U_1 和 U_2 大小也就不同。

当变压器二次侧空载时，一次侧仅流过主磁通的电流（I_0），这个电流称为激磁电流。当二次侧加负载流过负载电流 I_2 时，也在铁芯中产生磁通，力图改变主磁通，但一次电压不变时，主磁通是不变的，一次侧就要流过两部分电流，一部分为激磁电流 I_0，一部分为用来平衡 I_2，所以这部分电流随着 I_2 变化而变化。当电流乘以匝数时，就是磁势。

上述的平衡作用实质上是磁势平衡作用，变压器就是通过磁势平衡作用实现了一、二次侧的能量传递。

3．变压器的主要技术参数

（1）额定电压 U_{1N}/U_{2N}。单位为 V 或者 kV。U_{1N} 为正常运行时一次侧应加的电压。U_{2N} 为一次侧加额定电压、二次侧处于空载状态时的电压。三相变压器中，额定电压指的是线电压。

（2）额定容量 S_N。单位为 VA/kVA/MVA。S_N 为变压器的视在功率。通常把变压器一、二次侧的额定容量设计为相同。

（3）额定电流 I_{1N}/I_{2N}。单位为 A/kA。是变压器正常运行时所能承担的电流，在三相变压器中均代表线电流。对三相：$I_{1N}=S_N / [\text{sqrt}（3）U_{1N}]$ $I_{2N}=S_N / [\text{sqrt}（3）U_{2N}]$。

在实际工作中，为了粗略地掌握变压器的一次侧和二次侧的额定电流，以了解变压运行是否过负荷或选择变压器的熔丝，常用以下经验公式计算：

一次侧额定电流 I_{1N} 近似为 $0.06S_N$；

二次侧额定电流 I_{2N} 近似为 $1.5S_N$。

（4）额定频率 f_N。单位为 Hz，$f_N=50Hz$。

此外，铭牌上还会给出三相连接组以及相数 m/阻抗电压 U_k/型号/运行方式/冷却方式/重量等数据。

4．变压器结构

为了使变压器的运行更加完全、可靠，维护更加简单，更广泛地满足用户的需要，近年来油浸式变压器采用了密封结构，使变压器油和周围空气完全隔绝，从而提高了变压器的可靠性。目前，主要密封形式有空气密封型、充氮密封型和全充油密封型。其中，全充油密封型变压器的市场占有率越来越高，它在绝缘油体积发生变化时，由波纹油箱壁或膨胀式散热器的弹性变形做补偿。油浸式变压器主要部件是绕组和铁芯（器身）。绕组是变压器的电路，铁芯是变压器的磁路。二者构成变压器的核心即电磁部分。除了电磁部分，还有油箱/冷却装置/绝缘套管/调压和保护装置等部件。其结构如图 2-10 所示，主要部件如下。

（1）铁芯

变压器铁芯的作用是构成磁路以利于导磁，并增强磁场以取得预定的感应电势。为减少涡流与磁滞损耗，增强磁导率，变压器的铁芯是用许多涂有绝缘的导磁性能好的薄硅钢片（厚 $0.35\sim0.5mm$）叠成。

铁芯交叠：相邻层按不同方式交错叠放，将接缝错开。偶数层刚好压着奇数层的接缝，从而减少了磁阻，便于磁通流通。

铁芯柱截面形状：小型变压器做成方形或者矩形；大型变压器做成阶梯形。容量大则级数多。叠片间留有间隙作为油道（纵向/横向）。

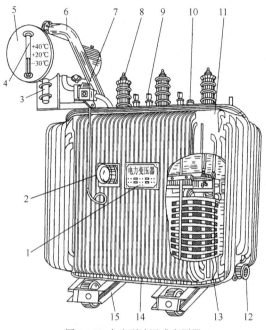

图 2-10 中小型油浸式变压器

1—铭牌；2—信号式温度计；3—吸湿器；4—油表；5—储油柜；6—安全气道；

7—气体继电器；8—高压套管；9—低压套管；10—分接开关；11—油箱；

12—放油阀门；13—器身；14—接地板；15—小车

（2）绕组

一般用绝缘扁铜线或圆铜线在绕线模上绕制而成。绕组套装在变压器铁芯柱上，低压绕组在内层，高压绕组套装在低压绕组外层，低压绕组和铁芯之间、高压绕组和低压绕组之间都用绝缘材料做成的套筒分开，以便于绝缘。

（3）变压器油

变压器油的成分是很复杂的，主要是由环烷烃、烷烃和芳香烃构成，它的相对介电常数 ε 在 2.2～2.4 之间，纯净的变压器油的耐电强度是很高的，可达 4000kV/cm 以上，但是工程上用的净化的变压器油，只能达到 50～60kV/2.5mm，这主要是因为在制造和运行过程中不可避免地会有杂质、水分、气泡等混入，而且在运行中受电场和热的影响，油会分解出气体和聚合物。在高电场中，这些分解出来的气体，以及油中的水分和纤维等杂质，在电场作用下，顺着电场方向，排列成"小桥"，成为泄漏的通道，情况严重时，导致"小桥"击穿，使油的耐压强度降低。因此，变压器内部绝缘的结构，要考虑上述因素，采取必要措施，防止形成"小桥"。

热老化在所有变压器油中都存在，油箱中不但有原来残留的氧，而且纤维分解时也会产生氧。运行温度较高时，变压器油的氧化过程就进行得比较快，使得黏度增高、颜色变深、泊泥增多、tgδ 值增大、击穿电压下降等。

另外，还存在着电老化的问题，随着加压时间的延长，油间隙的击穿电压下降。油浸电力变压器中，高场强处产生局部放电，促使油分子进一步互相缩合成更高分子量的蜡状物

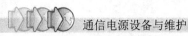

质，同时逸出低分子量的气体。蜡状物质积聚于高场强区附近的绕组绝缘上，堵塞油道、影响散热、产生的气体增多，放电更易发展。

因此，在运行中需经常对油进行检查、试验，并及时进行处理（滤油等）。现在不少大型变压器采用充氮保护或隔膜保护措施。隔膜保护是用一个略小于储油柜的耐油橡胶胶囊填充于储油柜的油面上，胶囊与大气相通，因而隔绝了变压器油与大气的接触。这样就保证了油性能的稳定。

常用的变压器油有 10 号、25 号和 45 号 3 种规格，其标号表示油在零下开始凝固时的温度，例如，25 号油表示这种油在零下 25℃时开始凝固。应该根据当地的气候条件选择油的规格。

（4）油箱

器身装在油箱内，油箱内充满变压器油。变压器油是一种矿物油，具有很好的绝缘性能。变压器油起两个作用。

① 在变压器绕组与绕组、绕组与铁芯及油箱之间起绝缘作用。

② 变压器油受热后产生对流，对变压器铁芯和绕组起散热作用。油箱有许多散热油管，以增大散热面积。为了加快散热，有的大型变压器采用内部油泵强迫油循环，外部用变压器风扇吹风或用自来水冲淋变压器油箱。这些都是变压器的冷却装置。

（5）油枕

油枕也称储油柜，油枕装在油箱的顶盖上。油枕的体积是油箱体积的10%左右。在油枕和油箱之间由管子连通。当变压器的体积随着油的温度变化而膨胀或缩小时，油枕起着储油和补油的作用，保证铁芯和绕组浸在油内；同时，由于装了油枕，缩小了油和空气的接触面，减少了油的劣化速度。

油枕侧面有油标，在玻璃管的旁边有油温在−30℃、+20℃和+40℃时的油面高度标准线，表示未投入运行的变压器应该达到的油面；标准线主要可以反映变压器在不同温度下运行时，油量是否充足。

油枕上装着呼吸孔，使油枕上部空间和大气相通。变压器油热胀冷缩时，油枕上部的空气可以通过呼吸孔出入，油面可以上升或下降，防止油箱变形甚至损坏。

（6）气体继电器

气体继电器主要作为变压器内部故障的一种保护装置。气体继电器装于变压器油箱与油枕的连接管中间，气体继电器与控制电路连通构成瓦斯保护装置。气体继电器上接点与轻瓦斯信号构成一个单独回路，气体继电器下接点连接外电路构成重瓦斯保护，重瓦斯动作使高压断路器跳闸并发出重瓦斯动作信号。

（7）防爆管

防爆管是变压器一种安全保护装置，装于变压器大盖上面，防爆管与大气相通，管口用玻璃密封，在玻璃上用刀刻划"＋"字。故障时，热量会使变压器油气化，触动气体继电器发出报警信号或切断电源。如果是严重事故，变压器油大量气化，油气冲破安全气道管口的密封玻璃，冲出变压器油箱，避免油箱爆裂。

（8）呼吸器

呼吸器的主要作用是干燥和过滤油枕上部空间和大气相通的空气中的水分和杂质，以保证变压器内绝缘油的良好性能。呼吸器内的硅胶在干燥情况下成浅蓝色，当吸潮达到饱和状态时，渐渐变为淡红色，这时，应将硅胶取出在 140℃高温下烘焙 8h，即可恢复原色仍然保持原有的性能继续使用。

（9）高、低压绝缘套管

高、低压绝缘套管是变压器箱外的主要绝缘装置，大部分变压器绝缘套管采用瓷质绝缘套管。变压器通过高、低压绝缘套管，把变压器高、低压绕组的引线从油箱内引至油箱外，使变压器绕组的对地（外壳和铁芯）绝缘，并且还是固定引线与外电路连接的主要部件。高压瓷套管比较高大，低压瓷套管比较矮小。

（10）分接开关

分接开关是变压器高压绕组改变抽头的装置，调整分接开关的位置，可以增加或减少一次绕组部分匝数，以改变电压比，使输出电压得到调整。

分接开关分为有载调压和无载调压两种，电力变压器在有载运行中，能自行变换分接开关为止，而调整输出电压的称为有载调压；电力变压器在退出运行，并从电网上断开后以手动变换分接开关位置的方式，而调整输出电压的称为无载调压。

6～10kV 双绕组电力变压器用得较多的是三相星形中性点改变抽头的调压方法。

5．油浸式变压器

油浸式电力变压器（见图 2-11）在运行中，绕组和铁芯的热量先传给油，然后通过油传给冷却介质。油浸式电力变压器的冷却方式，按容量的大小，可分为以下几种。

① 自然油循环自然冷却（油浸自冷式）。

② 自然油循环风冷（油浸风冷式）。

③ 强迫油循环水冷却。

④ 强迫油循环风冷却。

油浸式变压器应特别注意其防火安全措施。

6．干式变压器

相对于油浸式变压器，干式变压器因没有油，也就没有火灾、爆炸、污染等问题，故电气规范、规程等均不要求干式变压器置于单独房间内。特别是新的系列，损耗和噪声降到了新的水平，更为变压器与低压屏置于同一配电室内创造了条件。干式变压器种类很多，主要有浸渍绝缘干式变压器和环氧树脂绝缘干式变压器两类。干式变压器结构如图 2-12 所示。主要组成部件如下。

图 2-11　油浸式变压器　　　　　　　图 2-12　干式变压器

（1）线圈

干式变压器的线圈大部分采用层式或多层式。其导线上的绕包绝缘根据变压器产品的

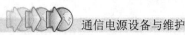

绝缘等级不同而分别采用普通电缆纸、玻璃纤维、绝缘漆、NOMEX 纸（H 级绝缘）。环氧浇注/绕包干式变压器则在此基础上以玻璃纤维带加固后，浇注/绕包环氧树脂，并固化成形。

已有不少厂家开始采用箔式线圈，该线圈由铜/铝箔与 F 级绝缘材料卷绕而成之后加热固化成形。箔式线圈具有机械性能高、匝间电容大、抗突发短路能力强、散热性能好等特点，在中小型变压器中正得到越来越广泛的应用。

（2）铁芯

干式变压器的铁芯与油浸式变压器的铁芯相同。

（3）金属防护外壳

干式变压器在使用时一般配有相应的保护外壳，可防止人和物的意外碰撞，给变压器提供了安全屏障。根据防护等级要求分为 IP20 和 IP23 外壳。IP23 外壳由于防护等级要求高、密封性强，因而对变压器的散热有一定影响。

（4）温控系统

干式变压器的温控系统可分别对三相线圈的温度进行监控，并具有开启风机、关闭风机、超温报警、过载跳闸等自动功能。

（5）风冷系统

当线圈温度达到一定数值（该数值可由用户自行设定）时，风机在温控系统控制下自动开启，对线圈等部件通风冷却，使变压器可在较高的温度环境下运行，并能承受一定的过负荷。

使用中的注意事项。

① 干式变压器的安全运行和使用寿命，在很大程度上取决于变压器绕组绝缘的安全可靠。绕组温度超过绝缘耐受温度使绝缘破坏，是导致变压器不能正常工作的主要原因之一，因此，对变压器的运行温度的监测及其报警控制是十分重要的。

② 根据使用环境特征及防护要求，干式变压器可选择不同的外壳。通常选用 IP23 防护外壳，可防止直径大于 12mm 的固体异物及鼠、蛇、猫、雀等小动物进入，造成短路停电等恶性故障，为带电部分提供安全屏障。若需将变压器安装在户外，则可选用 IP23 防护外壳，除上述 IP20 防护功能外，更可防止与垂直线成 60°角以内的水滴入。但 IP23 外壳会使变压器冷却能力下降，选用时要注意其运行容量的降低。

③ 干式变压器冷却方式分为自然空气冷却（AN）和强迫空气冷却（AF）。自然空冷时，变压器可在额定容量下长期连续运行。强迫风冷时，变压器输出容量可提高 50%。适用于断续过负荷运行，或应急事故过负荷运行；由于过负荷时负载损耗和阻抗电压增幅较大，处于非经济运行状态，故不应使其处于长时间连续过负荷运行。

④ 干式变压器的过载能力与环境温度、过载前的负载情况（起始负载）、变压器的绝缘散热情况和发热时间常数等有关，若有需要，可向生产厂索取干式变压器的过负荷曲线。

五、高压电器设备

高、低压电器，一般是根据工作电压来划分的。

低压电器通常是工作在交流或直流 3000V 以下的电路中，而高压电器则是工作在 3000V 以上的电路中。其作用是对电能的产生、输送、分配起控制、保护的调节作用。

高压电器在通信电源的交流供电系统中，种类也很多。归纳起来分以下 3 种。

1．高压开关电器

高压开关电器主要用于高压交流配电系统中，要求工作可靠，能分断高压交流电源，能在正常负荷下控制系统的通与断。这类高压电器有高压隔离开关、高压断路器等。

（1）高压隔离开关

隔离开关用于隔离检修设备与高压电源。当电气设备检修时，操作隔离开关使需检修的设备与同电压的其他部分呈明显的隔离。

由于隔离开关无特殊的灭弧装置，因此，它的接通与切断不允许在有负荷电流的情况下进行，否则，断开隔离开关的电弧会烧毁设备，甚至造成短路故障。所以，在接通或断开隔离开关时，应先将高压电路中断路器分断之后才能进行操作，典型 GN8 型高压隔离开关如图 2-13 所示。

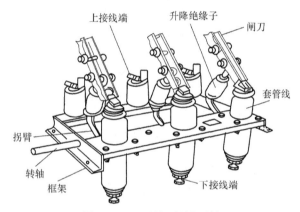

图 2-13　GN$_8$型高压隔离开关

在电力系统中，隔离开关的主要用途如下。

① 将电器设备与带电的电网隔离，以保证被隔离的电气设备有明显的断开点能安全地进行检修。

② 改变运行方式。在双母线的电路中，可利用隔离开关将设备或线路从一组母线切换到另一组母线上去。

③ 接通和断开小电流电路。例如可以用隔离开关进行下列操作。

接通和断开电压互感器和避雷器电路；接通和断开电压为 10kV，长度为 5km 以内的空载输电线路；接通和断开电压为 35kV，容量为 1000kVA 及以下的和电压为 110kV，容量为 320kVA 及以下的空载变压器；接通和断开电压为 35kV，长度为 10km 以内的空载输电线路。

（2）高压断路器

① 少油断路器。

少油断路器（又称油开关），属户内式高压断路器，是高压开关设备最重要、最复杂的一种设备，既能切断负载又能自动保护，广泛应用于发电厂和变电所的高压开关柜内。

SN10—10 型高压少油断路器的基本结构有框架、传动机械及油箱，油箱外部用绝缘筒包裹，内部下端为基座，导电杆的转轴和传动机构装在基座内，基座上又固定着滚动触头。油箱上端是铝帽，帽下部为瓣形静触头，帽上部为油气分离室，中部为灭弧室。

一旦断路器触头断开时，传动杆因分闸弹簧放松而使导电动触杆迅速下移，导电动触杆与静触头之间便产生电弧。由于绝缘油因高温而气化，灭弧室内气压随之升高，迫使静触头的小钢球压在中心上，于是油和气相混合以横吹的方式冷却电弧，当断路器合闸时，上出线端、静触头、导电触头、导电动触杆、中间滚动触头、下出线端组成导电通路，结构图如图2-14所示。

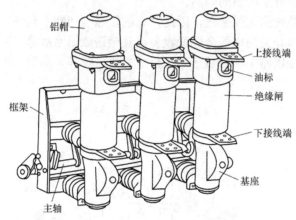

图2-14 SN10—10少油断路器

少油断路器的运行检查及注意事项如下。

- 应经常巡视断路器的油面位置在规定的标准线上。油色应正常。桶壳、油阀、油位计等处是否清洁、无渗漏油现象。
- 瓷绝缘部分应无破裂、掉瓷、闪络放电痕迹和电晕现象。表面应无脏污。
- 拉、合闸指示器标志是否清楚、位置是否正确，并与指示灯的指示一致。
- 操作机构应保证经常的灵活可靠，无卡塞现象，并定期在转动部位加润滑油。
- 用手力操动机构时，必须由熟练人员操作，保证机构一次合到位，中途不得停顿。
- 经常注意油面高度，当油面低于油标线时，可以通过注油螺钉加油。
- 在油箱无油情况下，不能进行带电分、合闸操作。

② 真空断路器。

ZNL系列三相户内高压真空断路器（以下简称断路器）可用于额定频率50Hz，额定电压6～12kV，额定电流达630A，额定短路开断电流达12.5kA的电力系统中，作为高压电器设备的控制和保护开关。断路器主要由操作机构、真空灭弧室、绝缘框及绝缘子等组成，整个布局成立体形。操作机构安装在前部，由薄板组成的箱体内。真空灭弧室固定在箱体后面，由DMC不饱和聚酯模塑料压制而成的绝缘框架内。每相真空灭弧室都有单独的绝缘框、绝缘子作绝缘隔离。箱体内还装有记载断路器合分次数的机械计数器。

操作机构主要由储能机构、合分弹簧、连锁机构、机构主轴、分闸缓冲器、分励脱扣器、过流脱扣器、辅助开关等控制装置组成。储能机构通过连接件与机构主轴相连，主轴的旋转通过固定在其上的拐臂推动绝缘子，使真空灭弧室的动导电杆作合、分动作。合闸弹簧可由电动机或手柄来使弹簧拉伸储能。分闸弹簧则是在断路器合闸的同时，由机构主轴拐臂拉伸储能。联锁机构是保证断路器在合闸状态时，机构不能再进行合闸操作，需分闸后，机构才能进行合闸操作。断路器的合、分动作均可用手动或电动来完成。

真空灭弧室的灭弧原理：灭弧室里有一对动、静导电触头，触头合上和分开，形成通断。断路器大电流的开断是否成功，关键是在于电流过零后，触头间的绝缘恢复速度是否比恢复电压上升快。实践证明，真空中的绝缘恢复之所以快，是因为在燃弧过程中所产生的金属蒸气、电子和离子，能在很短的时间内扩散，并被吸附在触头和屏蔽罩等表面上，当电流在自然过零时，电弧就熄灭了，触头间的介质强度迅速恢复起来。本断路器真空灭弧室内的触头采用 CuCr、合金材料，开断能力强，截流水平低，电寿命长。

2. 高压保安电器

高压保安电器主要是用于交流高压配电系统中。配电系统对电器要求是：当线路发生过载、短路、过电压故障时，对电源设备起到保护工作。这类电器有高压熔断器、避雷器。高压熔断器按使用场合可分为户内管型熔断器和户外跌落式熔断器。避雷器有阀式避雷器和管式避雷器。通信电力系统采用阀式避雷器。阀式避雷器按工作电压等级可分为高压阀式避雷器和低压阀式避雷器。

3. 高压测量电器

用来将高压电网的电压、电流降低或变换至仪表允许的测量范围内，以便进行测量。这类高压电器有电压互感器和电流互感器。一般这两种电器安装在高压开关柜内，与电压表、电流表配合进行测试。

任务2　交流低压配电系统

低压配电设备是将由降压电力变压器输出的低电压电源或直接由市电引入的低电压电源进行配电，用作市电的通断、切换控制和监测，并保护接到输出侧的各种交流负载。低压配电设备由低压开关、空气断路开关、熔断器、接触器、避雷器和监测用各种交流电表及控制电路等组成。

配电设备产品主要指各种在发电厂、变电站和厂矿企业的低压配电系统中作动力、配电和照明用的成套设备。如低压配电屏、开关柜、照明箱和电动机控制中心等。

配电系统的构成形式，可分为放射式、树干式和单独组装的控制屏 3 种类型。

放射式配电系统从一个中心点放射式的向各负载供电，各负载与中心点之间用固定安装的电缆连接，向各负载供电的馈电系统成套装配在一起形成配电中心。该配电中心可以制成配电开关柜、开关板和组合式配电控制箱。

树干式配电系统由敷设在金属或塑料线槽中的母线系统组成。这些母线和用电设备并排敷设，将电源送到用电设备附近，通过可拆式熔断器插入单元和很短的电缆与负载连接起来。

当把配电设备都归入配电系统后，设备的控制系统也可以单独组装在一起构成配电控制屏安装在设备内部或近旁。

一、市电分类

依据 XT005-95《通信局（站）电源系统总技术要求》，市电根据通信局（站）所在地区的供电条件、线路条件、线路引入方式及运行状态，将市电供电分为下述三类。

（1）一类市电供电（市电供应充分可靠）

一类市电供电是从两个稳定可靠的独立电网引入两路供电线路，质量较好的一路作主要电源，另一路作备用，并且采用自动倒换装置。两路供电线路不会因检修而同时停电，事故停电次数极少，停电时间极短，供电十分可靠。长途通信枢纽、大城市中心枢纽、程控交换容量在万门以上的交换局以及大型无线收发信站等规定采用一类市电。

（2）二类市电供电（市电供应比较可靠）

二类市电供电是从两个电网构成的环状网中引入一路供电线路，也可以从一个供电十分可靠的电网上引入一路供电线。允许有计划地检修停电，事故停电不多，停电时间不长，供电比较可靠。长途通信地区局或县局、程控交换容量在万门以下的交换局，以及中型无线收发信机，可采用二类市电。

（3）三类市电供电（市电供应不完全可靠）

三类市电供电是从一个电网引入一路供电线路，供电可靠性差，位于偏僻山区或地理环境恶劣的干线增音站、微波站可采用三类市电。

二、通信系统低压交流供电原则

根据各地市电供应条件的不同，各通信企业容量大小不同，以及地理位置的差异等因素，可采用各种不同的交流供电方案，但都必须遵循以下基本原则。

① 市电是通信用电源的主要能源，是保证通信安全、不间断的重要条件，必要时可申请备用市电电源。

② 市电引入，原则上应采用 6~10kV 高压引入，自备专用变压器，避免受其他电能用户的干扰。

③ 市电和自备发电机组成的交流供电系统宜采用集中供电方式供电，系统接线应力求简单、灵活，操作安全，维护方便；

④ 局（站）变压器容量在 630kVA 及以上的应设高压配电装置，有两路高压市电引入的供电系统，若采用自动投切的，变压器容量在 630kVA 及以上则投切装置应设在高压侧。

⑤ 在交流供电系统中应装设功率因数补偿装置，功率因数应补偿到 0.9 以上；对容量较大的自备发电机电源也应补偿到 0.8 以上；

⑥ 低压交流供电系统采用三相五线制或单相三线制供电。

三、常见低压配电设备

1. 刀开关

刀开关是一种带有刀刃楔形触头的，结构比较简单而使用广泛的开关电器。（注：此节内所指的配电设备均为低压配电设备。例如，刀开关指的是低压刀开关，下同。）其主要作用是：在检修及维护其他方面的工作时，隔离电源，以确保线路和设备维修的安全，不频繁地接通和分割小容量的低压电路或直接启动的小容量电动机。

刀开关的操作使用注意事项如下。

① 刀开关应垂直安装在开关板或条架上，并使夹座位于上方，以避免在分断位置由于刀架松动或闸刀脱落而造成误合闸。

② 到开关做隔离开关使用时，要注意操作顺序。分闸时，应先拉开负荷开关，后拉开隔离开关。合闸时顺序与分闸顺序刚好相反。

③ 当开关在合闸时，应保证三相同时合闸，并接触良好。如果接触不良，常会引发热而造成短路。如果负载是三相电动机，还会导致单相运行而损坏电机。

④ 没有灭弧室的刀开关，不应用作负载开关来分断电流。有分断能力的刀开关，应按产品使用说明书中规定的分断负载能力使用。否则，会引起持续燃弧，甚至引起相间短路，造成事故。

2．熔断器

熔断器是借助熔体当电流超过限定值而融化，分断电路的一种用于过载和短路的保护电器。由于它具有结构简单、使用维护方便、价格低廉、可靠性高的特点，因此，无论在强电系统或弱电系统中都获得广泛的应用。

熔断器主要由熔体、触头插座和绝缘底板组成，熔体是核心部分，它既是敏感元件又是执行元件。使用时把它串接在被保护电路中，在正常情况下，它相当一根导线，在发生过载或短路时，电流过大，熔体受过热而熔化把电路切断。

一般规定：

通过熔体的电流为额定电流的 1.3 倍时，应在 1h 以上熔断；

通过熔体的电流为额定电流的 1.6 倍时，应在 1h 内熔断；

通过熔体的电流达到熔断电流时，应在 30～40s 后熔断；

当通过熔体的电流达到 9～10 倍额定电流时，熔体应瞬间熔断。熔断器具有反时限的保护特性。

熔断器的熔断过程大致分为升温、熔化和蒸发、间隙的击穿和电弧的产生、电弧的熄灭 4 个阶段。

熔断器的操作使用注意事项。

① 一定容量的负载宜接至对应容量的容体上。防止熔断器保险过大，当负载严重过流时，保险不起作用。匹配方法：2×负载电流=熔体额定电流。

② 在配电系统中，各级熔断器应互相配合以实现选择型。一般要求前级熔体比后一级熔体的额定电流大 2～3 级，以发生越级动作而扩大故障停电范围。

③ 熔断器及熔体必须安装可靠，防止某相断开。熔断器应装在各相线上；在单相三线或三相四线回路的中性线上严禁装熔断器，这是因为中性线断开可能会引起各相电压不平衡，从而造成设备烧毁事故。熔断器周围介质温度与被保护对象的周围介质温度基本一致，防止保护动作产生误差。

④ 使用时经常清除熔断器表面积有的尘埃，拆换熔断器时，应使用同一型号规格的熔断器，不允许用其他型号规格熔断器代用，更不允许用金属导线代替熔断器接通电器。

3．接触器

接触器是电力拖动和自动控制系统中应用最普遍的一种电器，主要用来频繁地远距离接通和分断交、直流主电路或大容量控制电路。除了控制电动机外，还可用于控制照明、电热、电焊机和电容器等负载。组成部分有：电磁系统、主触头和灭弧系统、辅助触头、支架和外壳等。主触头接在主电路中，作用是接通和分断主电路，允许通过的电流较大；辅助触头接在辅助电路中，起信号的控制、保护和连锁作用，允许通过的电流较小。

接触器只能断开正常负载电流，而不能切断短路电流，所以，不可单独使用，应与闸刀、熔断器和空气开关配合使用。

接触器按触头控制的电路不同，可分为交流接触器（单相、三相）和直流接触器。选用时一般交流负载用交流接触器，直流负载用直流接触器，值得注意的是，接触器的额定电压有主触点上的额定电压和线圈上的额定电压之分，两者不能混淆。如某负载是 380V 的三相感应电动机，则应选用 380V（主触点额定电压）的三相交流接触器。

4. 自动空气断路器

自动空气断路器简称自动空气开关或自动开关。它相当于刀闸开关、熔断器、热继电器和欠压继电器的组合，是一种自动切断电路故障的保护电器，主要用来保护交、直流电路内的电气设备，不频繁地启动电动机及操作或转换电路。自动空气开关与接触器不同的是允许切断短路电流，但允许操作次数较低。

自动空气断路器的合闸与分闸，可用人工手动操作，也可装置电动操作机构远距离控制。操作机构中，还设有自动跳闸保护装置，及在设备过载或电压很低时，断路器的保护元件动作，使开关自动跳闸而切断主电路。断路器的全部机构装于胶木或塑料盒内，盒盖仅露出操作手柄，操作手柄可以显示不同的工作位置，即手柄在上端位置时表示开关闭合，手柄在下端位置时表示断开，当断路器因故障自动断开时，手柄处在中间位置。

断路器的主要参数是额定电压、额定电流和允许切断的极限电流。选择时自动空气开关的允许切断极限电流应略大于线路最大短路电流。

5. 电流表

测量电流用的仪表，称为电流表。在配电系统中常与电流互感器配合使用，用来测量和监视配电柜和配电单元的负荷变化情况。

6. 电流互感器

它是用来测量大电流的一种仪器，在电路中能把大电流变成小电流，供给测量仪表和继电保护装置，如图 2-15 所示。

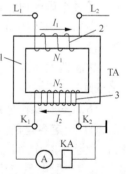

图 2-15　电流互感器原理图
1—铁芯；2—一次绕组；
3—二次绕组

使用中是将匝数少的一次绕组 L_1、L_2 两端串联接在被测电路中，将匝数多的二次绕组两端串接一只低阻抗电流表，因此，互感器相当于一个有载运动变压器，此时绕组电流与匝数的关系为：

$$I_1/I_2=N_2/N_1=K$$

或

$$I_1=N_2/N_1 \times I_2=KI_2$$

式中，K——变流比。

在测量时，将电流互感器所标变流比 K 值与电流表读数相乘，即是被测电路的电流值，如果是配套的电流表，可直接读出被测电流值。

使用中，必须注意：电流互感器的二次两端不允许开路，因为在正常工作时，一次绕组产生的磁通被二次绕组产生的磁通相互抵消。当次级开路时，二次磁通为零，造成一次磁通增大，致使开路的二次绕组两端出现很高的感应电压，给操作人员带来一定的危险性，因此，使用中需将二次绕组一端同铁芯一起接地。

7．电压表

电压表是用来测量电路中电压高低的一种仪表通常用符号 V 表示。它的特点就是其内电阻大。在配电系统中常与电压互感器配合使用，用来测量和监视电网电压的变化情况。

8．电压互感器

电压互感器是一种特殊的变压器。是把高电压变换成低电压，使电压测定、继电保护等二次回路与高压电路隔开，它是专供测量和继电保护用的变压器，如图 2-16 所示。

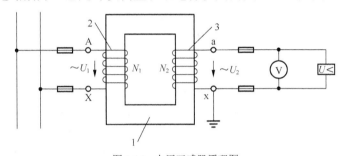

图 2-16　电压互感器原理图

1—铁芯；2——一次绕组；3—二次绕组

使用时将匝数多的一次绕组并联接在被测的电压线路上，如图中 A、X 两点；将匝数少的二次绕组与一块阻抗较高的电压表相串联，因此，二次绕组中的电流很小，相当于开路，也就相当于一个空载运行的变压器，此时一、二次绕组电压关系为：

$$U_1/U_2=E_1/E_2=N_1/N_2=K \tag{2-1}$$

或

$$U_1=N_1/N_2 \times U_2=K \times U_2$$

式中，K——变比。

由式（2-1）可看出，只要将电压互感器所标变压比 K 的值与次级电压表的读数相乘，就是被测高压值，如果是配套的电压表，便可直接读出被测电压值。

电压互感器在工作时二次绕组侧不得短路。电压互感器一、二次绕组侧都在并联状态下工作，如有短路将会产生很大的短路电流，可能烧毁互感器，还会影响一次电路的安全运行。解决方法是一、二次绕组侧都要安装熔断器进行短路保护。电压互感器的二次绕组侧有一端必须接地。主要是为了防止一、二次绕组绝缘击穿时，一次侧的高电压窜入二次绕组侧，危及人身和设备的安全。

四、电力电缆

1．电力线的种类

① 电力电缆：具有导体、绝缘层和外层护套的电力线。

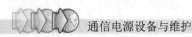

② 绝缘电线：只有导体，或有简单绝缘层和保护层的低压电力线（裸电线、绝缘电线）。绝缘导线按芯线材料分，有铜芯和铝芯两种。

③ 母线：供电系统中常把主干线称为母线。电力线中的母线，指导线截面积很大或截面形状特殊的一类导线，截面形状有圆形、矩形和筒形等几种。母线分两类：一类为软母线（多股铜纹线或钢芯铝线）。钢母线虽然价廉，机械强度又高，但是其电阻率太大，用于交流时还存在集肤效应，仅适用于高压小容量电路（如电压互感器）和电流在 200A 以下的低压直流电路中。接地装置中的接地线也多用于钢母线。

2．电力电缆结构

电力电缆是一种特殊的导线，主要由电缆芯、绝缘层和保护层 3 部分组成。

（1）电缆芯

由单根或几根绞绕的导线构成，导线多为铜、铝两种材料制作。铜导电性能好、机械强度也高，但是铜资源较少、成本高，因此，实用中多用铝芯线作为电力电缆线。每根电缆芯线由多根导线构成，而电缆又由数量不等的缆芯线组成。缆芯线数量常见的有单芯、双芯、三芯和四芯等多种。缆芯线的截面积有圆形、半圆形和扇形 3 种。

（2）绝缘层

绝缘层分匀质和纤维质两类。前者有橡胶、沥青、聚乙烯等。后者包括棉麻、丝绸、纸等。两类材料差异在于吸收水分的程度不同。匀质材料的绝缘层防潮性好，但受空气和光线直接作用时易"老化"，橡胶遇油时分子结构会遭破坏，且耐热性差，因此，只能在较低温度下运用。另外，橡胶容易在高压下受电晕作用而产生裂缝，但橡胶绝缘层有优良的可曲性，可作垂直安装。纤维质材料易吸水，这种电缆外层应有保护包皮，不可作倾斜和大弯曲安装。

（3）保护层

电缆线的保护层分为内保护层和外保护层两部分。其作用是防止电缆在运输、储存、施工和供电运行中受到空气、水气、酸碱腐蚀和机械外力的作用，使其绝缘性能降低，使用年限缩短。内保护层多用麻筋、铅包、涂沥青麻被或聚氯乙烯等制作。外保护层多用钢铠、麻被或铅铠、聚氯乙烯外套等制作。有的低压电缆直接用橡胶作外保护层。

3．电力线的命名

（1）绝缘方式代号

Z—纸	M—纱包	V—聚氯乙烯	X—橡皮	YF—泡沫聚乙烯
Y—聚乙烯	YD—聚乙烯垫片	B—聚苯乙烯	S—丝包	F—复合物

（2）内护套代号

Q—铅包	L—铝包	H—橡套	V—聚氯乙烯
A—铝—聚氯乙烯	Y—聚乙烯	B—编织涂蜡	W—双层聚氯乙烯

（3）派生特性代号

P—屏蔽芯线	Z—综合电缆	C—自承式	L—防雷	J—加强
R—软式	G—镀锌	X—橡皮	B—扁型、硬型聚苯乙烯

（4）电缆芯线导体代号

T—铜	L—铝	G—铁

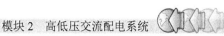

（5）外护层代号

02—聚氯乙烯外护套　　　　　　　　03—聚乙烯外护套

1—麻被护层　　　　　　　　　　　　2—钢带铠装麻被护层

3—单层细圆钢丝铠装麻被护层　　　　4—双层细圆钢丝铠装麻被护层

5—单层粗圆钢丝铠装麻被护层　　　　6—双层粗圆钢丝铠装麻被护层

11—裸金属护套一级外护套　　　　　　12—钢带铠装一级外护套

13—单层细圆钢丝麻被一级外护套　　　14—双层细圆钢丝铠装一级外护套

20—裸钢带铠装护套　　　　　　　　　21—钢带铠装纤维外套

22—钢带铠装二级外护套　　　　　　　23—单层细圆钢线铠装麻被二级外护层

24—双层细圆钢丝铠装二级外护套　　　30—裸单层圆钢丝铠装护层

31—细钢丝铠装纤维外护套　　　　　　32—细钢丝铠装聚氯乙烯护套

33—细钢丝铠装聚氯乙烯护套　　　　　41—粗钢丝纤维外护套

42—粗钢丝铠装聚氯乙烯护套　　　　　43—粗钢丝铠装聚乙烯护套

50—裸单层粗圆钢丝铠装护套　　　　　332—双细钢丝铠装聚氯乙烯护套

441—双粗钢丝纤维外护套

4. 电力线常用型号

常用电线电缆和母线的型号，见表 2-2。

表 2-2　　　　　　　　　　　　　　常用电线电缆和母线的型号

序号	型 号		名 称	备 注
	铝芯	铜芯		
1	LJ	TJ	铝（铜）绞线	
2	LGJ		铜芯铝绞线	
3	BLX	BX	铝（铜）芯橡皮线	
4	BLXF	BXF	铝（铜）芯氯丁橡皮线	
5	BLV	BV	铝（铜）芯聚氯乙烯绝缘线	
6	BLVV	BVV	铝（铜）芯聚氯乙烯绝缘聚氯乙烯护套电线	
7	ZLQ	ZQ	铝（铜）芯油浸纸绝缘裸铜包电力电缆	
8	ZLQ××	ZLQ××		××表示电力电缆外护层代号
9	ZLL	ZL	铝（铜）芯油浸纸绝缘裸铝包电力电缆	1—麻被护层
10	ZLQ××	ZLQ××		2—钢带铠装麻被护层
				20—裸钢带铠层
11	ZLQP	ZQP	铝（铜）芯油浸纸滴干绝缘铅包电力电缆	3—细钢丝铠装麻被护套
				30—裸细钢丝铠装
12	ZLQP	ZQD	铝（铜）芯不滴流浸渍剂纸绝缘铜包电力电缆	5—粗钢丝铠装
13	YJLV	YJV	铝（铜）芯交联电力聚乙烯绝缘、聚氯乙烯护套电缆	11—防腐护层
				12—钢带铠装有防腐层
14	VLV	VV	铝（铜）芯聚氯乙烯绝缘、聚氯乙烯护套电力电缆	120—裸钢带铠装有防腐层

序号	型 号		名 称	备 注
	铝芯	铜芯		
15	XLV	XV	铝（铜）芯橡皮绝缘聚氯乙烯护套电力电缆	
16	LMY	TMY	硬铝（铜）母线	
17	LMR	TMR	软铝（铜）母线	

五、电容补偿

在三相交流电所接负载中，除白炽灯、电阻电热器等少数设备的负荷功率因数接近于 1 外，绝大多数的三相负载如异步电动机、变压器、整流器和空调等的功率因数均小于 1，特别是在轻载情况下，功率因数更为降低。用电设备功率因数降低之后，带来的影响如下。

① 使供电系统内的电源设备容量不能充分利用。

② 增加了电力网中输电线路上的有功功率的损耗。

③ 功率因数过低，还将使线路压降增大，造成负荷端电压下降。

在线性电路中，电压与电流均为正弦波，只存在电压与电流的相位差，所以功率因数是电流与电压相角差的余弦，称为相移功率因数，即

$$PF = \frac{P}{S} = \frac{UI\cos\varphi}{UI} = \cos\varphi \qquad (2\text{-}2)$$

在非线性电路中（如开关型整流器），交流电压为正弦波形，电流波形却为畸变的非正弦波形，同时与正弦波的电压存在相位差。此时全功率因数

$$PF = \frac{P}{S} = \frac{U_L I_L \cos\varphi}{U_L I_R} = \frac{I_L \cos\varphi}{I_R} = \gamma\cos\varphi \qquad (2\text{-}3)$$

式（2-3）中，P——有功功率；

$\quad\quad\quad\quad S$——视在功率；

$\quad\quad\quad\quad U_L$——电网电压；

$\quad\quad\quad\quad I_1$——基波电流有效值；

$\quad\quad\quad\quad \cos\varphi$——位移因数；

$\quad\quad\quad\quad I_R$——电网电流有效值；

$\quad\quad\quad\quad \gamma$——失真功率因数，也称电流畸变因子，它是电流基波有效值与总有效电流值之比。

从公式中可以看出，电路的全功率因数为相移功率因数 $\cos\varphi$ 与失真功率因数 γ 两项的乘积。

提高功率因数的方法很多，主要有以下几种。

① 提高自然功率因数，即提高变压器和电动机的负载到 75%～80%，以及选择本身功率因数较高的设备。

② 对于感性线性负载电路，采用移相电容器来补偿无功功率，便可提高 $\cos\varphi$；

③ 对于非线性负载电路（在通信企业中主要为整流器），则通过功率因数校正电路将畸变电流波形校正为正弦波，同时迫使它跟踪输入正弦电压相位的变化，使高频开关整流器输入电路呈现电阻性，提高总功率因数。

这里要说的主要是感性线性负载电路中的功率因数补偿，关于非线性电路中的功率因数校正将在开关型整流器原理部分加以分析。

根据在 R-L-C 电路中，电感 L 和电容 C 上的电流在任何时间都是反相的，相互间进行着周期性的能量交换的特性，采用在线性负载电路上并联电容来作无功补偿，使感性负载所需的无功电流由电容性负载储存的电能来补偿，从而减少了无功电流在电网上的传输衰耗，达到提高功率因数的目的。《全国供用电规则》规定："无功电力应就地平衡，用户应在提高用电自然功率因数的基础上，设计和装置无功补偿设备，并做到随负荷和电压变动及时投入或切除，防止无功电力到送。"供电部门还要求通信企业的功率因数达到 0.9 以上。

移相电容器的补偿容量可按下式确定：

$$Q_C = Q_1 - Q_2 = P_{js}(\tan\varphi_1 - \tan\varphi_2) \quad (\text{kVar}) \tag{2-4}$$

即

$$Q_C = P_{js}\left(\sqrt{\frac{1}{\cos^2\varphi_1} - 1} - \sqrt{\frac{1}{\cos^2\varphi_2} - 1}\right) \quad (\text{kVar}) \tag{2-5}$$

式中，P_{js}——总的有功功率计算负荷（kW）；

Q_1——补偿前的无功功率（kVar）；

Q_2——补偿后的无功功率（kVar）；

Q_C——需补偿的无功功率（kVar）；

$\cos\varphi_1$——补偿前的功率因数；

$\cos\varphi_2$——补偿后的功率因数。

在计算电容器容量时，由于运行电压的不同，电容器实际能补偿的容量应为

$$Q_H' = Q_H\left(\frac{V_H'}{V_H}\right)^2 \tag{2-6}$$

式（2-6）中，Q_H——电容器的标准补偿容器；

V_H'——实际运行电压；

V_H——电容器的额定工作电压。

因此，需要补偿电容器的数量 n 应为

$$n = \frac{Q_C}{Q_H'} \tag{2-7}$$

移相电容器通常采用△形接线，目的是为了防止一相电容断开造成该相功率因数得不到补偿，同时，根据电容补偿容量和加载其上的电压的平方成正比的关系，同样的电容△形接线能补偿的无用功更多。大多数低压移相电容器本身就是三相的，内部已接成△形。

移相电容器在局（站）变电所供电系统可装设在高压开关柜或电压配电屏或用电设备端，分别称为高压集中补偿，低压成组补偿或低压分散补偿。目前，在通信企业中绝大多数采用了低压成组补偿方式，即在低压配电屏中专门设置配套的功率因数补偿柜。

例如，与 PGL$_{12}$ 型低压配电屏配套的 PGL$_1$ 或 PGL$_1$A 型无功功率自动补偿控制屏。电容器装于柜中两层支架上，还装有自动投切控制器，它能根据功率因数的变化，以 10～120s 的间隔时间自动完成投入或切除电容器，使 $\cos\alpha_1$ 保证处于设定范围内。投切循环步数 PGL$_1$ 为 6～8 步，而 PGL$_1$A 为 8～10 步。PGL$_1$/PGL$_1$A 型无功功率补偿屏的一次线路如图 2-17 所示。

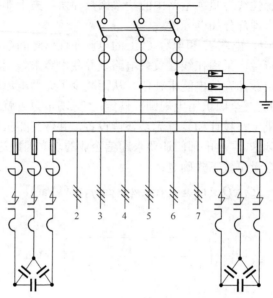

图 2-17　PGL$_1$/PGL$_1$A 型无功功率补偿屏一次线路

任务3　高压交流供电系统运行与维护操作

一、维护基本要求

① 配电屏四周的维护走道净宽应保持规定距离（≥0.8m），前后走道均应铺绝缘胶垫。

② 高压室禁止无关人员进入，在危险处应设防护栏，并在明显处设"高压危险，不得靠近"等字样的告警牌。

③ 高压室各门窗、地槽、线管、孔洞应做封堵处理，严防水及小动物进入，应采取相应的防鼠、灭鼠措施。

④ 为安全供电，专用高压输电线和电力变压器不得搭接外单位负荷。

⑤ 高压防护用具（绝缘鞋、手套等）必须专用，高压验电器、高压拉杆绝缘应符合规定要求，定期检测试验。

⑥ 高压维护人员必须持有高压操作证，无证者不准进行操作。

⑦ 变配电室停电检修时，应报主管部门同意并通知用户后再进行。

⑧ 继电保护和告警信号应保持正常，严禁切断警铃和信号灯，严禁切断各种保护连锁。

⑨ 停电检修时，应先停低压、后停高压；先断负荷开关，后断隔离开关。送电顺序相反。切断电源后，三相相线上均应接地线。

二、保证安全的措施

1. 组织措施

在电气设备上工作，保证安全的组织措施如下。

① 工作票制度。

② 工作许可制度。

③ 工作监护制度。

④ 工作间断、转移和终结制度。

（1）工作票制度

工作票是准许在电气设备上工作的书面命令，也是明确安全职责，向工作人员进行安全交底，履行工作许可手续，工作间断、转移和终结手续，并实施保证安全技术措施等的书面依据。因此，在电气设备上工作时，应按要求认真使用工作票或按命令执行。其方式有下列3种：①第一种工作票；②第二种工作票；③口头或电话命令。

（2）工作许可制度

履行工作许可手续的目的，是为了在完成好安全措施以后，进一步加强工作责任感。它是确保工作万无一失所采取的一种必不可少的措施。因此，必须在完成各项安全措施之后再履行工作许可手续。

（3）工作监护制度

执行工作监护制度的目的，是使工作人员在工作过程中得到监护人一定的指导和监督，及时纠正一切不安全的动作和其他错误做法，特别是在靠近有电部位及工作转移时更为重要。

（4）工作间断、转移和终结制度

2．技术措施

在全部停电或部分停电的电气设备上工作，必须完成停电、验电、接地线、悬挂标示牌和装设临时遮栏等安全技术措施。上述措施由值班员执行，并应有人监护。对于无人经常值班的设备或线路，可由工作负责人执行。

（1）停电

① 工作地点必须停电的设备：检修的设备。

与工作人员进行工作中正常活动范围的距离小于表 2-3 规定的设备。

表 2-3　　　　　　　　　　　　设备不停电时的安全距离

电压等级（kV）	10 及以下（13.8）	20、35	66、110	220	330	500
安全距离（m）	0.70	1.00	1.50	3.00	4.00	5.00

注：表中未列电压按高一挡电压等级的安全距离

在 44kV 以下的设备上进行工作，上述安全距离虽大于表 2-4 的规定，但小于表 2-3 中的规定，同时又无安全遮栏措施的设备。

表 2-4　　　　　　　　工作人员工作中正常活动范围与带电设备的安全距离

电压等级（kV）	10 及以下（13.8）	20、35	66、110	220	330	500
安全距离（m）	0.35	0.60	1.50	3.00	4.00	5.00

注：表中未列电压按高一挡电压等级的安全距离

带电部分在工作人员后面或两侧无可靠安全措施的设备。

② 将检修设备停电，必须把各方面的电源完全断开（任何运行中的星形接线设备的中

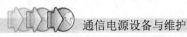

性点，必须视为带电设备）。禁止在只经断路器断开电源的设备上工作，必须拉开隔离开关，使各方面至少有一个明显的断开点。与停电设备有关的变压器和电压互感器，必须从高、低压两侧断开，防止向停电检修设备反送电。

③ 在检修断路器或远方控制的隔离开关时引起的停电。

（2）验电

通过验电可以明显地验证停电设备是否确实无电压，以防发生带电装设接地线或带电合接地刀闸等恶性事故。验电时注意事项如下。

① 验电时，必须使用电压等级合适而且合格的验电器，验电前，应先在有电设备上进行试验，确定验电器良好。验电时，应在检修设备进出线时，两侧各相应分别验电。如果在木杆、木梯或木构架上验电时，不接地线验电器不能指示时，可在验电器上加接接地线，但必须经值班负责人许可。

② 高压验电必须戴绝缘手套、35kV 及以上的电气设备在没有专用验电器的特殊情况下，可以用绝缘棒代替验电器，根据绝缘棒端有无火花和放电劈啪声来判断有无电压。

③ 信号元件和指示表不能代替验电操作。

3．装设接地线应注意的事项

① 当验明设备确无电压后，应立即将检修设备接地并三相短路。

② 凡是可能向停电设备突然送电的各电源侧，均应装设接地线。所装的接地线与带电部分的距离，在考虑了接地线摆动后不得小于表 2-3 所规定的安全距离。当有可能产生危险感应电压的情况时，应视具体情况适当增挂接地线，但至少应保证在感应电源两侧的检修设备上各有一组接地线。

③ 在母线上工作时，应根据母线的长短和有无感应电压等实际情况确定接地线数量。对长度为 10m 及以下的母线，可以只装设一组接地线；对长度为 10m 及以上的母线，则应视连接在母线上电源进线的多少和分布情况及感应电压的大小，适当增加装设接地线的数量。在门型构架的线路侧进行停电检修时，如工作地点到接地线的距离小于 10m 时，工作地点虽在接地线外侧，也可不另装设接地线。

④ 检修部分若分为几个在电气上不相连接的部分（如分段母线与隔离开关或断路器隔开分成几段），则各段应分别验电接地短路。接地线与检修部分之间不得连有断路器或保险器。降压变电所全停电时，应将各个可能来电侧的部分都分别接地短路，其余部分不必每段都装设接地线。

⑤ 为了保证接地线和设备导体之间接触良好，对室内配电装置来说，应将接地线悬挂在刮去油漆的导电部分的固定处。

⑥ 装设或拆除接地线必须由两人进行，一人监护，一人操作。若为单人值班，只允许操作接地刀闸或使用绝缘棒合、拉接地刀闸。

⑦ 在装、拆接地线的过程中，应始终保证接地线处于良好的接地状态。在装设接地线时，必须先接接地端，后接导体端，拆除接地线时则与此相反。为确保操作人员的人身安全，装、拆接地线均应使用绝缘棒或戴绝缘手套。

⑧ 接地线应使用多股软裸铜线，其截面积应符合短路电流的要求，但不得小于 $25mm^2$。接地线在每次装设以前应经过详细检查，损坏的接地线应及时修理或更换。禁止使用不符合规定的导线作接地或短路之用。接地线必须使用专用的线夹固定在导体上，严禁用

缠绕的方法进行接地或短路。

⑨ 当在高压回路上的工作，需要拆除全部或一部分接地线后才能进行工作时（如测量母线和电缆的绝缘电阻，检查断路器触头是否同时接触），需经特别许可。下述工作必须征得值班员的许可（根据调度员的命令装设的接地线，必须征得调度员的许可）方可进行，工作完毕后立即恢复：①拆除一相接地线；②拆除接地线，保留短路线；③将接地线全部拆除或拉开接地刀闸。

⑩ 每组接地线均应编号，并存放在固定地点。存放位置亦应编写，接地线号码与存放位置号码必须一致。

⑪ 装、拆接地线的数量及地点都应做好记录，交接班时应交待清楚。

4．悬挂标示牌和装设遮栏的地点

① 在一经合闸即可送电到工作地点的断路器和隔离开关的操作把手上，均应悬挂"禁止合闸，有人工作！"的标示牌。如果线路上有人工作，应在线路断路器和隔离开关的操作把手上悬挂"禁止合闸，线路有人工作！"的标示牌，标示牌的悬挂和拆除，应按调度员的命令执行。

② 部分停电的工作，安全距离小于表 2-3 规定距离以内的未停电设备，应装设临时遮栏。临时遮栏与带电部分的距离，不得小于表 2-4 规定的数值。临时遮栏可用干燥木材、橡胶或其他坚韧绝缘材料制成，装设应牢固，并悬挂"止步，高压危险！"的标示牌。35kV 及以下设备的临时遮栏，如因工作特殊需要，可用绝缘挡板与带电部分直接接触。但此种挡板必须具有高度的绝缘性能。

③ 为了防止检修人员误入有电设备的高压导电部分或附近，确保检修人员在工作中的安全，在室内高压设备上工作，应在工作地点两旁间隔和对面间隔的遮栏上及禁止通行的过道上悬挂"止步，高压危险！"的标示牌。

④ 在室外地面高压设备上工作，应在工作地点四周用绳子做好围栏，围栏上悬挂适当数量的"止步，高压危险！"标示牌，标示牌必须朝向围栏里面（即工作人员所处场所）。

⑤ 在工作地点悬挂"在此工作！"的标示牌。

⑥ 在室外构架上工作，则应在工作地点邻近带电部分的横梁上，悬挂"止步，高压危险！"的标示牌，此项标示牌在值班人员的监护下，由工作人员悬挂。在工作人员上下用的铁架或梯子上，应悬挂"从此上下！"的标示牌。在邻近其他可能误登的架构上，应悬挂"禁止攀登，高压危险！"的标示牌。

⑦ 严禁工作人员在工作中移动或拆除遮栏、接地线和标示牌。

三、高压配电设备的维护

① 高压配电设备进行维修工作，必须遵守以下规定：

a．高压操作应实行两人操作制，一人操作、一人监护，实行操作唱票制度。不准一人进行高压操作；

b．切断电源前，任何人不准进入防护栏；

c．检修时，切断电源后应验电、放电、接地线；

d．在检查有无电压、安装移动地线装置、更换熔断器等工作时，均应使用防护工具；

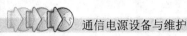

e. 在距离 10～35kV 导电部位 1m 以内工作时,应切断电源,并将变压器高、低压两侧断开,凡有电容的器件(如电缆、电容器、变压器等)应进行放电;

f. 核实负荷开关确实断开,设备不带电后,再悬挂"有人工作,切勿合闸"警告牌方可进行维护和检修工作。警告牌只许原挂牌人或监护人撤去;

g. 严禁用手或金属工具触动带电母线,检查通电部位时应使用符合相应电压等级的试电笔或验电器;

h. 雨天不准露天作业,高处作业时应系好安全带,严禁使用金属梯子。

② 停电、检修时,与电力部门有调度协议的应按协议执行。

③ 对于自维的高压线路,每年要全线路检查一次避雷线及其接地状况、供电线路情况,发现问题及时处理。

④ 周期维护项目。高压配电设备周期维护项目见表 2-5。

表 2-5　　　　　　　　　　　　高压配电设备周期维护项目

序　号	项　　　　目	周　期
1	清洁机架	季
2	堵塞进水和小动物的孔洞	
3	检测仪表是否正常	
4	检查熔断器接触是否良好,温升是否符合要求	年
5	检查接触器、闸刀、负荷开关是否正常	
6	检查各接头处有无氧化、螺丝有无松动	
7	清洁电缆沟	
8	调整继电保护装置	
9	检测避雷器及接地引线	
10	检验高压防护用具	
11	校正仪表	
12	检查主要元器件的耐压(2 年一次)	
13	检查油开关油位、油色、油质,添加或更换开关油	
14	检查高压开关柜的开关、网门连锁	
15	操作电源及蓄电池的维护可参照整流器及蓄电池的有关内容执行	

四、高压配电设备巡视检查

高压配电设备的巡视检查如下。

① 瓷瓶、套管、磁质表面应清洁,无裂纹破损、烧痕、放电现象等。

② 设备温度应正常,无异常声响、变色、过热、冒烟等现象。

③ 导线不应有烧伤断股,接头接点不发热,无松动现象。

④ 各设备外壳及避雷器接地线应连接完好。

⑤ 设备所有仪表、信号、指示灯均应与运行情况相符,并指示正确,报警装置应完好。

⑥ 高峰时应重点检查母线及开关的接点不过热。

⑦ 少油断路器、真空断路器、隔离开关、负荷开关的电流不能超过额定值,电压不能

超过开关最大允许电压。

⑧ 高压直流操作的蓄电池电压、温度应正常，浮充电流合适。蓄电池密封及接头接触良好。

⑨ 高压配电设备系统是否符合运行方式的要求；各高压柜之间的机械、电气连锁是否动作安全可靠；手动、自动操作系统符合设计要求。

五、高压配电设备的操作

1．跌落开关的操作

使用跌落开关断开和接通电源时，必须在断开低压进线开关后才允许进行开关的分、合闸操作，防止由于电弧而引起的相间短路，因此，应按下列顺序进行操作。

① 断开电源时，应先断开中间一相，然后断开背风相，最后断开迎风相；这是因为，断开第一相时，虽然该相有负荷电流，但一般不会产生强烈电弧，而在断开第二相时，则产生的电弧较大，可能发生相间短路，所以应当先断中间相，这样就使两个带电的边相之间有较大的绝缘间隙。然后断开背风相，是为了借风力将电弧吹远；这样就可以防止电弧引起相间短路。

② 根据同样的道理，在接通电源时，应先合迎风相，再合背风相，最后合中相。

2．高压柜操作（以西门子 8BK20 为例）

（1）开关工作状态，退到试验位置的操作步骤

① 将真空断路器分闸。

a．按开关柜低压室门上的分闸按钮，电动分闸。

b．手动分闸，将在工作位置操作断路器延伸杆指向可移动部分，用手保持它不动，然后按分闸按钮。

② 将真空断路器由工作位置，退到试验位置。

a．把钥匙插入操作机构的锁孔，逆时针转动 90°，打开插入摇柄的孔盖。

b．将摇动驱动机构的手柄插入，逆时针摇动，直到摇不动为止，拔出手柄。

c．把钥匙逆时针转动 90°，锁住插入手柄的孔盖，取出钥匙。

③ 合上接地开关，将接地刀插入接地开关插孔，顺时针转动 90°，取出接地刀。

④ 打开开关柜高压室的门，操作完前三项后可打开高压室的门。

（2）开关在试验位置，合闸送电的操作步骤

① 按一下手动电动分闸按钮，确保断路器已分闸。

② 分开接地开关，将接地刀插入接地开关插孔，逆时针转动 90°，取出接地刀。

③ 将可移动部分由试验位摇到接通位置。

a．将钥匙插入操作操动机构的锁孔，顺时针转动 90°，打开插入摇柄的孔盖。

b．把手柄插入，顺时针转动，直到摇不动为止，拔出手柄。

c．将钥匙顺时针转动 90°，锁住插入手柄的孔盖，拔出钥匙。

④ 合闸送电。

a．电动：按开关柜低压室门上的合闸按钮。

b．手动：将工作位置操作断路器延伸杆指向可移动部分，并用手保持它不动，然后按高压室门上的合闸按钮。

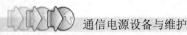

（3）在工作位置手动储能的操作步骤

① 旋转手柄插孔盖板按钮，露出给断路器合闸弹簧储能的插孔，并将储能手柄由插孔中伸入到 3AH5 断路器操作机构。

② 旋转储能手柄直至"已储能"指示牌在观察窗出现。

3. 高压系统的操作（以西门子 8BK20 为例）

图 2-18 所示为西门子 8BK20 高压系统的一次接线图：1#柜和 12#柜分别为主、备供进线柜，2#柜和 11#柜分别为主、备供进线开关柜，3#柜和 10#柜为计量柜，6#柜为母线提升柜，7#柜为分段联络柜，4#柜、5#柜、8#柜、9#柜为变压器出线柜。

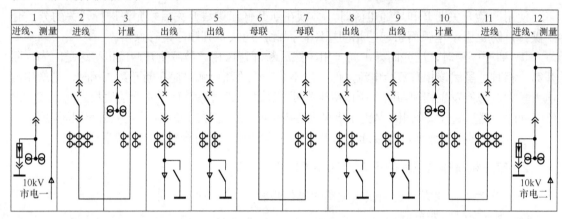

图 2-18　西门子 8BK20 高压系统的一次接线图

此系统操作有自动和手动两种操作方式。

（1）自动操作方式（主备方式）

7#联络柜需运行在合闸位，本系统才能实行自动。当主备供均有电时，2#进线开关柜优先合闸为全系统供电，由于 2#柜、7#柜和 11#柜之间有电气连锁，因此，11#柜不具备合闸条件。当主供停电或故障，2#柜自动分闸，11#柜自动合闸为全系统供电。当主供来电或故障消除时，系统会自动倒换到主供供电，这就是通常所说的"备供自投，主供自复"。

（2）手动操作方式

① 全系统运行方式的操作：7#联络柜需运行在合闸位，此时 2#柜和 11#柜只能有一个合闸供电，当系统由 2#柜供电时，若需倒为 11#柜供电，可先停 2#柜，再合 11#柜。如果要执行分段运行方式，可先分 7#柜，再将 2#柜或 11#柜合闸即可。

② 分段运行方式的操作：7#联络柜需在分闸位，此时 1～6 柜为一段；8～12 柜为一段。1～6 柜可通过操作 2#柜为本段停、送电。8～12 柜可通过操作 11#柜为本段停、送电。由于2#柜、7#柜和 11#柜之间有电气连锁，这 3 个开关柜只能任意合其中两个。

六、高压交流供电系统常见故障处理

1. 突然停电

没有接到供电部门事先停电的通知，而突然发生停电。首先判断停电的原因，是由市电供电电源故障引起还是本变电所设备故障引起。

（1）判断市电供电电源故障

若测量柜在进线断路器柜的前面，首先观察电压表电压指示是否正常或用验电器在电源进线端进行检测，若电缆进线端装有带电显示装置，也可观察是否是市电引入电源停电。

（2）判断本变电所设备故障

若变电所设备故障，相应的断路器应跳闸，并发出告警信号；检查继电保护装置及信号装置的动作指示情况，迅速消除故障点。

但应注意的是，排除故障恢复供电前，必须保证故障点已被切除，同时必须按照规程的规定进行倒闸操作，以免扩大事故。

2．中性点不接地的10kV系统发生其中一相接地故障

发生接地故障时，查障前维护人员必须采取安全防护措施，穿绝缘靴、戴绝缘手套。有故障告警信号发出；观察电压表显示，接地一相的电压几乎为零，另两相电压升高，最大时相电压为原相电压的$\sqrt{3}$倍；若配有三芯五柱电压互感器，则开口形绕组电压为100V（正常为0V）。首先，查找接地故障是发生在所内还是在所外，在所内应分柜查找；若在所外，则应采用排除法，逐柜开关切除排查（及拉路查找），直到查到为止。

3．导体接头发热

首先，要停电进行处理，将接头打开，去除接触面上的氧化层、搓平磨光再涂中性凡士林油后进行紧固。

4．过流跳闸

采用卸载调负荷的方法，或及时进行变压器的扩容。

5．过流速断跳闸

过流速断跳闸一般是在输出端短路的情况下发生，应查找短路故障点并及时排除。

6．断路器不能正常分、合闸

① 检查直流操作电压是否过低（根据直流电压表指示判断）。
② 检查断路器是否机械故障。
③ 检查断路器是否有接点粘连。

七、高压供电系统主要设备的电气试验项目

高压供电系统主要设备的电气试验项目如下。

① 定期试验即预防性试验。如绝缘电阻、绕组直流电阻、直流耐压、交流耐压、介质损耗因数（$\tan\delta$）、直流泄漏、绝缘油中溶解气体色谱分析试验等。

② 大修试验指大修时或大修后做的检查试验项目。除定期试验项目外，还需作穿心螺栓绝缘电阻、局部放电、断路器分合闸时间和速度等试验。

③ 查明故障试验指在定期试验或大修试验时，发现试验结果有疑问或异常，需要进一步查明故障或确定故障位置时进行的一些试验，或称诊断性试验。如空载电流、短路阻抗、绕

组频率响应等。这是在"必要时"才进行的试验项目。

④ 预知性试验。这是为了鉴定设备绝缘的寿命，是否需要在近期安排更换而进行的试验。如电机定子绕组绝缘老化鉴定、变压器绝缘纸（板）聚合度试验等。

任务4 变压器运行与维护操作

一、变压器的维护

① 对于油浸电力变压器、调压器，安装在室外的应每年检测一次绝缘油耐压，安装在室内的应每两年检测一次绝缘油耐压。

② 定期检测干式变压器的温升（以说明书规定为准）。

③ 周期维护项目，见表2-6。

表2-6　　　　　　　　　　　　　变压器周期维护项目

序　号	项　目	周　期
1	检查干式变压器的风机	季
2	检查油浸式变压器油枕油位合格，干燥剂颜色合格，二次保险温升合格	
3	检查变压器和电力电缆的绝缘	年
4	清洁变压器油污及高、低压瓷瓶	
5	检查变压器一次保险规格、二次保险规格	
6	检查变压器接地电阻值、连接线路	

二、变压器的巡视检查

① 温度检查。油浸式电力变压器允许温升应按上层油温来检查，用温度计测量，上层油温升的最高允许值为55℃，为了防止变压器油劣化变质，上层油温升不宜长时间超过45℃。对于采用强迫循环水冷和风冷的变压器，正常运行时，上层油温升不宜超过35℃。

另外，巡视时应注意温度计是否完好；由温度计查看变压器上层油温是否正常或是否接近或超过最高允许限额；当玻璃温度计与压力温度计相互间有显著异常时，应查明是否仪表不准或油温确有异常。

干式变压器应巡视温控器的显示温度是否正常。

② 油位检查。变压器储油柜（即油枕）上的油位是否正常；是否假油位；有无渗油现象；充油的高压套管油位、油色是否正常；套管有无渗油现象。油位指示不正常时必须查明原因。必须注意油位表出入口处有无沉淀物堆积而阻碍油的通路。

③ 注意变压器的声响。变压器的电磁声与以往比较有无异常。异常噪声发生的原因通常有以下几种。

a. 因电源频率波动大，造成外壳及散热器振动。

b. 铁芯夹紧不良，紧固部分发生松动。

c. 因铁芯或铁芯夹紧螺杆、紧固螺栓等结构上的缺陷，发生铁芯短路。

d. 绕组或引线对铁芯或外壳有放电现象。

e. 由于接地不良或某些金属部分未接地，产生静电放电。

④ 检查漏油。漏油会使变压器油面降低，还会使外壳散热器等产生油污。应特别注意检查各阀门各部分的垫圈。

⑤ 检查绝缘件，如出线套管、引出导电排的支持绝缘子等表面是否清洁，有无裂纹、破损及闪络放电痕迹。

⑥ 检查引出导电排的螺栓接头有无过热现象，可查看示温蜡片及变色漆的变化情况。

⑦ 检查阀门，查看各种阀门是否正常，通向气体继电器的阀门和散热器的阀门是否处于打开状态。

⑧ 检查防爆管，防爆管有无破裂、损伤及喷油痕迹，防爆膜是否完好。

⑨ 检查冷却系统，冷却系统运转是否正常，如风冷油浸式电力变压器，风扇有无个别停转，风扇电动机有无过热现象，振动是否增大；强迫油循环水冷却的变压器，油泵运转是否正常，油压和油流是否正常，冷却水压力是否低于油压力，冷却水进口温度是否过高，冷油器有无渗油或渗漏水的现象，阀门位置是否正确。干式变压器的风机运转声音及温控器工作是否正常。对室内安装的变压器，要查看周围通风是否良好，是否要开动排风扇等。

⑩ 检查吸潮器，吸潮器的吸附剂是否达到饱和状态。

⑪ 检查外壳接地线是否完好。

⑫ 检查周围场地和设施，室外变压器重点检查基础是否良好，有无基础下沉，变台杆检查电杆是否牢固，木杆、杆根有无腐蚀现象；室内变压器重点检查门窗是否完好，检查百叶窗铁丝纱是否完整；照明是否合适和完好，消防用具是否齐全。

三、变压器常见故障处理

变压器在运行中的故障，一般分磁路故障和电路故障。磁路故障一般指铁芯、轭铁及夹件间发生的故障。常见的有硅钢片短路、穿心螺栓及铁扼夹紧件与铁芯之间的绝缘损坏，以及铁芯接地不良引起的放电等；电路故障主要指绕线和引线的故障等，常见的有线圈的绝缘老化、受潮，切换器接触不良，材料质量及制造工艺不良，过电压冲击及二次系统短路引起的故障等。

为了顺利和正确地检查分析变压器故障的原因，在事前应详细了解下列情况。

① 变压器的运行情况，如负载情况、过负载情况和负载种类。

② 故障发生前与故障发生时的气候与环境情况，是否经雷击或雨雪等。

③ 变压器温升与电压情况。

④ 继电器保护动作的性质，并在哪一相动作的。

⑤ 如果变压器具有运行记录，应加以检查。

⑥ 检查变压器的历史资料，了解上次检修的质量评价。

⑦ 其他外界因素，是否有小动物的痕迹等。

变压器常见故障的现象、原因及处理方法，见表 2-7。

表 2-7　　　　　油浸式变压器常见故障现象、原因及处理方法

故障现象	产 生 原 因	检查处理方法
铁芯片局部短路或熔毁	1. 铁芯片间绝缘严重损坏 2. 铁芯或铁轭螺栓绝缘损坏接地方法不当	1. 用直流伏安法测片间绝缘电阻，找出故障点并进行修理 2. 调整损坏的绝缘胶纸管改正接地错误

续表

故障现象	产 生 原 因	检查处理方法
运行中有异常响声	1. 铁芯片间绝缘损坏 2. 铁芯的紧固件松动 3. 外加电压过高 4. 过载运行	1. 吊出铁芯检查片间绝缘电阻，进行涂漆处理 2. 紧固松动的螺丝 3. 调整外加电压 4. 减轻负载
绕组匝间短路、层间短路或相间短路	1. 绕组绝缘损坏 2. 长期过载运行或发生短路故障 3. 铁芯有毛刺使绕组受损 4. 引线间或套管间短路	1. 吊出铁芯，修理或调换线圈 2. 减小负载或排除短路故障后，修理绕组 3. 修理铁芯，修复绕组绝缘 4. 用绝缘电阻表测试并排除故障
高、低压绕组间或对地击穿	1. 变压器受大气过电压的作用 2. 绝缘油受潮 3. 主绝缘因老化而有破裂折断等缺陷	1. 调换绕组 2. 干燥处理绝缘油 3. 用绝缘电阻表测试绝缘电阻，必要时更换
变压器漏油	1. 变压器油箱的焊缝有裂纹 2. 密封垫老化或损坏 3. 密封垫不正，压力不均 4. 密封填料处理不好，硬化或断裂	1. 吊出铁芯，将油放掉，进行补焊 2. 调换密封垫 3. 放正垫圈，重新紧固 4. 调换填料
油温突然升高	1. 过负载运行 2. 接头螺钉松动 3. 线圈短路 4. 缺油或漏油	1. 减小负载 2. 停止运行，检查各接头，加以紧固 3. 停止运行，吊心检查绕组 4. 加油或调换全部油
油色变黑，油面过低	1. 长期过载，油温过高 2. 有水漏入或有漏气侵入 3. 油箱漏油	1. 减小负载 2. 找出漏水处或检查吸潮剂是否失效 3. 修补漏油处，加以新油
气体继电器动作	1. 信号指示未跳闸 2. 信号指示开关跳闸	1. 变压器内进入空气，造成气体继电器动作，查出原因加以排除 2. 变压器内部发生故障，查出原因加以排除
变压器着火	1. 高、低压绕组层间短路 2. 严重过负载 3. 铁芯绝缘损坏或穿心螺栓绝缘损坏 4. 套管破裂，油载闪络时流出来，引起盖顶着火	1. 吊出铁芯，局部处理或重绕线圈 2. 减小负载 3. 吊出铁芯重新涂漆或调换穿心螺栓 4. 调换套管

任务5　低压交流供电系统运行与维护操作

一、维护基本要求

① 引入通信局（站）的交流高压电力线应安装高、低压多级避雷装置。

② 交流用电设备采用三相四线制引入时，零线不准安装熔断器，在零线上除电力变压器近端接地外，用电设备和机房近端应重复接地。

③ 交流供电应采用三相五线制，零线禁止安装熔断器，在零线上除电力变压器近端接地外，用电设备和机房近端不许重复接地。

④ 每年检测一次接地引线和接地电阻，其电阻值应不大于规定值。

⑤ 自动断路器跳闸或熔断器烧断时，应查明原因再恢复使用，必要时允许试送电一次。

⑥ 熔断器应有备用，不应使用额定电流不明或不合规定的熔断器。

⑦ 交流熔断器的额定电流值：照明回路按实际最大负载配置，其他回路不大于最大负载电流的 2 倍。

二、低压配电设备的维护

1.配电设备的巡视、检查主要内容

① 继电器、接触器、开关的动作是否正常，接触是否良好。

② 螺丝有无松动。

③ 仪表指示是否正常。

④ 电线、电缆、母排运行电流不许超过额定允许值。

⑤ 配电设备运行温度不许超过额定允许值，见表 2-8。

表 2-8　　　　　　　　配电设备运行最高允许温度（红外测温仪测试）

名　　称	额定允许温度（℃）
刀闸	65
塑料电线、电缆（特殊电缆除外）	65
裸母排	70
电线端子、母排接点	75
油浸变压器上部壳温	85

⑥ 熔断器的温升应低于 80℃。

⑦ 交流设备三相电流平衡时，各相电路之间相对温差不大于 25℃。

⑧ 配电线路应符合以下要求：线路额定电流≥低压断路器（过载）整定电流≥负载额定电流。掌握断路器的合理选择，杜绝大开关连接小线路的现象。

⑨ 配电系统继电保护必须配套。变压器输出额定电流、低压断路器过载保护整定电流、电流互感器额定电流应在同一等级规格，避免失配过大导致继电保护失效和仪表指示不准。

⑩ 禁止将橡套防水电缆用做正式配电线路。

2.周期维护项目

低压配电设备周期维护项目见表 2-9。

表 2-9　　　　　　　　　低压配电设备周期维护项目

序　号	项　　目	周　期
1	检查接触器、开关接触是否良好	月
2	检查信号指示、告警是否正常	
3	测量熔断器的温升或压降	

续表

序　号	项　　目	周　期
4	检查功率补偿屏的工作是否正常	
5	清洁设备	
6	测量刀闸、母排、端子、接点、线缆的温度、温升及各相之间温差	
7	检查避雷器是否良好	
8	测量地线电阻（干季）	月
9	检查各接头处有无氧化、螺丝有无松动	
10	校正仪表	
11	检查、调整三相电流不平衡度≤25%	
12	检查、测试供电回路电流不超过线路额定允许值	

三、交流稳压器的维护

1．维护周期

根据不同的使用环境，维护周期有较大的差异，无人站每季作一次维护，交换局及其他局（站）每月作一次维护。

① 使用过程中应定期清扫交流稳压器各部分（清扫时转旁路），特别是碳刷、滑动导轨及变速传动部件，必须用"四氯化碳"与棉布擦干净。机械传动部分及电机减速齿轮箱应定期加油，保持润滑。

② 更换已磨损严重的碳刷或滚轮，定期检修维护散热风扇。

③ 检查交流稳压器的自动转旁路性能、工作和故障指示灯是否正常。

④ 交流稳压器每季应检查、调整链条的松紧程度。

2．无接触式稳压器的维护

对于无接触式稳压器，每月清洁设备表面、散热风口、风扇及滤网，检查各项参数设置以及告警功能是否正常，检查各主要部件工作是否正常，检查避雷器是否失效，检查各连接部位温升是否异常。

3．周期维护项目

交流稳压器周期维护项目，见表2-10。

表2-10　　　　　　　　　　　交流稳压器周期维护项目

序　号	项　　目	周　　期
1	清洁设备表面、散热风口、风扇及滤网	
2	测量输入电压、输出电压、输入电流、输出电流，计算负载百分比	
3	检查各项参数设置以及告警功能是否正常	月
4	检查各连接部位温升是否异常	
5	检查风扇工作状态	
6	检查自动旁路功能	

续表

序　号	项　目	周　期
7	测量开关及接线端子温升	季
8	调整链条松紧度	
9	检查机械传动部分及电机减速齿轮箱	
10	主要部件温升	年
11	防雷设施检查	
12	校正仪表	

四、低压交流供电系统操作

1．主要元器件使用操作

（1）刀开关

① 刀开关安装时，手柄要向上，不得倒装，否则手柄可能因自重下落造成误动合闸，造成人身和设备安全事故。

② 刀开关接线时，应将电源线接在上接线端，负载接在下接线端，这样拉闸后，触刀与电源隔离，比较安全。

（2）负荷开关

开启式负荷开关

① 开启式负荷开关必须垂直安装在控制屏或开关板上，且合闸状态时手柄应朝上。不允许倒装或平装，以防发生误合闸事故。

② 开启式负荷开关接线时应把电源进线接在静触头一边的进线座，负载接在动触头一边的出线座，这样在开关断开后，闸刀和熔体上都不会带电。

③ 更换熔体时，必须在闸刀断开的情况下按原规格更换。

④ 在分闸和合闸操作时，应动作迅速，使电弧尽快熄灭。

封闭式负荷开关

① 封闭式负荷开关必须垂直安装，安装高度一般离地不低于 1.3～1.5m，并以操作方便和安全为原则。

② 开关外壳的接地螺钉必须可靠接地。接线时，应将电源进线接在静夹座一边的接线端子上，负载引线接在熔断器一边的接线端子上，且进出线都必须穿过开关的进出线孔。

③ 分合闸操作时，要站在开关的手柄侧，不准面对开关，以免因意外故障电流使开关爆炸，铁壳飞出伤人。

④ 一般不用额定电流 100A 及以上的封闭式负荷开关控制较大容量的电动机，以免发生飞弧伤手事故。

（3）组合开关

① HZ10 系列组合开关应安装在控制箱（或壳体）内，其操作手柄最好在控制箱的前面或侧面。开关为断开状态时应使手柄在水平旋转位置。HZ3 系列组合开关外壳上的接地螺钉应可靠接地。

② 若需在箱内操作，开关最好装在箱内右上方，并且在它的上方不安装其他电器，否

则，应采取隔离或绝缘措施。

③ 组合开关的通断能力较低，不能用来分断故障电流。

④ 当操作频率过高或负载功率因数较低时，应降低开关的容量使用，以延长其使用寿命。

（4）自动空气断路器

① 电源引线应接到断路器上端，负载引线应接到断路器下端。

② 自动空气断路器用作电源总开关或电动机的控制开关时，在电源进线侧必须加装刀开关或熔断器等，以形成明显的断开点。

③ 自动空气断路器在使用前应将脱扣器工作面的防锈油脂擦干净；各脱扣器动作值一经调整好，不允许随意变动，以免影响其动作值。

④ 在使用过程中若遇分断短路电流，应及时检查触头系统，若发现电灼烧痕迹，应及时修理或更换。

⑤ 自动空气断路器上的积尘应定期清除，并定期检查各脱扣器动作值，给操作机构添加润滑剂。

（5）熔断器

① 安装前应先检查熔断器是否完好无损，安装时应保证熔体和夹头及夹头和夹座接触良好，且额定电压、额定电流的标志齐全。

② 插入式熔断器应垂直安装，螺旋式熔断器的电源线应接在下接线座上，负载线应接在上接线座上。

③ 熔断器内要安装合格而且合适的熔体，不能用多根小规格熔体并联代替一根大规格熔体。

④ 安装熔断器时，各级熔体应相互配合，并做到下一级熔体规格比上一级规格小。

⑤ 安装熔丝时，熔丝应在螺栓上沿顺时针方向缠绕，并且压在垫圈下，拧紧螺钉的力应适当。要保证接触良好，同时注意不能损伤熔丝，以免熔体的截面积受损减小，发生局部发热而产生误动作。

⑥ 更换熔体或熔管时，必须切断电源。

⑦ BM10 系列熔断器在切断三次相当于分断能力的电流后，必须更换熔断管，以保证能可靠地切断所规定分断能力的电流。

⑧ 熔断器兼做隔离器件使用时，应安装在控制开关的电源进线端；若仅做短路保护用，应装在控制开关的出线端。

（6）交流接触器

① 交流接触器一般应安装在垂直面上，倾斜度不得超过 5°。

② 定期检查接触器的零件，要求可动部分灵活，紧固部分无松动，已损坏的零件及时修理或更换。

③ 接触器的触头应定期清扫，保持清洁，但不允许涂油。

④ 带灭弧罩的接触器绝不允许不带灭弧罩或带破损的灭弧罩运行，以免发生电弧短路故障。

（7）热继电器

热继电器必须按照产品说明书中规定的方式安装。安装处的环境温度应与电动机所处环境温度基本相同。当与其他电器安装在一起时，应注意将热继电器安装在其他电器的下方，以免其动作特性受到其他电器发热的影响。

热继电器出线端的连接导线，应按规定选用。热元件接点传导到外部的热量多少与导线的粗细和材料有关。导线过细，轴向导热性差，热继电器可能提前动作；导线过粗，轴向导热快，热继电器可能滞后动作。热继电器连接导线的选用参照表 2-11。

表 2-11　　　　　　　　　　　　　热继电器连接导线选用表

热继电器额定电流（A）	连接导线截面积（mm²）	连接导线的种类
10	2.5	单股钢芯塑料线
20	4	单股钢芯塑料线
60	16	多股钢芯塑料线

热继电器在出厂时均调整为手动复位式，如果需要自动复位，只要将复位螺钉顺时针方向旋转 3～4 圈，并稍微拧紧即可。

热继电器在使用中应保持清洁。

2．用电设备送电操作

① 检查线路布放是否符合设计规范，是否三线分离，线路是否标示清楚。

② 检查线路及用电设备绝缘、相序是否符合要求，线路有无断线，连接螺丝是否紧固。

③ 将用电设备接入相应空开下口。

④ 合供电开关（远离负荷侧），给线路供电。

⑤ 合设备开关（靠近负荷侧），给设备供电。

⑥ 设备工作正常，送电结束。

⑦ 若异常，停设备开关（靠近负荷侧），停供电开关（远离负荷侧），经检查排除故障后，再重复以上过程。

3．电容补偿柜操作

① 正常情况下，移相电容器组的投入或退出运行应根据系统无功负荷或负荷功率因数以及电压情况来决定，原则上，按供电局对功率因数给定的指标决定是否投入并联电容器，但是一般情况下，当功率因数低于 0.85 时投入电容器组，功率因数超过 0.95 且有超前趋势时，应退出电容器组。当电压偏低时可投入电容器组。

② 电容器母线电压超过电容器额定电压的 1.1 倍或者电流超过额定电流的 1.3 倍以及电容器室的环境温度超过 ±40℃时，均应将其退出运行。

电容器组发生下列情况之一时，应立即退出运行。

a．电容器爆炸。

b．电容器喷油或起火。

c．瓷套管发生严重放电、闪络。

d．接点严重过热或熔化。

e．电容器内部或放电设备有严重异常响声。

f．电容器外壳有异形膨胀。

4．油机市电转换柜操作（以施耐德开关为例）

（1）自动方式

① 将动力、照明转换柜"市电和油机"开关上的拨位开关分别打在自动（auto）位，控制器上的开关打在自动（auto）位。

② 市电停电时，进线柜（ME）开关有失压会自动分闸，油机自动启动，油机供电至低

配，低配动力、照明转换屏，油机开关自动合闸供电。

③ 市电来电，手动将进线柜（ME）开关合闸，动力、照明转换屏，油机开关自动分闸，市电开关自动合闸供电。

（2）手动方式

当开关不能自动倒换时应手动进行操作，方法如下。

① 将动力、照明转换柜"市电和油机"开关上的拨位开关分别打在手动（manu）位，控制器上的开关打在手动（manu）位。

② 一般开关在上次合闸后都会自动储能，如果没有储能（指示窗口为白色）要进行手动储能。方法为上下搬动储能把手至储能位（窗口指示为黄色 charged）。

③ 市电停电，按动市电开关上的分闸按钮（off）进行分闸。按动油机开关上的合闸按钮（on）进行合闸，油机供电。

④ 市电来电，先手动将进线柜（ME）开关合闸，然后手动按动油机开关上的分闸按钮（off）进行分闸。按动市电开关上的合闸按钮（on）进行合闸，市电供电。

五、低压交流系统常见故障处理

1. 主要低压器件的常见故障处理

（1）自动空气断路器

自动空气断路器的常见故障及处理方法，见表 2-12。

表 2-12 自动空气断路器的常见故障及处理方法

故 障 现 象	故 障 原 因	处 理 方 法
不能合闸	1. 欠压脱扣器无电压或线圈损坏 2. 储能弹簧变形 3. 反作用弹簧力过大 4. 机构不能复位再扣	1. 检查施加电压或更换线圈 2. 更换储能弹簧 3. 重新调整 4. 调整再扣接触面至规定值
电流达到整定值，断路器不动作	1. 热脱扣器双金属片损坏 2. 电磁脱扣器的衔铁与铁芯距离太大或电磁线圈损坏 3. 主触头熔焊	1. 更换双金属片 2. 调整衔铁与铁芯的距离或更换断路器 3. 检查原因并更换主触头
启动电动机时断路器立即分断	1. 电磁脱扣器瞬动整流值过小 2. 电磁脱扣器某些零件损坏	1. 调整整流值至规定值 2. 更换脱扣器
断路器闭合后经一定时间自行分断	热脱扣器整流值过小	调高整流值至规定值
断路器温升过高	1. 触头压力过小 2. 触头表面过分磨损或接触不良 3. 两个导电零件连接螺钉松动	1. 调整触头压力或更换弹簧 2. 更换触头或整修接触面 3. 重新拧紧

（2）交流接触器

交流接触器常见故障主要包括触头故障和电磁系统故障。

① 触头系统故障。交流接触器在工作时往往需要频繁接通和断开电路，因此，其主触头是比较容易损坏的部件。交流接触器触头的常见故障一般有触头过热、触头磨损和主触头熔焊等情况，故障原因和处理方法，见表 2-13。

表 2-13　　　　　　　　　　　　交流接触器触头的常见故障及处理方法

故 障 现 象	故 障 原 因	处 理 方 法
触头过热	1. 操作频率过高或工作电流过大 2. 用电设备超负荷运行 3. 触头容量选择不当或故障运行等 4. 触头压力不足 5. 触头表面有油污或灰尘 6. 铜质触头表面氧化 7. 电弧灼伤、烧毛，使接触面积减少 8. 环境温度过高或使用于密闭箱中	1. 更换合适的接触器 2. 排除故障，使设备恢复正常运行 3. 选用容量较大接触器 4. 先调整压力弹簧，若经调整后压力仍达不到标准要求时，应更换触头 5. 油污可用煤油或四氧化碳清洗 6. 铜质触头表面的氧化膜应用小刀轻轻刮去（银或银基合金触头表面的氧化膜因与纯银相差不大，可不做处理） 7. 用刮刀或细锉修整 8. 接触器降容使用
触头磨损	1. 接触器选用不合适 2. 三相触点不同步 3. 负载侧短路	1. 合理选用接触器 2. 调整触头，使之同步 3. 排除短路故障 一般当触头磨损至超过原厚度的 1/2 时，应更换新触头
触头熔焊	1. 接触器容量选择不当 2. 触头弹簧压力过小 3. 线路过载使触头闭合时通过的电流过大 4. 操作回路电压过低或机械卡阻使触头停顿在刚接触的位置上	1. 选用较大容量的接触器 2. 调整触头弹簧压力并更换新触头 3. 更换新触头，排除线路故障 4. 提高操作电压，排除机械故障

　　② 电磁系统故障。交流接触器的常见故障一般有铁芯故障和线圈故障，具体故障原因和处理方法，见表 2-14。

表 2-14　　　　　　　　　　　　交流接触器电磁系统的常见故障及处理方法

故 障 现 象	故 障 原 因	处 理 方 法
铁芯噪声大	1. 铁芯端面上有锈垢、油污、灰尘等 2. 衔铁与铁芯的接触面磨损或变形 3. 短路环损坏 4. 触头压力过大 5. 活动部分卡阻等机械方面的原因	1. 清理铁芯端面 2. 更换铁芯 3. 更换铁芯或短路环 4. 调整触头压力 5. 调整或修理有关零件
衔铁不吸合	1. 接触器线圈断线或线圈引出线的连接处脱落 2. 电源电压过低或波动过大 3. 活动部分卡阻 4. 线圈参数不符合要求	1. 更换线圈或重新接线 2. 调整电源电压 3. 排除活动部分故障 4. 更换线圈
衔铁不释放	1. 触头熔焊 2. 机械部分卡阻 3. 反作用弹簧损坏 4. 铁芯端面有油污	1. 更换触点 2. 调整或修理有关零件 3. 更换弹簧 4. 清理铁芯端面
线圈过热或烧毁	1. 线圈匝间短路 2. 铁芯端面不平或气隙过大 3. 电源电压过高或过低 4. 线圈技术参数不符合要求	1. 更换线圈 2. 修理或更换铁芯 3. 调整电压 4. 更换线圈或接触器

③ 热继电器。热继电器的常见故障及处理方法，见表2-15。

表2-15　　　　　　　　　　　　热继电器的常见故障及处理方法

故障现象	故障原因	处理方法
热继电器不动作	1. 热继电器的额定电流值选用不合适 2. 整定值偏大 3. 动作触头接触不良 4. 热元件烧断或脱焊 5. 动作机构卡阻 6. 导板脱出	1. 合理选用热继电器的额定电流值 2. 将整定值调整到合适位置 3. 消除触头接触不良原因 4. 更换热继电器 5. 消除动作机构卡阻原因 6. 把导板放到规定位置并测试
热继电器动作太快	1. 整流值偏小 2. 电动机启动时间过长 3. 连接导线太细 4. 操作频率过高 5. 使用场合有强烈冲击和振动 6. 安装热继电器处与电动机处环境温差太大	1. 将整定值调整到合适位置 2. 按启动时间要求，选择具有合适的可返回时间级数的热继电器或在启动过程中将热继电器短接 3. 按要求更换导线 4. 不宜采用双金属片式热继电器，改用其他保护 5. 采用防振措施或改用防冲击专用继电器 6. 改善使用环境
热元件烧断	1. 负载侧短路或电流过大 2. 反复短时工作，操作频率过高	1. 排除电路故障，更换热继电器 2. 按要求合理选用过载保护方式或限制操作频率

2．低压交流系统故障的处理

① 自动断路器跳闸或熔断器烧断时，应查明原因再恢复使用，必要时允许试送电一次。

② 对固定安装的电器开关、器件一旦出现故障或损坏，为保证人身的安全，应停电进行检修或更换。

③ 若必须在带电情况下维护，维护人员应佩戴安全工具及手套，避免相间及相对地短路。并在有人监护下进行。

④ 对于抽屉式配电屏内的电器开关、器件一旦出现故障或损坏，应利用同容量的备用抽屉更换。

 过关训练

1．通信局（站）交流供电系统由哪些部分组成？

2．常用高压电器有哪些？

3．电压互感器、电流互感器的作用是什么，使用中的注意事项有哪些？

4．提高功率因数有哪些方法？

5．补偿无功功率有哪些好处？

6．变压器的工作原理是什么？

7．干式变压器由哪些部件组成？

8．通信电源系统中低压配电设备主要包括哪几种？

9．移相电容器通常采用△形接线的原因是什么？

模块 3

油机发电机组

本模块学习目标、要求

- 油机发电机组的作用
- 油机发电机组的工作原理
- 油机的总体构造
- 便携式油机发电机
- 油机发电机的使用与维护

通过学习，掌握油机发电机组的基本理论；掌握柴油发电机组的原理和运用技术；掌握汽油及便携油机发电机组的原理和运用技术；掌握油机发电机组的日常养护和一般故障的排除方法。

本模块问题引入

在通信领域，油机发电机组作为交流电源供给设备：在没有市电的地方，油机发电机组就成为通信设备的独立电源；在有市电供给的地方，油机发电机组就作为备用电源，以便在市电停电时期保证通信设备的供电需要，确保通信设备的不间断工作。随着通信技术的不断发展，现代通信设备对电源供给的质量提出了更高要求，对自备电源供给（不论是主用或备用）的油机发电机组，要求做到能随时迅速启动，及时供电，运行安全稳定，能连续工作，供电电压和频率应满足通信设备的要求。

任务 1   柴油发电机组概述

在现代信息社会中，任何通信设备都离不开电源设备，电源设备能够保证通信网络的正常工作。油机发电机组是给通信设备提供交流电源的发电设备，它对保障通信设备的安全供电和保障平时战时通信的畅通起着十分重要的作用。

使用柴油或汽油在发动机气缸内燃烧产生高温、高压气体，经过活塞连杆和曲轴机构把化学能转换为机械能（动力）的机器，称为内燃机（统称油机），用柴油作燃料的称为柴油机，用汽油作燃料的称为汽油机。

用油机作为动力，驱动三相交流同步发电机的电源设备，称为油机发电机组。油机使用柴油的称为柴油发电机组，使用汽油的称为汽油发电机组。

柴油发电机组属自备电站交流供电设备的一种类型，是一种中小型独立的发电设备。由于它具有机动灵活、投资较少、随时可以启动等特点，广泛应用于通信、采矿、筑路、林区、农田排灌、野外施工和国防工程等各部门。

一、柴油发电机组的组成

柴油发电机组由两部分组成：柴油机、发电机。用柴油机作为动力，驱动三相交流发电机提供电能，如图 3-1 所示。

图 3-1　柴油发电机组供电方框图

柴油机与发电机通过连接器牢固地连接在一起，这样，柴油机以 1500r/min（发电机为两对磁极时）拖动发电机同步运转，发电机发出 380V/220V、50Hz 的交流电，通过电力电缆，送至发电机配电屏，通过电力电缆送到市电、油机转换屏，由此屏送到交流配电屏，分配到各负载。

二、机组的名称和型号的编制规则

油机发电机组是以内燃机作动力，驱动同步交流发电机而发电的电源设备。为了便于生产管理和使用，国家对油机发电机组的名称和型号编制方法做了统一规定，根据 GB2819-81 规定，机组的型号排列和符号含义，如图 3-2 所示。

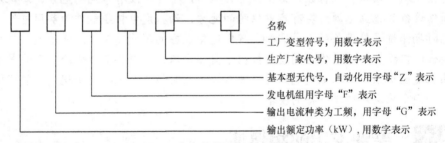

图 3-2　机组的型号排列和符号含义

例如：300GF2-1 柴油发电机组。

该型号机组表示 300kW 工频自动化柴油发电机组，生产厂代号为 2，第一次变型。

三、机组的类型和功能

油机发电机组类型很多，按其结构形式、控制方式和保护功能等不同，可分为下述几种类型。

1. 基本型机组

这类机组最为常见，由柴油机、封闭式水箱、油箱、消声器、同步交流发电机、励磁电压调节装置、控制箱（屏）、联轴器和底盘等组成。机组具有电压和转速自动调节功能。通常能作为主电源或备用电源。

2．自启动机组

该机组是在基本型机组基础上增加自动控制系统。它具有自动化的功能。当市电突然停电时，机组能自动启动、自动切换开关、自动运行、自动送电和自动停机等功能；当机油压力过低、机油温度或冷却水温过高时，能自动发出声光告警信号；当机组超速时，能自动紧急停机进行保护。

3．微机控制自动化机组

该机组由性能完善的柴油机、三相无刷同步发电机、燃油自动补给装置、机油自动补给装置、冷却水自动补给装置及自动控制屏组成。自动控制屏采用可编程自动控制器 PLC 控制。它除了具有自启动、自切换、自运行、自投入和自停机等功能外，还配有各种故障报警和自动保护装置，此外，它通过 RS232 通信接口，与主计算机连接，进行集中监控，实现遥控、遥信和遥测，做到无人值守。

四、机组的结构简介

现代柴油机发电机组由柴油机、三相交流无刷同步发电机、控制箱（屏）、散热水箱、联轴器、燃油箱、消声器及公共底座等组件组成刚性整体。除功率较大的机组的控制屏、燃油箱单独设计，其他的主要部件均装置在型钢焊接而成的公共底座上，便于移动和安装。

柴油机的飞轮壳与发电机前端盖的轴向采用凸肩定位直接连接构成一体，并采用圆柱型的弹性联轴器由飞轮直接驱动发电机旋转。这种连接方式由螺钉固定在一起，使两者连接成一刚体，保证了柴油机的曲轴与发电机转子的同心度在规定允许范围内。

为了减小机组的振动，在柴油机、发电机、水箱和电气控制箱等主要组件与公共底架的连接处，通常均装有减振器或橡皮减振垫。

五、柴油发电机组的技术条件与性能

设备的技术条件，是作为设备从设计到使用的一个技术依据，也是用来评价和分析设备各项技术经济指标的先进性、可靠性和经济性的一个技术文件。目前我国实施的柴油发电机组的技术标准，其技术条件的主要内容如下。

1．机组的工作条件

机组的工作条件是指在规定的使用环境条件下能输出额定功率，并能可靠地进行连续工作。国家标准规定的电站（机组）工作条件，主要按海拔高度、环境温度、相对温度、有无霉菌、盐雾以及放置的倾斜度等情况来确定的。根据 GB2819—81 国家标准规定，电站在下列条件下应能输出额定功率，并能可靠地进行工作。

A 类电站：海拔高度 1000m，环境温度 40℃，相对湿度 60%；

B 类电站：海拔高度 0m，环境温度 20℃，相当湿度 60%。

电站在下列条件下应能可靠地工作，即海拔高度不超过 4000m，环境温度上、下限值分别为：上限值为 40℃、45℃；下限值为 5℃、−25℃、−40℃；相对湿度分别为 60%、90%、95%。

2．机组的主要技术性能指标

机组的技术性能指标，是衡量机组供电质量和经济指标的主要依据，其主要技术性能通常按机组功率因数从 0.8～1.0，三相对称负载在 0～100%或 100%～0 额定值的范围内渐变或突变时，应达到的性能如下。

（1）稳态电压调整率 δ_U（%）

$$\delta_U = \frac{U_1 - U}{U} \times 100\% \tag{3-1}$$

式（3-1）中，U_1——负载变化后的稳定电压的最大值（或最小值）；

U——空载整定电压值。

Ⅰ～Ⅲ类机组 δ_U 为±（1～3）%；Ⅳ类机组 δ_U 不超过±5%。

（2）稳态频率调整率 δ_f（%）

$$\delta_f \frac{f_1 - f_2}{f} \times 100\% \tag{3-2}$$

式（3-2）中，f_1——负载渐变后的稳态频率的最大值（或最小值）；

f_2——额定负载时的频率；

f——额定频率。

Ⅰ～Ⅲ类机组 δ_f 为 0.5%～3%；Ⅳ类机组 δ_f 不超过 5%。

（3）电压稳定时间（s）

从负载突变时算起到电压开始稳定所需的时间，通常用示波器来测量。

Ⅰ～Ⅲ类机组电压稳定时间为 0.5%～1%；Ⅳ类机组电压稳定时间为 3%。

（4）从负载突变时算起到频率开始稳定所需的时间，通常也是用示波器来测量

Ⅰ～Ⅲ类机组频率稳定时间为 2～5s；Ⅳ类机组频率稳定时间为 7s。

（5）空载电压整定范围

机组整定电压应能在额定值的 95%～105%范围内调节和稳定工作。例如，额定电压为 400V 的机组，其空载电压可在 380～420V 之间调整。

（6）在三相不对称负载下运行线电压的稳定度

机组供电在三相不对称负载下运行时，如果每相电流都不超过额定值，而且各电流之差不超过额定值的 25%，则各线电压与三相电压平均值之差应不超过三相线电压平均值的 5%。

（7）机组的并机性能

两台规格型号完全相同的三相机组，在额定功率因数下，应能在 20%～100%额定功率范围内稳定并联运行。为了提高有功功率和无功功率合理分配精度和运行的稳定性，要求机组中柴油机调速器具有稳态调速率在 2%～5%范围内调节的装置。在控制箱（屏）内的调压装置可使稳态电压调整率在 5%范围内调整。

此外，还有电压、频率波动率、超载运行时限、瞬态电压、频率调整率及直接启动空载异步电动机的能力等性能，随着技术的发展，国产和引进的各类机组还具有其他特殊的性能，这里不多介绍。

六、机组的自动化性能

随着通信的发展，现代通信设备的普及应用，对交流电源的供电要求也越来越高，有

些通信设备不允许交流电源的瞬间中断，这就要求机组必须具备自动化的功能，目前正逐步推广的电源设备集中监控技术也要求机组必须自动化。由于机组自动化程度不同，因此，国家标准有明确规定。根据国标 GB4712-84 标准，机组自动化分为三级，下面分别予以叙述。

1．一级自动化机组

① 机组应自动维持应急准备运行状态，柴油机启动前自动进行预润滑。

② 当机组需要启动运行时，能按自动控制指令或遥控指令实现自动启动。如果机组需要停机时，也能按自动控制指令或遥控指令自动停机。

③ 机组在运行过程中，若出现过载、短路、超速、过频、水温过高、机油压力过低等异常情况均能进行自动保护。

④ 机组应配备表明正常运行和非正常运行声光信号系统，通过这些信号表明机组运行情况。

⑤ 机组在无人值守的情况下应能连续运行 4h。

2．二级自动化机组

此类机组除满足一级自动化机组的各项要求外，还应满足下述要求。

① 机组应具有燃油、机油和冷却水自动补充的功能。

② 机组在无人值守的情况下，能连续运行 240h。

3．三级自动化机组

该机组除满足一、二级自动化机组的各项要求外，还必须具备下述功能。

① 当机组自启动失败时，自启动控制程序系统，应能自动地将启动指令转移到下一台备用机组。

② 机组能按自动控制指令或遥控指令完成两台同型号规格的机组自动并机和解列。

③ 机组并机运行时，应能自动分配输出的有功功率和无功功率。

④ 机组除了具有一、二级自动化机组的各项保护外，还应具有逆功率保护等功能。

七、机组功率的标定

油机发动机组是由内燃机和同步发电机组合而成的。内燃机允许使用的最大功率受零部件的机械负荷和热负荷的限制，因此，需规定允许连续运转的最大功率，称为标定功率。

内燃机不能超过标定功率使用，否则会缩短其使用寿命，甚至可能造成事故。

1．柴油机的标定功率

国家标准规定，在内燃机铭牌上的标定功率分为下列 4 类。

① 15min 功率，即内燃机允许连续运转 15min 的最大有效功率。最短时间内可能超负荷运转和要求具有加速性能的标定功率，如汽车、摩托车等内燃机的标定功率。

② 1h 功率，即内燃机允许连续运转 1h 的最大有效功率，如轮式拖拉机、机车、船舶等内燃机的标定功率。

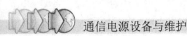

③ 12h 功率，即内燃机允许连续运转 12h 的最大有效功率，如电站机组、工程机械用的内燃机标定功率。

④ 持续功率，即内燃机允许连续运转的最大有效功率。

对于一台机组而言，柴油机输出的功率是指它的曲轴输出的机械功率。根据 GB1105-74 规定，电站用于柴油机的功率标定为 12h 功率。即柴油机在大气压力为 101.325kPa，环境气温为 20℃，相对湿度为 50%标准工况下，柴油机以额定转速连续 12h 正常运转时，达到的有效功率，用 N_e 表示。

美国康明斯 NT 系列柴油机，其功率分为持续功率和备用功率，两者功率之比为 0.91:1，相当于我国 12h 功率和持续功率之分。

2. 交流同步发电机的额定功率

交流同步发电机的额定功率是指在额定转速下长期连续运转时，输出的额定电功率，用 P_H 表示。根据机组的运行环境和技术要求，机组输出的额定功率，由式（3-3）进行计算：

$$P_H=K_1 \cdot \eta(K_2K_3N_{eH}-N_p)（kW）\tag{3-3}$$

式（3-3）中，P_H——同步交流发电机输出的额定功率（kW）；

N_{eH}——柴油机输出的额定功率（PS）；

K_1——单位变换系数（即 kW/PS）K_1=0.736；

K_2——柴油机功率修正系数；

K_3——环境条件修正系数；

η——同步交流发电机的效率；

N_p——柴油机风扇及其他辅助件消耗的机械功率（PS）。

任务2 柴油发动机

将一种能量转变为机械能的机器，叫做发动机。各种发动机按照能源不同，可分为风力发动机（简称风力机）、水力发动机（简称水力机）、热力发动机（简称热机）等。把燃料燃烧所产生的热能转化为机械能的发动机统称做热机，如蒸汽机、柴油机等。根据燃料进行燃烧过程所处的地点不同，热机可分为外燃机和内燃机两大类。

燃料在发动机外部进行燃烧的热机，叫做外燃机，如蒸汽机（往复式）、汽轮机（回转式）等。

燃料直接在发动机内部进行燃烧的热机叫做内燃机，如柴油机、汽油机、天然气机等。

内燃机就是利用燃料燃烧后产生的热能来做功的。柴油发动机是一种内燃机，它是柴油在发动机气缸内燃烧，产生高温、高压气体，经过活塞连杆和和曲轴机构转化为机械动力。

一、活塞式内燃机工作原理

把柱塞装在一个一端封闭的圆筒内，柱塞顶面与圆筒内壁构成一个封闭空间，如果用一个推杆将柱塞和一个轮子连接起来，则柱塞移动时，便通过推杆推动轮子旋转，从而把空气所得到的热能转化为推动轮子旋转的机械能。

内燃机的工作过程，就是按照一定的规律，不断地将燃料和空气送入气缸，并在气缸内着火燃烧，放出热能。燃气在吸收热能后产生高温、高压气体，推动着活塞做功，将热能转化为机械能。

活塞式内燃机（柴油机）装置，如图 3-3 所示。它是由一个独立的发动机所构成。工作时燃料和空气直接送到发动机的气缸内部进行燃烧，放出热能，形成高温、高压的燃气，推动活塞移动。然后通过曲柄连杆机构对外输出机械能。

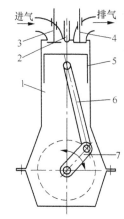

1—气缸体；2—喷油器；3—进气门；
4—排气门；5—活塞；6—连杆；7—曲轴

图 3-3 柴油机装置示意图

二、内燃机的机械传动机构

在往复式内燃机中，曲柄连杆机构的作用是将活塞的往复直线运动变成曲轴的旋转运动，以实现热能和机械能的相互转变。

内燃机曲柄连杆机构与工作原理，如图 3-4 所示。它是由活塞 1、连杆 3 和曲轴 4 等构成。

活塞只能沿气缸直线往复运动。曲轴是由两个中心线不在一直线上的轴所构成。其中一个轴安置在机体中心孔内，称做主轴。主轴只能在机体座孔内绕本身中心线转动。另一轴通过曲柄与主轴连接在一起，称做连杆轴。它绕着主轴进行旋转。连杆为两端带有孔的一根直杆，一端与活塞相连；另一端与连杆轴相连，它随着活塞移动和曲轴旋转而进行摆动。

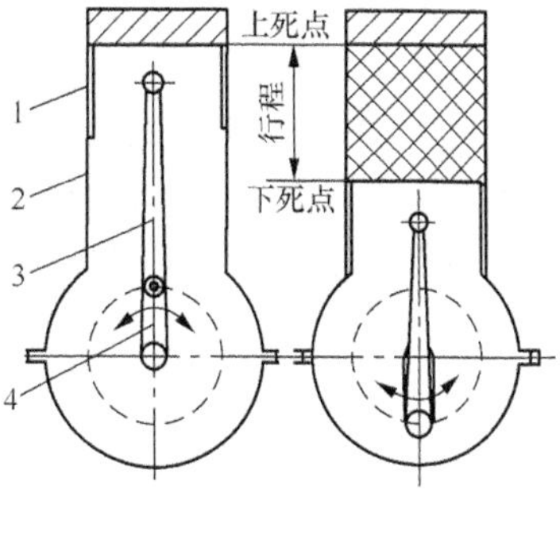

当活塞往复运动时，通过连杆推动曲轴绕主轴中心产生旋转运动。活塞移动与曲轴转动是相互牵连在一起的。因此，活塞移动位置与曲轴转动位置是相对

1—活塞；2—气缸体；3—连杆；4—曲轴

图 3-4 曲柄连杆机构原理图

应的。图 3-4 所示为活塞处于两个特征位置时与曲轴所处位置的关系。

为便于叙述，下面介绍几个专业名词。

① 上死点。活塞能达到的最上端位置，叫做上死点（见图 3-4（a））。

② 下死点。活塞能达到的最下端位置，叫做下死点（见图 3-4（b））此时活塞与曲轴主轴中心距离最近。

③ 冲程。活塞从上死点移动到下死点，或从下死点移动到上死点时，所走过的距离叫做活塞行程（又称做冲程）。通常用字母 S 表示。

曲轴每转动半圈（即 180°），活塞便移动一个冲程。若用字母 r 表示曲柄半径（曲轴的主轴中心到连杆轴中心间的距离），则

$$S=2r$$

即活塞行程等于两倍的曲柄半径长度。

三、单缸四冲程柴油机工作原理

在活塞连续运行 4 个冲程（即曲轴旋转两周）的过程中，完成一个工作循环（进气—压

缩—燃烧膨胀—排气）的柴油机，叫做四冲程柴油机。

单缸四冲程柴油机工作过程，如图 3-5 所示。图中 4 个图形分别表示 4 个冲程在开始与终了时的活塞位置。

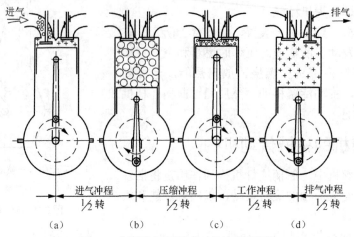

图 3-5　单缸四冲程柴油机工作过程示意图

为了更清楚地表示出气缸内气体压力随容积的变化情况，单缸四冲程柴油机的示功图，如图 3-6 所示。图中横坐标表示气缸容积，纵坐标表示气缸的绝对压力。图中的水平虚线，表示绝对压力为大气压（亦即 1kg/cm²）。V_c、V_h 分别表示燃烧室容积与气缸工作容积。

下面对照单缸四冲程柴油机工作过程示意图和示功图，来说明它的工作过程（指非增压柴油机）。

1. 进气过程

活塞从上死点移动到下死点。这时进气门打开，排气门关闭。

进气过程开始时，活塞位于死点位置（见图 3-5（a））。气缸内（燃烧室）残留着上次循环未排净的残余废气（图中以小十字符号表示）。它的压力稍高于大气压力，约为 1.1～1.2kg/cm²（见图 3-6）。

当曲轴沿图 3-5（a）中箭头所示方向旋转时，通过连杆带动活塞向下移动，同时进气门打开。随着活塞下移，气缸内部容积增大，压力随之减小，当压力低于大气压力时，外部新鲜空气开始被吸入气缸。直到活塞移动到死点位置，气缸内充满了新鲜空气（图 3-5（b）中圆圈所示）。

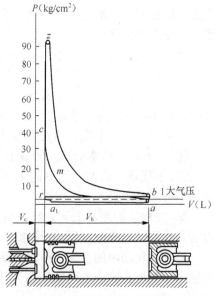

图 3-6　单缸四冲程柴油机工作过程示功图

在新鲜空气进入气缸的过程中，由于受空气滤清器、进气管、进气门等阻力的影响，使进气终了时气缸内的气体压力略低于大气压，约为 0.8～0.9kg/cm²，又因空气从高温的残余废气和燃烧室壁吸收热量，故温度可达 35～50℃。在示功图上，$r—a_1—a$ 线即表示进气过程气缸内气体压力随容积变化情况。由图可以看出在进气过程中气缸的气体压力基本保持不变。

应当指出，实际柴油机进气门都是在活塞位于死点前提前打开，并且延迟到下死点后才关闭。原因是：若进气过程开始活塞下移时，进气门刚开始打开而不能立即开足，便造成气缸内产生部分真空，使活塞下行时产生较大的阻力。因此，进气门要提前在上死点前便打开，则活塞开始由上死点下行时，进气门已开到最大位置，保证空气顺利进入气缸，从而减小活塞的下行阻力。在进气过程中，空气沿进气管被吸入气缸时，气流产生惯性作用，若使气门推迟到下死点后关闭，虽然活塞已开始上行，仍可以充分利用气流的流动惯性，使一部分新鲜空气进入气缸，以保证吸入更多的空气。由于进气门早开迟关，所以实际柴油机的进气过程都大于 180°曲轴转角，一般为 220°～240°。

2．压缩过程

活塞由下死点移动到上死点，在这期间，进、排气门全部关闭。

压缩过程开始时，活塞位于下死点（见图 3-5（b））。曲轴在飞轮惯性作用下带动旋转，通过连杆推动活塞向上移动。气缸内容积逐渐减小，新鲜空气被压缩，压力和温度随着升高。

为了实现高温气体引燃柴油的目的，柴油机都具有较大的压缩比，使压缩终了时，气缸内气体温度比柴油的自燃温度高出 200～300℃，即 500～750℃（柴油的自燃温度约为 200～300℃），而压力约为 30～50kg/cm²。

在示功图上，a—m—c 线表示在压缩过程中，气缸容积与压力的变化情况。

为了充分利用燃料燃烧所产生的热能，要求燃烧过程能够在活塞移动到上死点略后位置迅速完成，以使燃烧后的气体充分膨胀多做功，使柴油机效率提高。但是，由于燃料喷入气缸内时，必须经过一定的着火准备阶段，才能实现燃烧。因此，实际柴油机工作中，在压缩冲程结束前（约在上死点前 10°～35°），开始将燃料喷入气缸内。在示功图上，m 点表示喷油开始时间。

3．燃烧膨胀过程　（叫做功过程）

活塞又从上死点移动到下死点。此时，进、排气门仍然关闭着。喷入气缸内的燃料在高温空气中着火燃烧，产生大量热能，使气缸内的温度、压力急剧升高。高温、高压气体推动活塞向下移动，通过连杆，带动曲轴转动。因为只有这一行程才实现热能转化为机械能，因此，通常把该行程叫做工作行程。

在燃烧与膨胀过程中，气缸内气体的最高温度可达 1700℃～2000℃，最高压力为 60～90kg/cm²。随着活塞被推动着下移，气缸容积逐渐增大，气体压强随之逐渐减小。示功图的 c—z—b 线表示出这一过程中气缸容积与压力变化的情况。在这一曲线上，几乎垂直的 c—z 线段，表示出燃料急剧燃烧时压力的升高程度。z 点表示燃烧压力 P_z（又称做最大爆发压力）。

4．排气过程

活塞又从下死点移动到上死点。此时，排气门打开，进气门关闭。

排气过程开始时，活塞位于下死点，气缸内充满着燃料及膨胀做功的废气。排气门打开后，废气随着活塞上移，被排出气缸之外。

燃烧膨胀终了时，气缸内的气体还具有较大的压力，如果排气门在下死点位置时才打开，而不能瞬时间开足便影响废气及时的排出，气缸内的压力也不能迅速降低，使活塞向上运动受到很大的阻力，消耗较多的能量。因此，在柴油机实际工作中，排气门都在活塞移动到下死点前提前打开（一般在下死点前 40°～60°）。这样可使废气在较大的压差下，自行流出气缸，使气缸内的压力迅速下降。大大减小活塞上移的阻力，降低排气过程的消耗功。

当活塞上移到上死点时，排气门并不马上关闭，而要推迟到进气过程开始后。如前所述，因为进气门提前在排气过程结束前打开，这样便形成进、排气门同时开启的一段重合时间。在某种情况下（例如增压），还可以利用新鲜空气将残存在气缸内的废气排出去，使气缸内充填更多的新鲜空气。

在示功图上，$b-r$ 线表示了排气过程中气缸容积与压力的变化情况。从图上可以看出，排气压力几乎保持不变，略高于大气压。排气终了时的温度约为 400～500℃。

排气过程结束时，活塞又回到上死点位置（见图3-5），至此单缸四冲程完成了一个工作循环。

曲轴依靠飞轮转动的惯性作用继续旋转，上述各过程又重复进行。如此周期循环地工作，实现柴油机连续不断地运转。

四冲程汽油机的工作过程，与四冲程柴油机的工作过程是一样的。

汽油机与柴油机的主要区别，见表3-1。

表3-1　　　　　　　　　　　　　汽油机与柴油机的区别

项　　目	汽　油　机	柴　油　机
燃料	汽油	柴油
点火方式	点燃	压燃
压缩比	5～10	15～22
进气门进入	汽油与空气的混合气体	空气
机体结构	① 有一套点火系统（含火花塞、分电盘、高压点火线包） ② 化油器	无点火系统 无化油器 喷油器（俗称喷油嘴）

四、柴油机发动机的结构

柴油机由机体、曲轴连杆机构、配气机构、燃油系统、润滑系统、冷却系统、启动系统等组成。

1. 机体组件

机体组件包括机体（气缸体—曲轴箱）、气缸套、气缸盖和油底壳等。这些零件构成了柴油机骨架，所有运动件和辅助系统都支承在它上面。

2. 曲轴连杆机构

气缸内燃烧气体的压力推动曲轴连杆机构，并将活塞的直线运动变为曲轴的旋转运动。主要部件有：活塞、连杆、曲轴、飞轮等。

3. 配气机构

配气机构的作用是适时打开和关闭进气门和排气门，将可燃的气体送入气缸，并及时将燃烧后的废气排出。配气机构由进气门、排气门、凸轮轴、推杆、挺杆和摇臂等部件组成。

4. 燃油系统

柴油机的燃油系统一般由油箱、柴油滤清器、低压油泵、高压油泵和喷油嘴等部分组成。柴油机工作时，柴油从油箱中流出，经粗滤器过滤，低压油泵升压，又经细滤器（也称精滤器）进一步过滤，高压油泵升压后，通过高压油管送到喷油嘴，并在适当的时机通过喷油嘴将柴油以雾状喷入气缸压燃。

5．润滑系统

油机工作时，各部分机件在运动中将产生摩擦阻力。为了减轻机件磨损，延长使用寿命，必须采用机油润滑。润滑系统通常由机油泵、机油滤清器（粗滤和细滤）等部分组成。机油泵通常装在底部的机油盘内，它的作用是提高机油压力，从而将机油源源不断地送到需要润滑的机件上。机油滤清器的作用是滤除机油中的杂质，以减轻机件磨损并延长机油的使用期限。

6．冷却系统

油机工作时，温度很高（燃烧时最高温度可达 2000℃），这样将使机件膨胀变形，摩擦力增大。此外，机油也可能因温度过高而变稀，从而降低润滑效果。为了避免温度过高，油机中通常都装有水冷却系统，以保证油机在适宜的温度下正常工作。它由水泵、散热器、水套、节温器、风扇等组成。

7．启动系统

以外力转动内燃机曲轴，使内燃机由静止状态转入工作状态的装置。由蓄电池、启动电机等组成。四冲程柴油机结构示意图如图 3-7 所示。

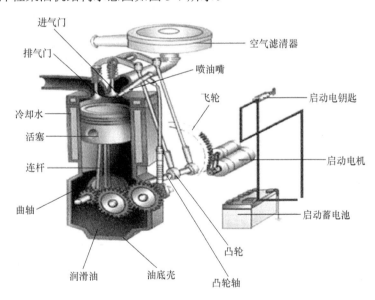

图 3-7   四冲程柴油机结构示意图

五、自动化柴油发电机组

1．柴油发电机组的自动控制系统

柴油发电机组的自动控制系统如图 3-8 所示，由发电机控制屏、ATS 转换屏和自动控制

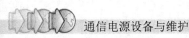

屏组成。发电机控制屏主要负责机组电压、电流、功率、转速、油压等运行参数的检测，对发动机进行控制和保护，并将机组的运行状况上报至自动控制屏。ATS 转换屏为市电、油机电负荷自动切换屏，内装有自动控制电路，实现负荷在市电/机组间的自动切换。市电停电后，自动将负荷切换至油机侧，市电恢复后，自动把负荷切换至市电侧。自动控制屏根据市电与油机的运行状态，对柴油发电机组及其配电进行控制，向相关设备发出控制信号。控制屏还具有 RS232 等串行接口，可方便地纳入集中监控系统。

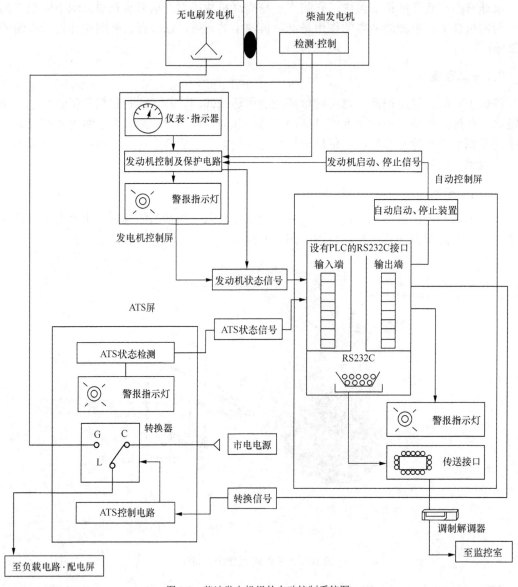

图 3-8　柴油发电机组的自动控制系统图

2．自动化柴油发电机组简介

（1）自动化柴油发电机组系统的组成

1）机组的特点

自动化柴油发电机组的型号、种类、国内外生产的品牌较多。大致可分两大类，一类为常设控制的机组，另一类可作无人值守的机组。自动化机组可作为备用电源或常规电源使用。当市电停电和异常时，即自动投入运行，市电恢复正常后自动停机。机组设有 3 次启动并有飞车、超速、低速、油温高、油压低、缸温高、风扇皮带断、电源异常等故障保护。水冷机组还设有冷却水温过高保护，冷却水温低时自动加热保温；备有自动加油、加水等供给系统及对启动电池浮充的充电器。机组还有主备用双机自动切换，以及完善的报警系统和遥控、遥测、遥信远程控制等功能。

2）系统的组成

① 总体结构。整套机组由柴油发动机、三相无刷交流同步发电机、燃油箱、机组补给箱，如水冷机型还有水补给箱以及自动控制屏等组成。发电机通过法兰、端盖与柴油机飞轮罩壳定位止口直接相连接，保证了严格的同心度，并成为一个良好的刚性整体。柴油发动机与发电机的传动采用弹性柱式联轴器。柴油发动机与发电机整机连接后通过防震橡皮安装在良好的刚性底盘上。自动控制屏是采用可编程序控制器 PLC 为主控器的控制屏，它与机组通过导线相连，以达到整套机组的自动化工作规范要求。

② 柴油发动机。自动化机组柴油发动机（简称柴油机）要求：启动性好，运行可靠，无漏油、漏水现象。常用品牌有德国道依茨风冷柴油机、美国康明斯柴油机、奥地利斯太尔柴油机。风冷柴油机由于采用风冷，不用水作冷却介质，使用中不会发生漏水、腐蚀气缸及防冷冻等方面的问题，并省掉了冷却水自动补给系统。因此，这种机组故障率较低，运行可靠性大大提高，特别是适用于无水、高山、高寒地区使用。对 75kW 以上功率较大的柴油机，为降低成本一般选用水冷柴油机。

③ 发电机。自动化机组发电机的要求是体积小、无火花、干扰小，励磁性能好。一般采用三相无刷交流同步发电机，发电机的励磁系统采用相复励结构，该系统自励恒压性能好建压容易，波形畸变率小，调压精度高，运行可靠，维护方便，运行平稳并不易引起供电系统的电磁振荡。采用无刷励磁机励磁为另一种励磁方式，除了性能较好外，主要特点是励磁电流大，发电机的体积可大大缩小。

④ 其他辅助装置。机组为了达到自动运行，还应装设一系列辅助装置，以检测控制，执行各系统的自动运行机组的辅助装置如下。

a．燃油自动补给系统。由日用燃油箱和油位检测器，抽油泵等组成，当日用燃油箱中的柴油低于设定的某一限度时，油位检测器的低位限位开关闭合，使控制继电器闭合接通油泵电机的电源抽油；当油位上升至设定的某一限度时，油位检测器的高位限位开关断开，使得控制继电器断电，断开油泵电动机的电源，使油泵停止抽油。

b．机油自动补给系统。由机油补给箱和机油补给泵（电子泵）组成，柴油机油底壳与机油补给箱的溢流箱联通，溢流箱下面是机油储备箱。根据柴油机机油损耗量多少由 PLC 编程控制器控制机油泵抽油时间的长短补充机油，若机油多于标准高度时，由溢流管流回机油储备箱。

c．冷却水的补给系统。水冷型柴油机必须装有冷却水自动补给装置。冷却水的自动补给由安装在水箱散热器边上的水位检测器、水泵或水门电磁阀和补给水箱组成，当水箱散热器中的水位低于某一设定限度时，水位检测器的下限闭合，接通水泵控制电路的继电器，使水泵接通电源而抽水，当水位上升至上限设定位置时，检测器上限位断开继电器，使水泵断电，停止抽水。其原理与燃油自动补给系统相同。

d．冷却水自动保温加热系统。水冷式柴油机组安装使用于寒冷地区时，还应安装有冷却水自动保温加热系统。该系统由安装于机体中部的水温传感器（上限）以及安装于机体水道中的加热电阻丝组成。当机体水温低于 15℃ 时，下限水温传感器闭合，致使控制继电器得电，接通加热电阻丝电源，加热冷却水，当水温上升至水温传感器上限 35 ℃ 时，使控制继电器断电，断开加热电阻丝电源，使水温得以保持在要求范围之内。

e．导风管风门的开、闭控制系统。当风冷式柴油机需要安装导风管时，需要根据室温的高低开启或关闭导风管风门。该系统由电子室温传感检测器控制继电器、风门电磁铁等组成，当室温高于某一设定温度时，室温传感检测器系统接通控制继电器，使得风门根据原有设计需要而开启或关闭各相关联的风门，使室外空气与室内空气自然流通以降低室温。

f．控制柜。控制柜为独立单体角钢框架结构，面板及整体经喷塑处理，其系统中心控制单元为可编程序控制器 PLC，控制柜在整套机组中的作用如下。

- 显示机组的运行状态。
- 对机组进行自动控制。
- 实现机组的各种保护功能。

（2）柴油发电机组自动化控制柜

1）自动化控制柜的原理

自动化柴油发电机组是由自动化控制柜控制一台（或二台）柴油发电机组及其附件、燃油、机油补给箱等组成。它具有将市电和油机发电自动转换功能，达到供电不间断或具备按人为定时供电或遥控自动供电的目的。

① 交流主回路。自动化机组控制柜的交流主回路框图，如图 3-9 所示。图中三相供电的主回路有 3 个主接触器（市电、Ⅰ机、Ⅱ机），当市电有电时，控制柜由 PLC 将市电的接触器自动合闸输出供电；当市电无电时，PLC 会及时或延时自动启动Ⅰ机（或Ⅱ机），油机正常发电，使Ⅰ机（或Ⅱ机）的接触器自动合闸输出供电；当市电恢复正常延时后让市电合闸输出供电，油机自动停机，保证对负载提供瞬间间断电源。

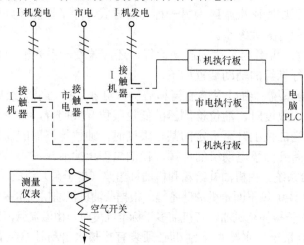

图 3-9　交流主回路框图

② 直流控制回路。自动化控制柜整个系统的核心是"可编程序控制器 PLC"，通常采用历史悠久、质量可靠的 OMRON 的 PLC 和进口元器件，使整体控制柜的质量可靠性提高，其功能齐全、结构简单、线路明了、故障率低。PLC 控制系统的控制回路框图如图 3-10 所示。

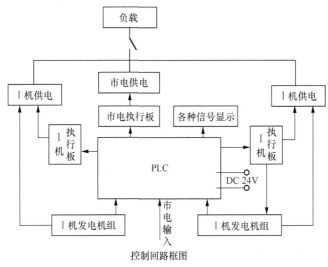

控制回路框图

图 3-10　控制回路框图

2）自动化控制柜的功能

① 市电转换。市电有电→市电自动合闸投入带负载；

市电故障（包括市电无电）→Ⅰ机自动启动→成功→Ⅰ机合闸带负载；

Ⅰ机自动启动→经 3 次启动失败→自动停Ⅰ机并自动转换启动Ⅱ机→Ⅱ机启动成功→Ⅱ机自动合闸带负载；

Ⅱ机再启动 3 次失败→发出告警信号。

② 发电转换。Ⅰ机正常供电（或Ⅱ机）→市电来电→Ⅰ机（或Ⅱ机）分闸→过数秒后Ⅰ机（或Ⅱ机）自动停机，市电供电。在程序中可以选择Ⅰ机和Ⅱ机先后及延时；延时可根据使用者的要求调整转换时间一般为（1～5）min 。

③ 故障转换。自动控制柜对机组运行中各种状态和发生故障的控制程序见故障停机框图，如图 3-11 所示。风冷式柴油发电机组皮带断裂→立即停机；对机组发电（包括市电电源）的断相、过压、欠压、过载都有自动跳闸不供电的保护功能。

（3）自动控制柜的主要元件

1）可编程序控制器 PLC

自动控制柜的核心是 PLC ，以 C28P（C28H）为例，各输入、输出功能如图 3-12 所示。（PLC 输入、输出各点的功能图中标志出具体各点功能比较直观）。

① 具有高速计数器的特点并在油机上加装速度传感器，能准确反应机组转速，淘汰原有的测速发电机和转速表，既避免安装困难又提高可靠性。

② 充分利用 PLC 的指令功能，减少外围（如继电器）元器件，使整体线路简化，操作、维修方便快捷，实现"三可"，即可插拔、可互换、可观察。

③ 根据用户需要，可以方便地修改 PLC 程序，使机组的自动化控制更具有广泛适应

性。同时，又可装有 EPROM （只读存储器）固化程序。

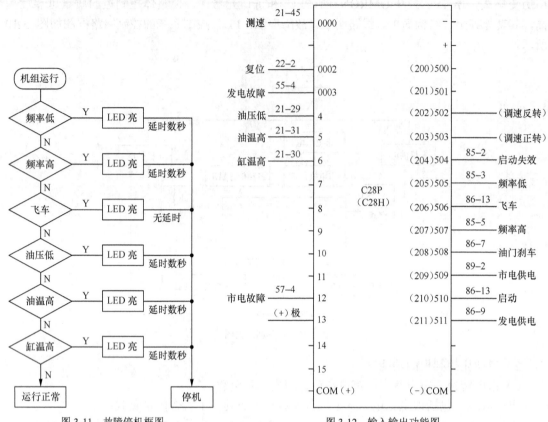

图 3-11　故障停机框图　　　　　　图 3-12　输入输出功能图

　　④ PLC 具有很强的通信功能，装上 RS232 接口以及 LSS 应用软件，就可以与电子计算机联网，进行集中监控。自动化控制柜还提供 30 点左右的接点，作为"三遥"（遥测、遥信和遥控）之用，其中遥测为 9 点（三相电压、三相电流、直流电压的测量）、遥信为 16 点（包括油压低；油温高；水温高；转速；飞车；市电供电；市电故障；I/II 机正常工作等信号）、遥控 5 点（I 机启动；I 机刹车；II 机启动；II 机刹车；复位），以满足远程通信监控系统的要求。

　　2）其他主要元件

　　① 电压测量板。用 3 只取样变压器将 220V 交流电降低到交流 12V 接入印制电路板。测量板的作用是：将交流电压控制在相应可调范围内 430～350V；可检测三相交流是否有缺相。板上装有两个信号灯，信号灯都发亮为正常。

　　② 执行板。执行板主要是将 PLC 输出点的容量扩大执行功能。它有启动继电器、停机继电器、发电合闸继电器、市电合闸继电器和测速转换继电器。

　　③ 稳压板。由于 PLC 直流电源要求稳定性比较高，当直流电源电压低于 DC20V 时，PLC 就不能正常工作。因为当油机启动时电流很大，DC24V 蓄电池电压瞬间降低比较厉害，这种降压直接影响到 PLC 工作电源。因而，加上一个稳压板，在启动瞬间能保持DC24V 工作电压在正常范围内。

④ 接线座。控制柜下端可有 4 种与外部连线的接线座。

⑤ 充电机。控制柜采用启动蓄电池直流 24V 电源，配备充电机对蓄电池进行浮充电，长期保证直流供电。

（4）自动化控制柜面板操作

① 自动。将面板上"手动/自动"开关选定"自动"位置，将"电源开关"扳到"通（ON）"，此时直流电压表指示 24V ，面板上 PLC 绿灯亮。此时，若有市电，则市电自动合闸，交流电压表、频率表有指示。

② 手动。将面板上"手动/自动"开关选定在"手动"位置，直接在 I 机机组上手按"启动按钮"，I 机机组启动，转速接近正常转速后，在面板上将"I 机投入"开关扳在"通"，I 机就合闸，交流电压表指示 400V 左右。

③ 停机。选定"自动"后，控制柜应能带电运行，无市电时，机组会自动启动、供电。市电恢复时，机组会自动停机。如人工停机时则断开空气开关，然后将机组上油门（或气门）关上，则机组停机。并将"电源开关"扳到"断（OFF）"，或者"手动/自动"开关转到"手动"位置。

④ "主用选择"开关在"电源开关"接通之前选定好先开 I 机或先开 II 机。

⑤ "复位按钮"是当故障处理完毕。按此"复位按钮"，自动程序继续运行。

⑥ "指令时间"开关扳向"短"处，市电无电时机组数秒后马上自启动。此开关扳向"长"处，市电无电时会延时 8 h 才自动启动。可以满足遥控操作（由遥控操作可延长需什么时间启动），也可以在自动控制中，人为延长启动的时间。

六、备用发电机组的参考配置

1．发电机组的容量配置

一类或二类市电供电方式下，发电机组的容量应能同时满足通信负荷功率、蓄电池组的充电功率、机房保证空调功率以及其他保证负荷功率；三类市电供电方式应包括部分生活用电；对交流不间断电源（UPS）供电时，其容量应按不小于 UPS 设备总容量的 1.5～2 倍。

2．发电机组的台数配置

一类市电供电方式下，仅考虑主用机组，台数根据总容量大小和其他条件配置一台或多台；二到四类市电供电方式下，两台机组互为备用。

3．移动电站的台数配置

根据集中监控维护管理区的实际情况，配置数台移动电站，提供应急电源。

4．对机组的并车性能要求

两台规格型号完全相同的机组，在额定功率因数下，应能在额定功率的 20%～100% 范围内稳定并联运行。为了提高有功功率和无功功率合理分配的精度和运行的稳定性，要求机组中柴油机调速器的稳态调速率在 2%～5% 范围内。装在控制屏内的调压装置可使稳态电压调整率在 5% 范围内调整。

5．对机组的自动化性能要求

通信电源设备的集中监控越来越普及，集中维护和无人值守的推行，要求通信用柴油发电机组必须具备自动化的功能。

根据 GB4712 的规定，机组自动化分为一、二、三级，三级机组的自动化程度最高。在配置机组时，应根据实际选择自动化等级。

（1）一级自动化机组的性能要求

① 机组应自动维持应急准备运行状态，柴油机启动前自动进行预润滑。

② 当机组需要启动/停机运行时，能按自动控制指令或遥控指令实现自动启动/自动停机。

③ 机组在运行过程中，若出现过载、短路、超速、过频、水温过高、机油压力过低等异常情况均能进行自动保护。

④ 机组应配备表明正常运行和非正常运行声光信号系统，通过这些信号表明机组运行情况。

⑤ 机组在无人值守的情况下应能连续运行 12h。

（2）二级自动化机组

二级机组除满足一级自动化机组各项要求外，还应满足下述要求。

① 机组应具有燃油、机油和冷却水自动补充的功能。

② 机组在无人值守的情况下，能连续运行 24h。

（3）三级自动化机组

除满足一、二级自动化机组的各项要求外，还必须具备下述功能。

① 当机组自启动失败时，自启动控制程序系统应能自动地将启动指令转移到下一台备用机组。

② 机组应能按自动控制指令或遥控指令完成两台同型号规格的机组自动并机和解列。

③ 机组并机运行时，应能自动分配输出的有功功率和无功功率。机组除了具有一、二级自动化机组的各项保护外，还应具有逆功率保护等功能。

七、柴油发电机组的运行方案

目前通信电源采用的柴油发电机组均是低压机组。柴油发电机组作为备用电源只在市电停电时供给保证负荷用电。柴油发电机组与保证负荷组成的供电系统有 3 种方案。

（1）单台柴油发电机组保证全局（站）的保证负荷。

（2）配置两台柴油发电机机组时，采用主备方式，互为备用。

（3）两台柴油发电机组并联运行，保证全局（站）的保证负荷。

两台柴油发电机组并联运行的条件是：电压相等、频率相等和相位相同。实现两台柴油发电机组并联运行有 4 种并机方案。

① 两台机组通过各自的控制屏接到同一母线，该母线向多台配电屏供电时，对于次要负荷加失压脱扣器。当市电停电时，次要负荷脱离该母线，以保证第一台柴油发电机组启动并投入供电时不会造成过载。第二台柴油发电机组启动，待与第一台同步时并机（投向该母线），然后将次要负荷逐一合闸。

② 两台机组通过各自的控制屏接到同一母线，该母线向多台配电屏供电时，多台配电屏间设有带有失压脱扣器的母线联络开关。合闸的母线联络开关保证第一台柴油发电机组启动并

投入供电时不会造成过载。第二台柴油发电机组启动，待与第一台同步时并机（投向该母线）。

③ 两台机组通过各自的控制屏接到各自母线，两母线间设带有失压脱扣器的母线联络开关。当市电停电时，次要负荷脱离该母线，以保证第一台柴油发电机组启动并投入供电时不会造成过载。第二台柴油发电机组启动并带动失压脱扣的母线供电，待与第一台同步时母线联络开关合闸并机。

④ 两台机组同时启动，并机成功后，通过各自的控制屏接到同一母线，该母线向多台配电屏供电，当负荷低于单台机组的 80%（可调）时，一台机组自动卸载延时停机；当负荷高于单台机组的 85%（可调）时，自动启动另一台机组，并机成功后合闸投载。

任务3　发电机工作原理

一、正弦交流电动势的产生

取一根直导体，导体在磁场中作"切割"磁感线的运动时，导体中就会产生感应电动势。当接通外电路时，电路中便会形成感应电流。感应电动势的方向，可由右手定则来决定（中学物理已学习，在此不详述）。产生正弦交流电动势的简单发电机示意图如图 3-13 所示。

我们把线圈在各处位置电势的大小变化用图形来表示，就可以画出交流电的波形来。这种按正弦曲线规律变化的电流（或电势）就叫正弦交流电，如图 3-14 所示。

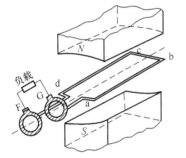

图 3-13　正弦交流电动势的发电机示意图

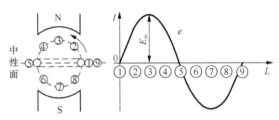

图 3-14　正弦交流电示意图

在发电机转子上放着 3 个完全相同的、彼此相隔 120° 的独立绕组 A—X、B—Y、C—Z。当转子在按正弦分布的磁场中以恒定速度旋转时，就可产生 3 个独立的对称三相电势 E_A、E_B、E_C，如图 3-15 和图 3-16 所示。

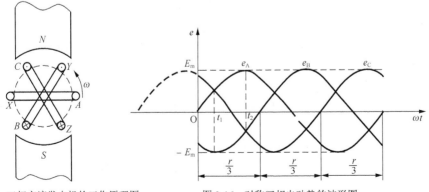

图 3-15　三相交流发电机的工作原理图　　图 3-16　对称三相电动势的波形图

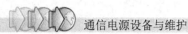

二、同步电机的基本工作原理

1．同步电机的分类

按运行方式和功率转换方向，同步电机分为发电机和电动机。发电机将机械能转换成电能，电动机将电能转换成机械能。

从结构特点来看，同步发电机分为旋转电枢式和旋转磁极式。

大中容量同步发电机，磁极旋转、电枢静止，称为旋转磁极式。

某些小容量同步发电机，电枢旋转、磁极静止，称为旋转电枢式。

因为电枢电势通过集电环和电刷引出，大电流时容易产生火花和磨损。从制造工艺、绝缘性能和工作可靠性等方面比较，容量越大旋转磁极式的优越性越多。旋转磁极式同步电机按磁极形状又可分为隐极式和凸极式两种。

同步电机转子形式与转速有关。隐极式同步电机，制造工艺较复杂，但机械强度较高，宜用于高速。汽轮机是一种高速原动机，转速达 3000r/min，汽轮发电机多为隐极式。凸极式同步电机，结构较为简单，但机械强度较低，适用于低速。水轮机一般转速为1000r/min，因而水轮发电机皆为凸极式的。同步电动机和补偿机多为凸极式的。

2．同步电机的基本结构

同步电机与异步电机一样，其结构基本由两部分构成，一是旋转部分为磁极称为转子，二是静止部分为电枢称为定子。

（1）定子

定子称为电枢，所谓电枢，就是电机中产生感应电动势的部分。它主要由定子铁芯、三相定子绕组和机座等组成。定子铁芯由扇形硅钢片叠成，每隔 4～5cm 留有通风沟，铁芯两端放置压板，然后用双头螺栓从背部夹紧而成为一体，整个铁芯固定在机座内定位筋上，且在机座外壳与铁芯外圆之间留有通风道。在铁芯内圆的槽中安放定子绕组并用槽楔压紧。电枢绕组由绝缘的铜导体绕成，按照电机的不同额定电压，用云母带或棉纱带包扎。槽与绕组之间垫有绝缘。定子端盖上装有电刷架，由石墨制成的电刷装在刷架上的刷握内。电刷与轴上滑环滑动接触，直流电流经过电刷、滑环通入励磁绕组。

（2）转子

转子是由转轴、转子支架、轮环（即磁轭）、磁极和励磁绕组等组成。磁极由厚为 1～5mm 的钢板冲片叠成，在磁极两个端面上装有磁极压板，用铆钉铆装为一体。励磁绕组套装在磁极上，它多用扁铜线绕成，每匝绕组之间垫有石棉纸板绝缘。绕组经浸胶与热压处理，成为坚固整体。绕组与磁极之间绝缘。各励磁绕组串联后接到滑环上。环与环、环与轴之间，相互绝缘。

凸极式同步电机在磁极上还装有阻尼绕组，它与感应电动机的笼型结构相似，整个阻尼绕组由插入磁极阻尼槽中的裸铜条和端面的铜环焊接而成。阻尼绕组可改善同步发电机的运行性能，对同步电动机来说，它主要作启动绕组用。

磁极固定在轮环上，磁极下部做成 T 尾，以便与轮环的 T 尾槽装配。中小型电机也可用螺栓固定。大型电机轮环由厚 2～2.5mm 钢板冲成扇形片叠成，中小型电机磁轭常用整块钢板冲片叠成或用铸钢制成。转子由转子支架支撑，转子支架应有足够的强度。

（3）发电机的主要参数

发电机的铭牌上都给出了主要的额定值。为了保证发电机可靠运行，必须严格遵守这些参数。

额定功率 P_N——在额定运行（额定电压、电流、频率和功率因数）条件下，发电机能发出的最大功率。单位为 kW，也有用视在功率表示的，此时以 kVA 为单位。

额定电压 U_N——在额定运行条件下，电机定子三相线电压值，单位为 V 或 kV。

额定电流 I_N——额定运行时，流过定子绕组的线电流，单位为 A 或 kA。在此值运行，线圈的温升不会超过允许范围。

功率因数——在额定运行情况下，有功功率和视在功率的比值，即：

$$\cos \Phi = \frac{P_N}{S_N} \tag{3-4}$$

一般电机的 $\cos \Phi = 0.8$。

额定频率 f——在额定运行情况下，输出交流电的频率。我国电网的频率为 50Hz。

额定转速 n_N——在额定运行时转子的转速，单位为 r/min。

相数 m——即发电机的相绕组数。常用的是三相交流同步发电机。

根据上面的定义，对三相交流同步发电机来说，额定电压、额电电流和额定功率之间有下面关系：

$$P_N = \sqrt{3} U_N I_N \cos \Phi_N \tag{3-5}$$

此外，铭牌上还有其他运行数据，例如，额定负载时的温升（T_N）、额定励磁电流（I_{fN}）、额定励磁电压（U_{fN}）等。

3. 交流同步发电机工作原理

简单的转磁式三相交流同步发电机，如图 3-17 所示。直流励磁机供给的直流电流通过电刷和滑环输入励磁绕组（也叫转子组），以产生磁场。在定子槽里放着 3 个结构相同的绕组 AX、BY、CZ（A、B、C 为绕组始端，X、Y、Z 为绕组末端）。3 个绕组的空间位置互差 120° 电角度。

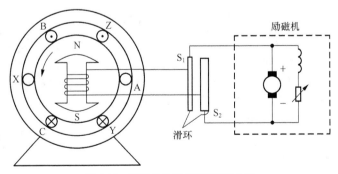

图 3-17　简单的三相交流同步发电机

当原动机拖动电机转子和励磁机旋转时，励磁机输出的直流电流流入转子绕组，产生旋转磁场，磁场切割三相绕组，产生 3 个频率相同、幅值相等、相应差为 120° 的电动势。设磁极磁场的磁通密度沿定子于圆周按正弦规律分布，相电势的最大值为 E_m，A 相电势的初相角为零，则 3 个绕组感应电势的瞬间值为：

$$\begin{cases} e_A = E_m \sin \omega t \\ e_B = E_m \sin(\omega t - 120°) \\ e_C = E_m \sin(\omega t - 240°) \end{cases} \tag{3-6}$$

三相电势的波形和向量图，如图 3-18 所示。

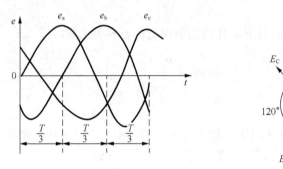

图 3-18　三相电势的波形和向量图

当转子磁极为一对时，转子旋转一周，绕组中感应电势正好变化一次。电机具有 p 对磁极时，转子旋转一周，感应电势变化 p 次。设转子每分钟转数为 n，则转子每秒钟旋转 $n/60$ 转。因此，感应电势每秒钟变化 $pn/60$ 次，即电势的频率为：

$$f = \frac{pn}{60}(\text{Hz}) \tag{3-7}$$

工业交流电的频率为 50Hz，因此，同步发电机的转速 n 与电网频率 f 之间具有严格的关系。当电网频率一定时，同步发电机的转速 $n=60f/p$ 为一恒定值。为了保证发电机发出恒定频率的交流电，在原动机上都装有机械或电子调速器，实现转速稳定。这是同步电机与异步电机的根本差别。

任务4　便携式油机发电机组

便携式（小型）油机发电机组由发动机（油机）、发电机和控制设备等主要部分组成，如图 3-19 所示。发动机（油机）多为汽油机或柴油机。这里主要介绍容量在 10kW 以下的小型风冷汽油发电机组，转速为 3000～4000r/min。在通信中主要作为工程、移动基站和模块局（站）等小型动力设备的备用电源。

图 3-19　便携式（小型）油机发电机组

一、发电机组的组成

发电机组由下面几个部分组成。

（1）发动机

发动机是发电设备的动力装置，它应具有良好的调速性、便携性以及对环境变化的适应性，要求发动机具有千瓦重量（kg/kW）小，升功率（kW/h）大的特点。

（2）发电机

发电机多采用单相、旋转磁场式结构的同步发电机。电枢绕组在定子上，励磁绕组在转子上，磁极形式为凸极式或隐极式。

（3）发电机的励磁调节装置

发电机的励磁调节装置根据具体线路，作成一定的结构，大多数为整体式，安装在控制面板内或放置在发电机附近。

（4）控制面板

便携式发电机组是通过控制面板来启动、停止以及变换配电向用电设备供电的，同时使操作人员了解发电机组的运行状态。控制面板上一般安装有开关、指示灯、插座（多功能）、显示仪表、熔断器和照明灯等。

此外，还有燃油箱（含油量指示）、蓄电池（电启动）、附件工具箱和电缆等，均为发电机组的构成部分。

二、发电机组的工作原理与运行

1．工作原理

发电机的端电压大小与励磁电流大小有关。要维持发电机的端电压平稳，必须根据负载变化及时调整励磁电流。当负载减小，端电压升高时，需自动减小励磁电流；当负载增大时，端电压减小时，则要自动增加励磁电流。

发电机所采用的励磁方式按励磁功率产生的方式分为他励式和自励式两种。

（1）他励式

① 直流励磁机励磁。

② 交流励磁机的无刷励磁。

（2）自励式

① 不可控相复励。

② 可控相复励。

③ 谐波励磁。

④ 可控硅励磁。

目前多用自励式发电。自励式所需的励磁功率通常由下述 3 种方式取得。

① 直接从发电机输出端取得一部分功率作为励磁功率。

② 发电机的电枢绕组采用抽头形式，根据励磁功率的大小，从电枢绕组内引出一部分功率。

③ 在发电机定子上设置辅助绕组，辅助绕组的输出即为发电机的励磁功率。

2．运行

（1）准备工作

① 检查机油箱内的机油是否充足（利用机油尺），油路是否畅通。

② 检查控制面板、连接电缆、插座及插头是否良好，导线有无折裂和绝缘层破损等现象。

（2）启动工作

① 打开油门，关闭阻风门（在热机启动时可不关阻风门，避免混合油过浓造成启动困难）。

② 将启动绳按转动轮槽上规定的绕行方向绕 2～3 圈，手快速抽拉启动绳启动机组。发动机启动后立即逐步打开阻风门，使发动机升到额定转速。调节控制面板上的电压调节旋钮，将电压调到 220V。目前，油机发电机组都不需要这步了，可自动调整到 220V/50Hz。另外，调节节气门也可控制电压。

③ 检查油门开关和排油塞。油门开关应在正常开的位置（备用位置在特殊情况下用），排油塞应在关闭位置。

（3）供电

① 在机组运转正常后，电压稳定的情况下，可接通供电开关。

② 运转中一定要用空气滤清器（工程情况下更是如此），在无安全加注油的条件下，禁止在运行中途加汽油。

（4）停机

① 切断电源，关闭油门，按下"停止"按钮。在不需紧急停机时，应手控节气门臂低速运行 2～3min，待化油器中的混合油用完后自动停机，避免混合油中的汽油挥发留下残油，造成下一次启动困难。

② 做清洗化油器、空气滤清器等必要的维护工作（工程状态下更应注意）。

三、发电机组的主要技术规格

便携式（小型）汽油发电机组主要技术规格见表 3-2。

表 3-2　　　　　　　　　便携式（小型）汽油发电机组主要技术规格

型号	输出最大交流电功率	输出额定交流电功率	交流电压频率	输出直流电功率	发动机型式	排量	最大输出功率	点火系统	启动系统	燃油和容量	连续工作时间	尺寸（长×宽×高）	重量
YW6500X	5.2kW	4.8kW	220V/Hz	12V/8.3A	单缸、四冲程强制风冷	389cm³	13马力/4000转/分	无触点晶体管点火	手控启动	汽油/25L	10h	700mm×530mm×600mm	8.4kg

任务5　油机发电机组的使用与维护

一、柴油发电机组的运行

（1）柴油发电机组启动成功后，应先低速运转一段时间，然后逐步调速到额定转速。决不允许刚启动后就猛加油，使转速突然升高。其原因有以下几点。

① 刚启动的柴油机，机器温度低，机油黏度大，机油不能迅速进入各轴承间隙内。

② 柴油机不工作时各间隙间的润滑油逐步流回到油底槽内，使各轴颈全部压在轴承上，形成干摩擦状况。低速运转一段时间后，机温逐渐升高，机油变稀，转速稍高时，机油

才慢慢压入轴承内，形成薄油膜，逐渐使轴颈与轴承间隙得到完全的润滑。

③ 刚启动柴油机时，机油黏度大，若猛然提高转速，机油压力超过允许范围会冲坏压力表。

因此，一般待柴油机水温在 50℃ 以上，油温稳定在 45℃ 以上，机油压力在 1.5～3.0kg/cm²，待一切正常后，才接上负载。在带负载时，也要逐步地均匀地增加，除特殊情况外，应尽量避免突然增加负载或突然卸去负载。

（2）柴油机不宜在低速情况下长期运转。其原因是柴油雾化质量的好坏，决定于喷油压力和凸轮轴转速，喷油压力越高及凸轮轴转速越快，柴油雾化质量越好，而凸轮轴的转速是随着曲轴的转速而变化的。当柴油机曲轴转速低于额定转速时，柴油雾化就变坏，时间一久就会导致机器运转不正常。

（3）柴油机在运行中，应密切注意各仪表指示数值。一般规定如下。

① 机油压力应在 1.5～4.0kg/cm²。

② 机油温度应在 70～90℃。

③ 进水温度应在 55～65℃。

④ 出水温度应在 75～85℃。

⑤ 正常运行时，充电电流表指示应有正数值。当蓄电池已充满电时，电流表应指示 0 位。

（4）正常情况下柴油机的排气颜色是浅灰色，不正常时，排气颜色变成深灰色，超负载时排气颜色为黑色。

（5）倾听机器在运行时内部有无不正常敲击声。

（6）注意油箱内的油量不要用尽，以免空气进入燃油系统，造成运转中断。

（7）各人工加油润滑点应按规定时间加润滑油。

二、柴油机的正确维护和调整

一台柴油发电机组能否正常运行，除决定于柴油的选择和喷油时间是否适当，配气相位是否恰当，调整系统是否灵活，活塞环与气缸的接触是否紧密，润滑和冷却系统工作是否正常可靠等外，还要注意日常的正确维护和调整。

1．保持柴油机各部分的清洁

（1）燃油的清洁。由于柴油机的燃油要通过极其精密的零件，如稍有杂质混入，便会发生阻塞故障，因此，在加柴油时，事先必须将柴油经过 24h 的沉淀，加油时用专门加油的器皿，严格过滤，才能加进油箱，防止水和杂质混入。

（2）机油的清洁。加机油时，应把合格的机油用 60#筛网（每平方厘米有 232 孔）过滤后加入。机油对柴油机来说除了具有润滑与冷却作用外，还有清洗各摩擦面间的金属碎屑的功能。机油使用时间过长，杂质过多，氧化变质将失去润滑作用，加速机件磨损。因此，柴油机工作 100h 后，必须清洗机油滤清器。

（3）进、排气系统的清洁。进气管的任何地方堵塞都会影响进气量，使柴油机燃烧情况恶化。排气管在工作中也往往被没有烧完的油料和窜出的机油积炭堵塞，使废气不能通畅排出，影响柴油机性能的正常发挥，导致功率不足，油耗增加。因此，应在柴油机工作 100h 后清洗空气滤清器，定期检查进、排气管道的清洁。

（4）冷却水的清洁。柴油机是用水来循环冷却的。冷却水必须是清洁的软水，不应有泥沙和棉纱纤维等杂物。有上述杂物混入冷却水系统，水道将会堵塞，使机器温度升高，机体、缸盖便有开裂的危险。

（5）电气系统的清洁。电气系统的故障与它的清洁程度有直接关系，如蓄电池电解液不清洁并混有金属杂质，可能造成蓄电池内短路；整流方面的污垢会使电刷在电刷座内卡住。各接触点、接线柱的污垢会增加接触电阻，容易发热。如果因为污垢而接触不良，就会产生很大的火花，或使接线柱和接点等烧毁。

（6）整机的清洁。保证整机的清洁和工作环境的清洁，可减少故障的产生，也便于发现漏水等现象。这样才能使整机的正常运转有进一步的保证。

2．保持正常的工作温度和机油压力

（1）柴油机冷却水的出水温度以保持在 75～85℃之间为最好。进、出水温差不应超过20℃，更不允许有断水现象。如果工作温度过低，则热损失大，柴油机消耗量增加，积炭增多，活塞易胶结，磨损加剧。如果工作温度过高，则零件强度降低，配合部分的正常间隙被破坏，机油黏度降低，磨损加剧，机油消耗量增大。积炭增多，活塞环易胶结，功率下降。

（2）油机在使用中不可使它骤冷骤热，机器启动后，要在轻负载下逐步升温，油机发热后，更不可突然降温，否则气缸体或气缸盖就有炸裂的危险。油机运行中如果发现冷却水中断，当油机温度过高时，切不可突然加入冷水，以免引起气缸体或气缸盖的炸裂。此时应当停机，待机器温度降低到 40～50℃之后，再加水开机，绝对禁止不加冷却水启动油机。

（3）机油温度应保持在 70～90℃，油温过高，会使机油黏度变小，油膜不易形成，从而造成润滑不良。油温过低，会使机油黏度变大，会增加摩擦阻力，传热慢，降低功率，启动困难。

（4）保持正常的机油压力，正常工作状态下，应为 1.5～4.0kg/cm^2，机油压力过高、过低都不行。

3．及时排除各部位的油水渗漏现象

（1）检查油机是否漏水，如果曲轴箱内机油量反常地增加，并且机油内含有水珠，即表示冷却系统有水漏入曲轴箱内。其原因可能是气缸垫损坏，此时，排气管出口处将能看到水雾喷出，也可能是缸套下端橡皮水封圈损坏，这时在排气中便看不到有水雾喷出现象。

（2）检查是否漏油。机油可能从润滑系统各接头处漏失。当油机停机后，如果发现油机下面有漏油现象，即使是少量的也不可忽视，必须进行检查，找出原因，如果不能纠正，开机后机油会较多地损失，有断油的危险。

三、停机操作

1．正常停机

（1）油机在停机前应作一次全面检查，查看机器有无故障，以便停机后检修。停机时，不应用打开减压机构或关闭油箱开关的办法来达到停机。因为前者很容易将气门密封圈、气门杆和导管烧坏，后者会使整个燃料系统的油路中进入空气，影响油机的下次启动。

（2）油机停机前应逐渐地撤除负载，再逐渐地降低转速，待出水温度降到 70℃以下时再停机。如果突然停机，机器温度还相当高，而水泵不供水，气缸盖易发生过热而损坏。

（3）负载撤出以后即可停机，并应检查蓄电池是否充足了电，如果电不足，应给蓄电池充电。

（4）严冬季节如无保温措施，停机半小时后将水全部放掉，以免冻裂缸体。

2．紧急停机

当油机发生下列情况之一时，必须紧急停机。

（1）机油压力表指针突然下降或无压力。

（2）当冷却水中断或出水温度超过 100℃时。

（3）有飞车现象时（转速自动升高）。

（4）出现异常敲击声，飞轮有松动现象，或传动机构有重大的不正常情况。

（5）有零件损坏或活塞、调速器等运动部件卡住时。

四、油机的技术保养

通信用油机发电机组，按使用情况可分为两种：一种是以市电供电为主，油机发电机组为备用电源设备；另一种是以油机发电机组为主供电源设备。两种情况的油机发电机组使用时间的长短相差很大。油机的保养一般以开机累计小时数来确定。上述第一种供电方式每月仅试机几个小时，如累计一级或二级技术保养小时数再进行技术保养，时间上就显得太久，所以应根据具体情况灵活掌握。

及时进行技术保养，可以及时消除机器的不良现象，保证机组经常处于良好状态，并可延长机器使用年限。因此，要使油机工作正常可靠，必须执行油机的技术保养制度，技术保养类别分为：日常维护、一级技术保养、二级技术保养和三级技术保养。

1．日常技术保养

（1）清洁机器各部分的灰尘、油污等，并检查各部件连接处有无油水滴漏等，如有应及时处理。

（2）电启动的应检查蓄电池的端电压、比重和液面等，气启动的应检查气瓶有无漏气现象并检查气压是否充足。

（3）检查冷却水系统有无渗水现象及水量是否充足。

（4）检查曲轴箱内机油平面，不足时应按照规定添加机油至满刻度。如发现油面突然升高，应注意检查是否有水渗漏进油底槽，如有应及时排除渗漏处并及时处理。

（5）检查燃油箱内油量情况，不足时应及时注满。

（6）检查各附件装置的正确性和稳固程度。

2．一级技术保养（累计工作 100h，或每隔一个月）

（1）执行日常技术保养内容。

（2）打开机体侧面盖板，检查连杆螺栓和锁定铁丝是否松动。

（3）清洗燃油箱及燃油滤清器（如果用经过滤清的柴油，可每隔 200h 清洗一次）。

（4）扳开机油泵的粗滤网锁紧弹簧片，取出粗滤网清洗，然后将机油全部更新（如机油较清洁，可延长更换时间）。

（5）对所有标有注油嘴的部件，应按规定注入润滑脂或润滑油。

（6）清洗空气滤清器并更换机油。

（7）清洗加油口盖上通风孔的钢丝绒。

（8）检查调速机构的动作情况，并用机油润滑该机构的全部运动机件。

（9）放出油底槽中机油进行滤清并注满新机油。

（10）水泵轴承注入黄油。

3．二级技术保养（累计工作 500h，或每隔 6 个月）

（1）执行一级技术保养内容。

（2）彻底清洗燃油系统，包括燃油箱、滤清器、输油管、喷油泵和喷油嘴。

（3）彻底检查、清洗润滑系统，包括曲轴箱、机油管、机油滤清器、机油泵、机油冷却器等，并更换新机油，特别应注意机油冷却器油管是否锈蚀或损坏。

（4）拆洗气缸盖，清除积炭，研磨气门并拆下排气管清除烟灰。

（5）检查连杆、连杆轴承、配气机构、冷却水泵和调速器等零件的情况，如有松动或损坏，应予检修更换。

（6）检查发电机、电动机换向器是否失圆，并用砂纸将积垢打光，检查电刷的弹簧压力，电刷和换向器的接触是否良好，如有损坏应更换。

（7）检查喷油器的喷油压力及喷油情况，必要时清洗喷油器并进行调整。

（8）检查配气定时及供油提前角，必要时予以调整。

（9）检查进、排气阀的密封情况，不合要求时应予以研磨修正。

（10）拆开盖板，从缸套下端检查气缸套封水橡皮圈是否有漏水现象，必要时更换新的封水橡皮圈。

（11）拆开前盖板，检查传动机构盖板上的喷油塞是否堵塞，如堵塞则应使它通畅。

（12）清洗冷却系统。清洗溶液由 150g 苛性钠，加 1L 水构成，清洗前先将冷却系统中的水全部放尽，然后灌入等量的清洗液，停留 8～12h，再运转油机，在水温达到工作温度后停车，立即放出清洗液以免悬浮在溶液中的水垢沉淀，最后要用干净水再次清洗冷却系统。

（13）每累计工作 1000h 后，将发电机及电动机拆开，洗掉各机件上旧的轴承黄油并更换新的黄油。同时，检查启动机的齿轮传动装置。

（14）普遍检视电动机各个机件并进行必要的修正和调整。

4．三级技术保养（累计工作 1000～1500h，或每隔一年）

（1）执行二次技术保养。

（2）检查气缸盖组件，拆下气缸盖，检查气门、气门座、气门导管、气门弹簧以及推杆和摇臂配合面的磨损情况，必要时进行修磨或更换。

（3）检查曲轴组件、推力轴承和推力板的磨损情况，滚动主轴承内外圈是否有周向游动情况，必要时进行更换。

（4）检查传动机构，拆下前盖板，观察传动齿轮啮合面磨损情况，并进行啮合间隙的测量，必要时进行修理或更换。

（5）检查喷油器，在专用试验台上检查喷油器喷雾情况，必要时将喷油器偶件进行研磨或更换。

（6）检查喷油泵，检查柱塞偶件的密封性和飞铁销的磨损情况，必要时更换。

（7）检查机油泵、水泵，对易损零件进行拆检和测量，并进行调整。

（8）检查气缸盖和进、排气管垫片，对已损坏和失去密封作用的应更换。

（9）检查充电机和启动电机，清洗各组件、轴承，吹干后加注新的润滑脂，检查启动机齿轮磨损情况及传动装置是否灵活。

（10）清洗水套内泥沙、污物和水垢。

5．故障现象及排除方法

故障现象及排除方法，见表 3-3。

表 3-3　　　　　　　　　　　　　　　故障现象及排除方法

故 障 现 象	主 要 原 因	排 除 方 法
发动机不能启动或启动困难	1．油箱无油 2．油门开关未打开 3．油路堵塞或油中有水 4．阻风门或排油塞未关闭 5．火花塞不清洁或气门间隙过小 6．火花塞绝缘体损坏 7．高压线圈绝缘损坏 8．电容器不良 9．启动速度不快	1．加油 2．打开油门开关 3．清洗油门开关、油路和化油器 4．关闭阻风门和排油塞 5．清洁干净或调整间隙 6．更换火花塞 7．更换新件 8．更换电容器 9．用力快拉启动绳
发动机转速不正常	1．发电机电路接触不良 2．高压线圈局部击穿、漏电 3．浮于宣油平面过低 4．调速器零件磨损或不灵活	1．检测、消除接触不良点 2．检查、更换高压线圈 3．校正油平面 4．更换磨损件，从新校正
发电机不发电	1．碳刷与滑环接触不良 2．碳刷刷握不灵活 3．电缆插头断线或接触不良或插头内碰线	1．打磨碳刷、清洁滑环 2．清洁刷握、整形 3．进行相应处理

任务 6　柴油发电机组的测量

由于线路检修、灾难性气候以及突发性事故等原因的存在，市电的不中断供电往往难以实现。为了减少交流停电时间，油机发电机组便成了一种不可缺少的备用电源设备。随着电源技术的发展，油机供电的自动化程度越来越高，从市电监测、油机启动、油机供电到市电恢复后负载电源的切换、油机冷却、油机停机的整个过程均可实现自动化操作，实现市电停电后以最快的速度恢复交流供电，为了增加油机供电的可靠性，重要的枢纽机房配置两台油机，实行主备切换或并机供电模式，减轻了后备电池的供电压力，为机房实现集中监控、无人值守创造了条件。

配置油机后，还必须切实做好柴油机的日常维护和保养工作，才能保证在需要使用时油机能正常的启动，并可靠地向通信设备输送符合指标要求的交流电源。柴油发电机组平时的维护保养，除了定期检查冷却水、机油、燃油和启动电池外，对电气特性的检测是必不可少的。另外，油机的正常启动和工作，除了与油机本身有关，还与油机运行环境的温度、湿度和气压等因素有关，因此，测试油机时往往需要记录环境的温度、湿度和气压。

要保证市电的不中断供电、油机发电机组是一个不可缺少的备用电源，在市电不稳定及有自然灾害时，只能通过油机发电机发电才能保证长时间地交流间断供电。特别是目前的通信设备有些交流电不允许中断，通过 UPS 可以保证短时间的交流供电使空调保证机房中的温度、湿度在规定范围内，但在较长时间内无市电的情况下提供交流电只有由发电机才能保证。

油机发电机组平时的维护，除了定期检查水位、油位等外，特别对于电气特性的检测是必不可少的。油机的电气特性主要有额定电压、额定频率、空载电压整定范围、电压和频率的稳态调整率、波动率、瞬态调整率、瞬态稳定时间、电压波形正弦畸变率、三相电压不平衡度和绝缘电阻等。下面对油机发电机组的绝缘电阻、输出电压、频率、正弦畸变率、功率因数和噪声的测量进行介绍。

一、绝缘电阻的测量

要求油机发电机组保证不出现"四漏"（漏油、漏水、漏气、漏电），则漏电只有通过绝缘电阻的检测才能发现。为了使输出电压可靠、稳定，要求发电机的转子与定子之间的绝缘电阻值达到一定数值以上。

绝缘电阻的测量不论在什么季节测量转子对地、定子对地及转子与定子之间的绝缘电阻（在三相电中只要测量一相就可以，因三相线圈是互通的），都应符合要求。

目前，不少发电机是采用无刷励磁系统（通过三级转换由转子产生励磁功能，并控制励磁电流的大小保证输出电压稳定），则很难找到便于测量的转子线圈，即无法测量绝缘电阻，这时只作定子线圈的绝缘电阻测试。

测量方法与步骤如下。

（1）油机在冷态（启动前）及热态（启动加载运行 1h 后）分别测量各绝缘电阻。

（2）用耐压 1000V 的兆欧表测量绝缘电阻值。

（3）测量定子（发电机三相电输出端子中的任一相），对地进行测量。

（4）测量转子（发电机三相转子线圈中的任一相），对地进行测量。

（5）测量定子与转子之间的绝缘电阻（定子与转子之间任何一相）。

（6）不论在什么季节及冷态和热态情况下，绝缘电阻值应≥2MΩ。

注意：① 当无法找到转子线圈时，4、5 两点内容不作测试。

② 测量前应把油机的控制板脱开，以防损坏板内电路。

二、输出电压的测量

发电机组的输出电压与发电机组中的转速及励磁电流有关，而转速又决定了输出交流电的频率，只有在决定了频率的情况下，再测量其输出电压的额定值，即先进行满载时调整交流电频率为额定值（50Hz），然后去掉负载（为空载）测量其输出电压为整定值（400V）。

当加载（若能改变加载情况则逐级加载 25%、50%、75%、100%）实际负载（或逐级减载）稳定后，测得输出电压，经计算得稳态电压调整率 δ_U 应符合要求。

$$\delta_U = \frac{U_1 - U}{U} \times 100\% \tag{3-8}$$

式（3-8）中，U——空载时输出的整定电压。

U_1——负载渐变后的稳定输出电压，取最大值和最小值，若三相电取平均值。

测量方法与步骤如下。

（1）发电机加满载调整输出交流电频率为整定值（50Hz）。

（2）发电机去载（为空载）调整输出交流电压为整定值（400V）。

（3）待逐级加载 25%、50%、75%、100%（或实际负载），待稳定后测得各次的三相平均电压，计算稳态调整率，应符合要求≤±4%。

（4）待逐级减载 75%、50%、25%至空载（或去实际负载）待稳定后测得各次的三相平均电压，计算稳态调整应符合要求≤±4%。

三、输出频率的测量

油机的转速决定了发电机输出交流电的频率，对于输出交流的整定频率，在发电机组满载时调整至额定值（50Hz）在测试中的减载及加载时不再调整。

可用发电机控制屏上的频率表或 F41B 表测试频率，当减载 75%、50%、25%（或实际负载至空载），及逐级加载 25%、50%、75%、100%（或加实际负载）稳定后测得交流电频率经计算得稳态频率调整率 δ_f，应符合要求。

$$\delta_f = \frac{f_1 - f_2}{f} \times 100\% \tag{3-9}$$

式（3-9）中 f——满载时的额定频率；

　　　　　f_1——负载渐变后的稳定频率，取各读数中的最大值和最小值；

　　　　　f_2——额定负载的频率。

当测试中所加负载为实际负荷时，f_1 用空载时频率值代替，$f = f_2$ 为实际加载时频率值代替。

测量方法及步骤如下。

（1）发电机为满负荷（或加实际负载时）调整输出频率为额定值。

（2）逐级减载 75%、50%、25%至宽载（或去实际负载）测得输出交流电频率，以最大偏差值为依据。

（3）用公式计算稳态频率调整率 δ_f，应符合要求≤±4%。

四、正弦畸变率的测量

发电机在空载输出额定电压稳定的情况下，用 F41B 表测量输出电压的正弦畸变率 $THD\text{-}R$ 值应符合要求<5%。

五、交流电输出功率因数的测量

发电机组输出为额定电压（空载）后加载纯电阻性额定负载（或实际负载），在发电机组的控制屏上 $\cos\varphi$ 表或用 F41B 表测得功率因数 $\cos\varphi$ 应符合要求。

测量方法与步骤如下。

（1）发电机组在空载情况下，调整输出电压为整定值（400V）。

（2）加载额定值的纯电阻负载（或实际负载）。

（3）读控制屏上 $\cos\varphi$ 表或用 F41B 表测各单相电功率时的 $\cos\varphi$ 值，应符合要求>0.8（滞后）。

注：发电机组的以上各项测试所需加负载时，都应采用纯电阻性负载。

六、噪声的测量

在油机空载和带额定负载状态下，用声呐计测量油机前、后、左、右各处的噪声大小。声呐计离油机水平距离 1m，垂直高度约 1.2m。对于静音型机组，可以分别测量静音罩打开和关闭时油机的噪声，两者对比可以反映出静音罩的隔声效果。对于已经投用的油机，则在油机室外 1m 处分别测量各点噪声，测出的噪声值应符合当地环保部门的要求。

根据《中华人民共和国环境噪声污染防治法》（1997 年 3 月 1 日起施行，适用于城市区域。乡村生活区域可参照本标准执行），各类地区的噪声标准，见表 3-4。

表 3-4　　　　　　　　　各类地区噪声标准

地区类别	昼间噪声标准	夜间噪声标准	地区类别说明
0	50	40	0 类标准适用于疗养区、高级别墅区、高级宾馆区等特别需要安静的区域。位于城郊和乡村的这一类区域分别按严于 0 类标准 5dB 执行
1	55	45	1 类标准适用于以居住、文教机关为主的区域。乡村居住环境可参照执行该类标准
2	60	50	2 类标准适用于居住、商业、工业混杂区
3	65	55	3 类标准适用于工业区
4	70	55	4 类标准适用于城市中的道路交通干线道路两侧区域，穿越城区的内河航道两侧区域。穿越城区的铁路主、次干线两侧区域的背景噪声（指不通过列车时的噪声水平）限值也执行该类标准

备注：油机室外噪声测量时需考虑周围环境背景噪声的影响。如果背景噪声与油机噪声比较接近，则测出的噪声实际为两者的叠加值；只有背景噪声小于油机噪声 10dB 时，背景噪声才可以忽略不计

 过关训练

1. 简述柴油机的基本工作原理。
2. 柴油机由哪些机构和系统组成？
3. 便携式汽油发电机组由哪些部分组成？
4. 柴油发电机在开机前应进行哪些项目的检查？
5. 柴油发电机在运行中应进行哪些项目的检查？
6. 如何手动停止柴油发电机运行？
7. 柴油发电机使用维护中有哪些注意事项？
8. 如何处理柴油发电机燃油系统的故障？
9. 柴油发电机运行中出现哪些现象，应立即采取紧急停机措施？
10. 什么是柴油发电机的"飞车"现象？出现"飞车"后应如何紧急处理？
11. 移动式汽油发电机启动前应进行哪些检查？
12. 如何使移动式汽油发电机停机？

交、直流配电与安全用电

本模块学习目标、要求

- 交流配电作用与性能
- 直流供电系统的配电方式
- 直流配电作用和功能
- 安全用电常识
- 常用仪器仪表基本使用方法

通过学习，掌握交流配电作用与性能；掌握直流配电作用和功能；掌握安全用电常识；掌握常用仪表的使用方法。

本模块问题引入

由低压配电屏输出的低压交流市电，根据用户需要进行相应的分配。一部分可直接供给负载，或者根据需要处理成不间断的交流电供给交流通信设备，一部分转换成直流不间断电源供给直流通信设备。如何对它进行合理的分配显得非常重要，特别是在安全用电方面更为突出。

任务 1　交流配电的作用与功能

一、交流配电的作用

低压交流配电的作用是：集中有效地控制和监视低压交流电源对用电设备的供电。

对应小容量的供电系统，比如分散供电系统，通常将交流配电、直流配电和整流以及监控等组成一个完整、独立的供电系统，集成安装在一个机柜内。目前，我们采用的是高频开关电源柜。

相对大容量的供电系统，一般单独设置交流配电屏，以满足各种负载供电的需要。其位置通常在低压配电之后，传统集中供电方式的电力室输入端。

二、交流配电的功能

交流配电屏（模块）的主要功能通常表现在以下方面。

（1）输入端要求有两路输入交流电源。可进行人工或自动倒换。若为自动倒换，必须有可靠的电气或机械连锁。

（2）具有监测交流输出电压和电流等功能的仪表或者显示面板，并能通过仪表、面板和转换开关测量出各相电压、线电压、相电流和频率。

（3）具有欠压、缺相和过压告警功能。为便于集中监控，同时提供遥信、遥测等接口。

（4）提供各种容量的负载分路。各负载分路主熔断器熔断或负载开关保护后，能发出声光告警信号。

（5）当交流电源停电后，能提供直流电源作为事故照明。

（6）交流配电屏的输入端应提供可靠的雷击、浪涌保护装置。

三、交流配电屏举例

目前，与开关电源系统配套的交流配电屏型号较多，低压交流配电屏是连接降压变压器、低压电源和交流负载的装置，它可以完成市电与备用电源转换、负载分路以及保护、测量、告警等作用。下面以常见的 DP-J19 系列为例来说明交流配电屏的主要技术性能。DP-J-19 系列交流配电屏原理图如图 4-1 所示。

1. 技术性能

DP-J19 系列交流配电屏有 380V/400A 和 380V/630A 两种规格，可接入两路市电（或一路市电、一路油机）自动切换，也有人工切换功能，可从配电屏机架的上或下进线。其技术性能分别如下。

输入：两路交流市电，三相五线制（三相+零线+地线），50Hz，容量分别为 380V/400A 和 380V/630A。

输出（400A）：三相 160A　　三路

三相 63A　　三路

三相 32A　　三路

单相 32A　　三路

输出（630A）：三相 160A　　五路

三相 63A　　三路

三相 32A　　一路

单相 32A　　三路

两路市电输入端接有压敏电阻避雷器。

两路市电输入（或一路市电、一路油机），I 路市电为主用（优先），II 路市电为备用。当 I 路市电停电时，自动倒换到 II 路市电（或油机）；当 I 路市电来电时，自动由 II 路市电（或油机）倒换到 I 路市电。由断路器 $QF_1(1)$、$QF_2(2)$ 输入。两路市电倒换均有可靠的电气与机械联锁。

当两路交流电停电时，有直流事故照明输出：容量为 48V/60A。

12 个分路输出，$QF_3(3)$～$QF_{14}(14)$。

有电压表和电流表分别对三相电压及 W 相电流进行测量。

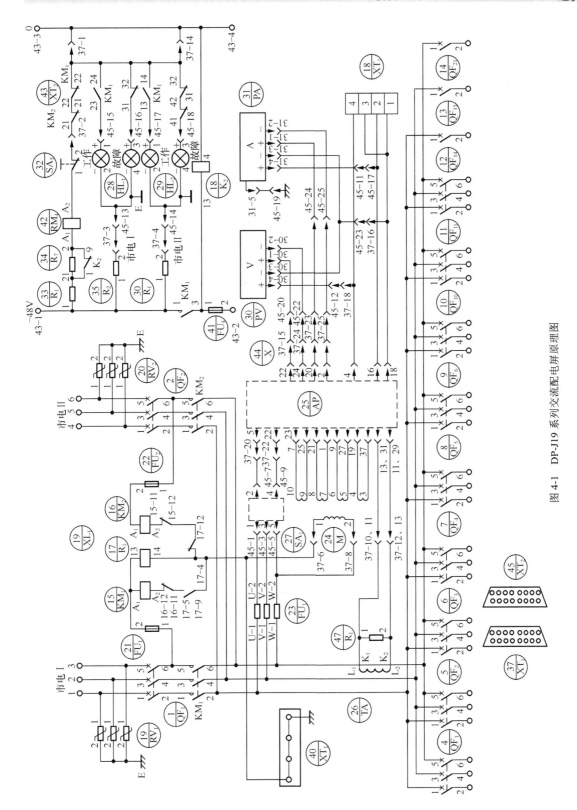

图 4-1　DP-JI9 系列交流配电屏原理图

2．工作原理

市电Ⅰ、市电Ⅱ分别经空气断路器 $QF_1(1)$、$QF_2(2)$输入，当市电Ⅰ有电时，继电器 $K_1(17)$吸合而切断接触器 $KM_2(16)$的线圈回路，同时接通接触器 $KM_1(15)$的线圈回路，使 $KM_1(15)$吸合，市电Ⅰ经接触器 $KM_1(15)$至负载分路断路器 $QF_3(3)$~$QF_4(14)$输出。同理，当市电Ⅰ停电时，继电器 $K_1(17)$失电释放，接通接触器 $KM_2(16)$的线圈回路。当市电Ⅱ有电时，接触器 $KM_2(16)$吸合，由市电Ⅱ供电。

负载端 W 相装有电流互感器，用于测量 W 相总电流，电流信号送至印制板 AP(25)；经其变换后，送至电流表 PA(31)显示，同时由接线端子 $XT_1(18)$的 18-2 输出至电源系统的用户接口板端子 X52-2。

另外，在负载端装有测量二相线电压的转换开关，转换后的电压信号送至印制板 AP(25)，经变换后送至电压表 PV(30)显示。

印制板 AP(25)为测量交流电压和电流的传感器板 AP671，如图 4-2 所示。

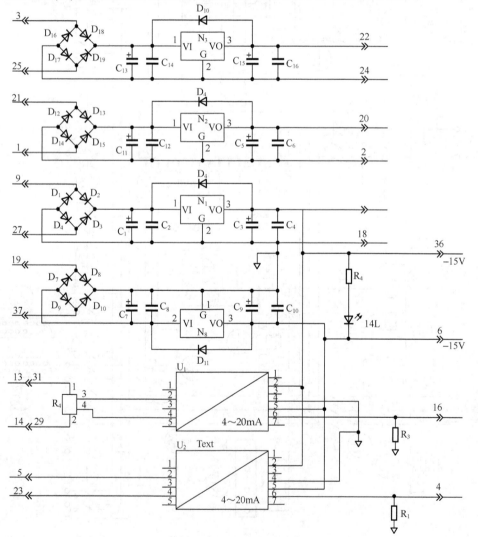

图 4-2　市电监测电路原理图

在 AP671 上装有电流传感器 U_1，电压传感器 U_2 及其辅助电源。交流电压传感器的变比为 $500V_{AC}/5V_{DC}$，用户可用外接仪表进行校对。交流配电屏采用的交流电流互感器的变比因按交流屏的型号而异：DP-J19-380/400 为 $400A_{AC}/5V_{DC}$；DP-J19-380/630 为 $630A_{AC}/5V_{DC}$；当接入负载后，可用外接仪表进行校对。

交流电压经三根线电压转换开关 SA_1(27)取样输入，交流电流经互感器 TA(26)取样输入，印制板 AP671、电压表 PV(30)和电流表 PA(31)的辅助电源由变压器 TC(24)的四组次级电压输入。

AP(25)的端子 4、16 输出的是经交流电流传感器隔离变换为 0～5V 的直流信号，端子 18 为信号公共端。端子 16、4、18 分别与端子 XT_1(18)的 2、4、1 端相连，作为信号输出端。监控模块用户接口板端子 X_{52}：接收上述信号后，将在显示屏上显示交流电压、电流值。

AP(25)的端子 22、24 输出数字电压表的+5V 工作电源，端子 20、2 输出数字电流表的+5V 工作电源。

DP-J19 系列交流配电屏装有事故照明装置。XT_6(43)是直流事故照明接线端子，43-3 接 48V 的正极，43-1 接 48V 的负极。当两路市电都停电时，KM_3(42)直流接触器线圈接通，其接点 1、3 闭合；当市电来电时，KM_3(42)释放，自动切断事故照明电源。电阻 R_1(33)、R_2(34)、R_3(35)和 R_4(36)分别是直流接触器 KM_3(42)和信号灯 HL_1(28)、HL_2(29)的降压电阻。

任务2 直流配电的作用和功能

一、直流供电系统的供电方式

直流电源供电方式主要分为集中供电方式和分散供电方式两种。传统的集中供电方式正逐步被分散供电方式所取代。有关集中供电方式和分散供电方式，我们在概述部分已经详细叙述，在此不再重复。

二、直流供电系统的配电方式

1. 低阻配电方式

传统的直流供电系统中，利用汇流排把基础电源直接馈送到通信机房的直流电源架或通信设备机架，这种配电方式因汇流排阻很小，故称为低阻配电方式。

如图 4-3（a）所示，假设 RL_1 发生短路（用 S_1 合上代表短路）则当 F_1 尚未熔断前，AO 之间的电压将跌落到极低（约为 AB 间阻抗与电池内阻 R_r 之比，F_1 电阻很小，故电压接近于 0），而且短路电流很大（基本上由电池电压及电池内阻决定）。在 F_1 熔断时，由于短路电流大，使 di/dt 也很大，在 AB 两点的等效电感上产生的感应电势 Ldi/dt，会形成很大尖峰，因此，AO 之间的电压将首先降到接近于 0，而后产生一个尖峰高电压，如图 4-3（b）所示波形。这些都会对接在同一汇流排上的其他通信设备产生影响。

2. 高阻配电方式

在低阻配电系统基础上发展起来的高阻配电系统原理，如图 4-4（a）所示。可以选择相对线径细一些的配电导线，相当于在各分路中接入有一定阻值的限流电阻 R_1，一般取值为电池内阻的 5～10 倍。这时如果某一分路发生短路，则系统电压的变化——电压跌落及反冲尖峰电压都很小，这是因为 R_1 限制了短路电流以及 Ldi/dt 也减小的原因，图 4-4（b）所示是 AO 电压变化示意图。R_1 与电池内阻 R_f 合适的选配，可使 AO 电压变化在电源系统允差范围，使系统其他负载不受影响而正常工作。换而言之，达到了等效隔离的作用。

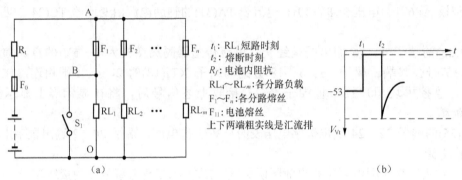

t_1: RL$_1$短路时刻
t_2: 熔断时刻
R_f: 电池内阻抗
RL$_4$～RL$_m$:各分路负载
F$_1$～F$_n$:各分路熔丝
RL$_m$ F$_{11}$:电池熔丝
上下两端粗实线是汇流排

图 4-3　低阻配电系统简图

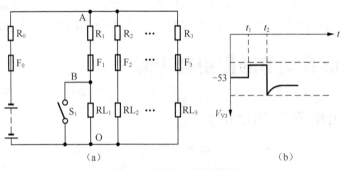

图 4-4　高阻配电系统简图

当然，高阻配电也有一些问题：一是由于回路中串联电阻会导致电池放电时，不允许放到常规终止电压，否则负载电压太低。其二是串联电阻上的损耗，一般为 2%～4% 左右。

在直线供电系统中，无论是采用集中供电方式还是分散供电方式，直流配电设备都是直流供电系统的枢纽，它负责汇接直流电源与对应的直流负载，通过简单的操作完成直流电能的分配，输出电压的调整以及工作方式的转换等。其目的是既要保证负载要求，又要保证蓄电池能获得补充电流。

三、直流配电的作用和功能

直流配电是直流供电系统的枢纽，它将整流输出的直流和蓄电池输出直流汇接成不间断的直流输出母线，再分接为各种容量的负载供电支路，串入相应熔断器或负荷开关后向负载供电，如图 4-5 所示。

对应小容量的供电系统，比如分散供电系统，通常交流配电、直流配电和整流、监控等组成一个完整、独立的供电系统，集成安装在一个机柜内。

相对大容量的直流供电系统，一般单独设置直流配电屏，以满足各种负载供电的需要。

直流配电的作用和功能的实现一般需要专用的直流配电屏（或配电单元）完成。直流配电屏除了完成图 4-5 所示的一次电路的直流汇接和分配的作用以外，通常还具有测量、告警和保护功能。

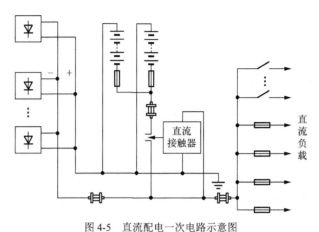

图 4-5　直流配电一次电路示意图

（1）测量

能测量并通过一定的方式显示出：系统输出总电压，系统总电流；各负载回路用电电流；整流器输出电压电流；各蓄电池组充（放）电电压、电流等。

（2）告警

提供系统输出电压过高、过低告警；整流器输出电压过高、过低告警；蓄电池组充（放）电电压过高、过低告警；负载回路熔断器熔断告警等。

（3）保护

在整流器的输出线路、各蓄电池组的输出线路以及各负载输出回路上都接有相应的熔断器短路保护装置。此外，各蓄电池组线路上还接有低压脱离保护装置（LVD）等。

任务3　安全用电常识

一、人的身体为什么会触电

如果人站在地上，身体碰到带电的东西，人的身体能传电，地也能传电，电流就通过人的身体传到地上，人就触电了。

从触电事故发生的频率来分析，一般一年当中的 6～9 月份事故最集中。为避免出现触电，日常工作中任何电气设备在未验明无电时，要一律认为有电，不能盲目触及。

二、安全电压

在各种不同环境条件下，人体接触到有一定电压的带电体后，其各部分组织（如皮肤、心脏、呼吸器官和神经系统等）不发生任何损害时，该电压称安全电压。

安全电压是为了防止触电事故而采用的由特定电源供电的电压系列，这个系列的上限值，在任何情况下，两导体间或任一导体与地之间均不超过交流（50～500Hz）有效值50V。确定安全电压的目的是为了防止因触电而造成人身直接伤害。

三、影响电流对人体伤害程度的主要因素

电流对人体伤害的主要因素有：电流的大小，人体电阻，通电时间的长短，电流的频率，电压的高低，电流的途径，人体状况。

触电时间越长，后果越严重；电压越高越危险；电流越大对人的伤害越大。

四、触电的几种形式

触电的常见形式有：单相触电、两相触电、跨步电压触电、接触电压触电、电弧放电触电。

（1）单相触电：有两种情况，一种为中线接地的单相触电，一种为中线不接地的单相触电，这两种触电人体均承受相电压。

（2）两相触电：不论电网的中性点是否接地，人体同时接触两根带电导线（相线），电流通过人体，人体承受线电压，后果最危险。

（3）跨步电压触电：因架空电线或变配电设备损坏发生接地事故，在接地点周围形成强电场，如果人站立在事故点附近，两脚间就存在电位差，即"跨步电压"。跨步电压的大小随两脚间的距离及距接地点远近（电气距离）而变化。此外，发生雷击事故时也能引起跨步电压触电。

（4）接触电压触电：损坏的导线接地后不仅产生跨步电压触电，也会产生接触电压触电。这是由于一些设备共用一根地线所致。

（5）电弧放电触电：人走近高压带电体，其距离小于高压放电的距离时，人和带电体间会产生电弧放电造成严重灼伤，甚至死亡。

五、触电原因及预防措施

（1）导致触电的原因

① 电气设备安装不合格，维修不及时。

② 电气设备受潮或绝缘受到破坏。

③ 电气设备布线不合理。

④ 工作中不注意安全。

⑤ 普及安全用电常识不够。

⑥ 难以防范的自然灾害。

（2）预防触电的几项措施

① 使用各种电气设备时，应严格遵守操作规程。

② 根据生产、施工现场情况，选择 12～36V 的安全电压。

③ 正确安装电气设备，必须做好保护接地装置。

④ 尽量避免带电工作。在危险场所应严禁带电工作，需要带电工作的电气工作人员必须严格遵守带电作业规程。

⑤ 对电气设备要定期检查，做好预防性试验，发现隐患及时排除。

⑥ 在潮湿及露天的场合安装用电设备可加装漏电保护开关。

⑦ 进一步宣传普及安全用电常识。

六、使触电者脱离低压电源的主要方法

触电急救，首先要使触电者迅速脱离电源，越快越好。触电者未脱离电源前，救护人员不准直接用手触及伤员，因为有触电的危险。

使触电者脱离低压电源的主要方法如下。

① 切断电源。

② 割断电源线。

③ 挑拉电源线。

④ 拉开触电者。

⑤ 采取相应救护措施。

注意：采取以上措施时注意必须使用符合相应电压等级的绝缘工具。

七、短路及其原因和危害

短路是指电气线路中相线与相线，相线与零线或大地，在未通过负载或电阻很小的情况下相碰，造成电气回路中电流大量增加的现象。

短路的主要原因有以下几个方面。

① 接线错误。

② 绝缘损坏。

③ 操作错误。

④ 机械损伤所致。

短路的危害：由于短路时电流不经过负载，只在电源内部流动，内部电阻很小，使电流很大，强大电流将产生很大的热效应和机械效应，可能使电源或电路受到损坏，或引起火灾。日常巡视时，当闻到有烧胶皮或者烧塑料的味道，要赶快检查电线，发现电线有烧焦的地方，立即拉开闸盒。

任务4　常用仪器仪表基本使用方法

在通信电源以及空调维护中，需配备的一些主要仪表工具如下。

用于电力测试的有：高压和低压试电笔、交流钳形电流表、相序表、万用表、直流电压表、交流电压表、交流钳形电流表、数字式直流钳形电流表、双踪示波器、电力谐波分析仪、电力质量分析仪、兆欧表、杂音计、接地电阻测试仪等。

用于电池维护的有：电池容量监测设备；充放电活化设备；放电测试设备等。

用于热力测试的有：室内温度计；红外线测温仪；温、湿度仪；风速仪；高、低压气压表（双头表）等。

此外，还有一些常用的维护工具，例如：绝缘拉杆、绝缘扳手、绝缘靴、绝缘手套、高压接地线、台虎钳、钳工台、台钻、电烙铁、开线钳、各种绝缘扳手（活动扳手、套筒扳手、呆扳手）、各种锉刀、手提式应急灯、吸尘器、真空泵、查漏仪等。

限于篇幅，我们简单介绍一些常用仪表。

一、万用表

1．万用表的功能挡位说明

万用表的品牌很多，其功能及使用方法则大同小异。下面以 VC980 型万用表为例，对其功能及使用方法作简要的说明。VC980 型万用表的挡位功能如图 4-6 所示。

图 4-6　VC980 数字万用表面板图

① 电压、电阻测量输入端。在测量电压、电阻时接红表笔。

② 公共输入端。在测量电压、电阻、电流时接黑表笔。

③ 电流测试输入端。测量电流时接红表笔，最大输入电流为 200mA。

④ 电流测试输入端。测量电流时接红表笔，最大输入电流为 20A。

⑤ 功能挡位转盘。用于选择不同的测量功能和挡位。

⑥ 挡位及量程选择。

V～：交流电压测量挡，分为 200mV、2V、20V、200V、700V　五挡。

V⁼：直流电压测量挡，分为 200mV、2V、20V、200V、1000V　五挡。

A～：交流电流测量挡，分为 200mA、20A　二挡。

A⁼：直流电流测量挡，分为 20mA、200mA、20A　三挡。

Ω：电阻测量挡，分为 200Ω、2kΩ、20kΩ、200kΩ、2MΩ、20MΩ　六挡。

⊶⊣⊢：通断及二极管测量挡。

Hz：频率测量功能挡，分为 20kHz、200kHz 两挡。

hFE：三极管放大倍数测量挡。

F：电容测量挡，分为 2nF、20 nF、200 nF、2μF、20μF 共 5 挡。

许多高级的数字式万用表采用了自动量程，取消了复杂的量程挡位，简化了测量操作。

⑦ 三极管测试插孔，分为 PNP 和 NPN 两种不同形式的插孔。

⑧ 电容测试输入插孔。

⑨ HOLD。测量数值保持按钮。该按钮具有锁定功能，按下该按钮使万用表保持当前测量值，再次按动该按钮使之弹出则可解除测量值保持状态，万用表恢复正常测量功能。

⑩ 电源开关。

⑪ 液晶屏。用于显示各种测量数据以及万用表的测量状态。

2．万用表的测量操作

（1）交直流电压的测量

① 测量交流电压前，首先需要对被测电压值的大小进行估测，然后将万用表的功能挡调整到交流电压测试区的相应电压挡位。要求该测试挡位的量程不小于被测交流电压值，否则万用表的表头将显示"1"，表示输入电压超出了万用表当前选用挡位的量程范围。出现这

种情况时应将万用表的电压挡位调高一挡再作测量。

在日常电源维护中，常见的电压值为相电压 220V 或线电压 380V，由于万用表的交流200V 挡小于该电压值，因此应选用更大的量程挡（700V～）。

② 将万用表的红黑表笔分别搭接在被测线路的两端，从万用表表头上读出的电压值即为被测电压有效值，如图 4-7 所示。这种测量接线法实际上是将万用表并联在电路上进行测量的，故称为并接法。由于万用表的输入阻抗很大，一般可达 10MΩ，因此，并联后对电路的工作几乎没有影响。在测量交流线电压时交换红黑表笔的搭接位置，对测量结果没有影响；但在测量交流相电压时，规范的操作是先将黑表笔搭接在零线上，再将红表笔搭接在相线上。

直流电压的测量与交流电压的测量方法大体相同，只是万用表的功能挡应选择直流电压测量功能挡（V⁻），挡位量程的选择应该大于并且是最接近于被测直流电压值。测量时规范的操作是先将黑表笔搭接在直流电压负极端，然后将红表笔搭接在正极端。

交互表笔的搭接位置，万用表上将显示负电压。

（2）交直流电流的测量

由于普通万用表的最大电流测量值一般小于 20A，因此，万用表的电流测量挡通常只用于电子电路中小电流的测量，而不能用于交流供电网络中负载电流的测量。测量电流时必须通过万用表的红黑表笔将万用表串联在电路中，这种测试方法称之为串接法。具体测试步骤如下。

① 以交流电流的测量为例，测量电流前，仔细估测被测电流值的大小，根据估测值，将万用表的红表笔插入电流输入插孔④，调整万用表的功能挡位调节转盘，使之指向交流电流测试挡（A～）的相应量程。

注意：测量时必须保证被测的交流电流值小于万用表的量程，如果超出了量程范围，则可能损坏万用表。如果无法估量该交流电流值的大小，则可以先用交流钳形表测量该电流值的大小，然后判断该电流值是否可以用万用表进行测量。

② 断开电路电源，将万用表串接在被测电路中，然后接通负载电源便可以从万用表上读出该电流值的大小，如图 4-8 所示。

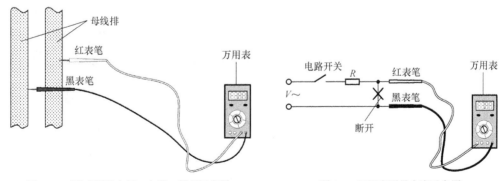

图 4-7　万用表测量电压、电阻、频率示意图　　　　图 4-8　万用表测量电流示意图

③ 测试完毕，断开被测电路电源，将万用表从电路中拆除。将红表笔插回插孔，功能挡位调整到交流电压的最大测试挡，以免因万用表处于电流测试状态时去测量电压而造成损坏。最后关闭万用表电源开关。直流电流的测量与交流电流的测量基本相同，唯一的区别是

万用表的测量功能挡应该选择在直流电流挡（A═）。

（3）电阻的测量

万用表可以用于测量电阻元件的阻值，也可测量电子电路、供电回路或用电设备输入、输出端某两点间电阻值。测量时先将万用表的测试功能挡选定在电阻测量挡的相应量程上，然后将万用表的红黑表笔分别搭接在预先选定的两个测试点上，最后从表头上读出电阻值。如果表头显示"1"，则表示实际电阻值超出了万用表的测试量程，可将万用表的测试量程调大一挡再作测量。

选定通断挡进行测量时，如果万用表产生蜂鸣声，表示两点间存在通路，否则，万用表显示"1"，表示两点间开路。电阻测量的接线图如图 4-7 所示。

注意：

① 进行电阻值测量时必须保证电路中的电源已经被切断，不能带电进行测量。不能确定时应先用万用表的电压挡对选定的两个测试点间进行验证性测量。

② 在电子电路中进行某一元件的电阻值测量时，必须将该元件从电路中脱离，至少应该将一个管脚从电路中脱离，再进行测量。否则，由于电路中其他电子元件的存在，可能与被测元件形成并联回路，从而造成实际的测量值是多个元件并联的电阻值，而不是被测元件的真实电阻值。

（4）频率的测量

测量电路中两点间电源的频率时，将万用表的功能转盘调整到频率测量功能挡（Hz），然后将万用表的红黑表笔分别搭接在选定的两个测试点上，最后从表头上读出测量值。测量接线图如图 4-7 所示。

二、交直流钳形表

1．RMS2009 型交直流钳形表面板及功能

下面以 RMS2009 型数字式交直流钳形表为例，介绍其功能和使用方法。其面板图如图 4-9 所示。

① 电流钳。测量电流时需要将电流钳卡接在被测的导线或铜排上。

② 显示屏（表头）。

③ 功能挡位转盘。用于选择不同的测量功能和挡位，其中一端标示 AC/Ω，用于测量交流电流、交流电压和电阻；另一端标示 DC，用于测量直流电流和直流电压。

④ 电源开关及挡位量程指示。OFF 挡表示关闭仪表。

⑤ DC A/O ADJ：校零旋钮。用于测量直流电流时的调零。

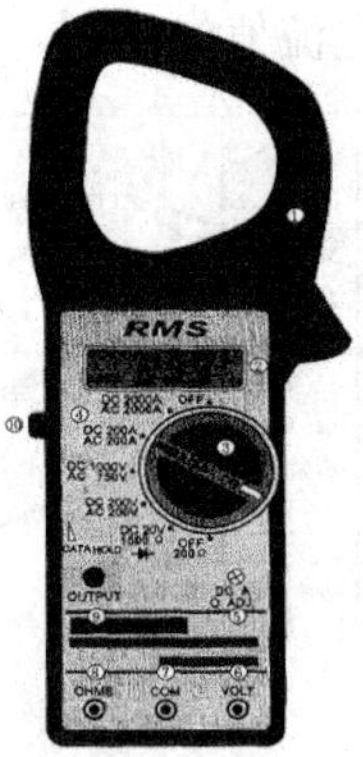

图 4-9　RMS2009 交直流钳形表面板图

⑥ VOLT：电压测量输入插口。测量电压时用于接插红表笔。

⑦ COM：公共输入插口。测量交流电压、直流电压和电阻时用于接插黑表笔。

⑧ OHMS：电阻测量输入口。测量电阻时用于接插红表笔。

⑨ OUTPUT：测量信号输出口。

⑩ HOLD：保持键。该键具有锁定功能，在测试空间小不便观察的场合，测量后将该按钮按下，使仪表从被测电路上断开后测试数据能够保存在屏幕上。

2．RMS2009 型交直流钳形表使用方法

测量电流是交直流钳形表的主要功能。下面以直流电流的测量为例说明钳形表的使用。

（1）调节钳形表的功能转盘，使其 DC 端对准 DC2000A/AC2000A 的量程位置。

（2）使 HOLD 键处在弹起（非锁定）状态。

（3）测量前使钳口闭合，调节调零旋钮（DC A/0 ADJ）使屏幕显示为 0.00A。

（4）测量时，按压手柄，使钳口张开，将钳形表卡接在被测导线上，要求被测导线中的电流方向与钳口中所标箭头方向一致，尽量使导线处于电流钳的中间位置，从屏幕上可以直接读出被测电流的大小。

（5）若所测位置无法观察到屏幕显示值，则按下 HOLD 键使测量数值保持在屏幕上，取下钳形表再读出测量数值，结束后松开 HOLD 键。

（6）如果读出的电流值在下一挡量程之内，则调整功能转盘对准 DC200A/ AC200A 的量程位置，重新调零后再作测量。

（7）测量完毕，将功能转盘指向 OFF 挡，关闭钳形表电源。

测量交流电流时，除了钳形表不需要调零，功能转盘需用（AC/Ω）端指向相应的量程外，其余的操作步骤与直流电流的测量步骤完全相同。

电压、电阻的测量方法和具体操作与万用表相同，在此不再赘述。

使用交直流钳形表测量电流时应注意： 为减小测量误差，应将被测导线置于钳口的中央；钳口闭合要紧密；测量电流时，选取电流表量程应从大到小换挡；避免大量程测量小电流；当测量电流远小于最小量程时，可将被测导线在铁芯上绕几匝，再将读得的电流数除以匝数，即得实际的电流值。

钳形电流表一般用于测量配电变压器低压侧或电动机的电流。无特殊附件的钳形表，严禁在高压电路上使用，以免绝缘击穿后造成人身伤害。

测量直流电流时，每次换挡测量前需调零一次，测量时被测导线中的电流流向应与钳表口中所标箭头方向一致。

长时期不使用时应将仪表电池取出。电池电量不足时需及时更换，以免影响测量准确度。

避免在高温、潮湿以及含盐、酸成分高的地方存放和使用。

三、电力谐波分析仪

多功能电力谐波分析仪，可以方便地测量交直流电压、交流电流、有功功率、视在功率、功率因数、频率、电网波形畸变率，查看电压、电流波形及各次频谱图谱等，并可将测试结果存储起来，以便在 PC 上对数据进行分析或打印。下面以电力谐波分析仪（F41B）加以说明。

1．F41B 仪表的面板按钮名称及功能

F41B 的面板按钮，如图 4-10 所示。

① 电源开关。

② 光标左右移动及翻页控制键。

③ 显示对比度/背光源调节开关。

④ 波形/谐波/数值显示选择键。

⑤ RANGE：量程选择键，"自动选择"优先于"人工选择"。

⑥ A-V 检查：电压与电流的相对曲线显示。

⑦ MEMORY：存储记忆键。

⑧ V Φ/A REF：电压或电流参考相位选择键。

⑨ SMOOTH：平滑测量选择键，可选择 2s、5s、10s 等不同时间平均值。

⑩ SEND：数据传送功能键。

⑪ HOLD ENTER：测量保持键。

⑫ RECORD：测量记录功能键。

⑬ PRINT：打印功能键。

⑭ V/A/W：电压、电流、功率测量选择键。

⑮ 显示屏。

⑯ RS232 通信口，为红外光接口。

⑰ COM：电压输入端，用于接插黑表笔。

⑱ V：电压输入端，用于接插红表笔。

⑲ A：电流输入端，用于接插电流钳。

2. F41B 仪表的操作与使用

图 4-10　F41B 电力谐波
分析仪面板图

（1）单相交流负载相关参数的测量

F41B 可以测量单相交流负载的输入电压、电流、频率、功率、功率因数、各次谐波、畸变率及其他参数。测量的接线方法，如图 4-11 所示，红表笔接相线，黑表笔接零线，电流钳上标示的电流方向与实际电流方向一致，否则读数的电流值为负数。测试步骤如下。

① 按图 4-11 所示接好仪表，打开电源开关①。

② 按动⑭V/A/W，选择电压测试功能，仪表屏幕将显示输入电压的波形、输入电压的有效值和频率。

③ 按动④波形/谐波/数值显示选择键，选择谐波测量，按动②，左右移动光标，屏幕显示输入电压的各次谐波分量占总有效值电压的百分比、谐波电压有效值、谐波频率及相位差。

④ 再次按动④，选择数值显示功能，屏幕上将显示输入电压的详细参数（共两屏，可通过按动功能键②来选择不同的内容）。具体内容有：输入电压有效值、峰-峰值、直流电压分量、波形畸变率、谐波电压的真均方根值、峰值系数等。

⑤ 调节功能键⑭V/A/W，分别选择电流、功率测试功能，结合功能键④，分别选择波形、谐波和数值显示功能，可以从 F41B 的屏幕上读出输入电流和功率的所有参数。具体内容参见图 4-12。

注意：测量单相功率时，通过功能键⑭V/A/W 选择功率测试，通过功能键④波形/谐波/数值显示选择键选择波形显示，在此状态下，可通过功能键②左右翻页使屏幕显示在 "W1Ø" 和 "W3Ø" 间切换，其中 "W1Ø" 表示 F41B 处于单相功率测试状态，"W3Ø" 表示 F41B 处于三相平衡负载的功率测试状态。

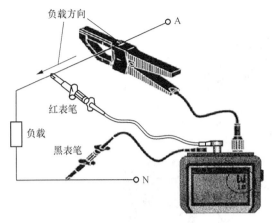

图 4-11　单相交流电的电压、电流及功率测量

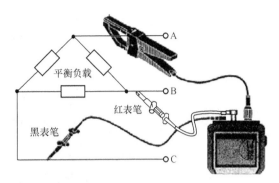

图 4-12　三角形连接平衡负载的测量

（2）三相交流负载相关参数的测量

三相负载根据各相负载大小可以分成平衡负载和不平衡负载；根据负载的接线方法不同分成星形连接和三角形连接。用 F41B 对不同形式的三相负载进行测试时其测试方法有所不同。

① 星形连接（三相四线制）的三相负载测试。三相平衡负载的总功率为单相功率的 3 倍，且各相的输入电压、电流、功率和功率因数相同。因此，对于星形连接且带有零线时，三相平衡负载电量参数的测量可以通过测量单相负载的相关参数来获得。如果该负载为不平衡负载，则用 F41B 分别测量各相负载，测试方法与上述单相负载的测试方法完全相同。三相负载总功率为各相功率之和。

② 三角形连接平衡负载的测量。如果三相平衡负载采用三角形连接，则测量负载功率时，接线图如图 4-12 所示。测试时 F41B 的功率测试形式应选择"W3Ø"，仪表的其他操作与单相负载的测试完全相同。F41B 屏幕上读出的功率参数即为三相负载的总功率。

③ 三角形连接不平衡负载的测量。此类负载功率的测量接线图，如图 4-13 所示。对比单相负载的测试方法，图 4-13 所示的测试方法相当于将三角形连接的不平衡负载分解成两个输入电压为线电压的单相负载，两者功率之和即为三相负载总功率。实际测量时可用两台 F41B 同时进行测量或者用一台 F41B 分成两次进行测量。功率测量模式仍然选择"W1Ø"，仪表的使用与操作与单相负载的测量完全相同。负载功率因数λ可用图示公式求得。

（3）F41B 的显示形式和参数说明

通过对 F41B 的功能键④、⑭和②键的操作可得图 4-14 所示中的任一幅显示，每一幅显示可以读取不同测试参数。F41B 屏幕上所显示的各种参数说明如下。

V RMS：电压有效值，即电压的均方根值，包括直流分量。

V PK：峰值电压。

V DC：电压中的直流分量。

V HM：谐波电压的均方根值。

%THD-F：总谐波失真（畸变率），相当于基波电压（或电流）有效值的总谐波电压畸变百分比。

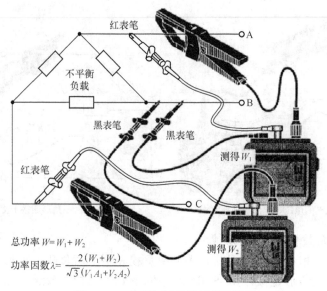

总功率 $W = W_1 + W_2$

功率因数 $\lambda = \dfrac{2(W_1+W_2)}{\sqrt{3}(V_1A_1+V_2A_2)}$

图 4-13 三角形连接不平衡负载的测量

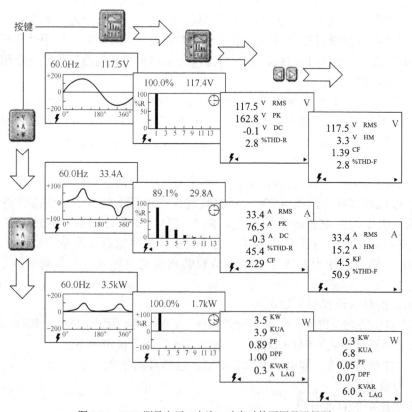

图 4-14 F41B 测量电压、电流、功率时的不同显示界面

%THD-R：总谐波失真（畸变率），相当于实际总电压（或电流）有效值的总谐波电压

畸变百分比。

A RMS：电流有效值，即电流的均方根值，包括直流分量。

A PK：峰值电流。

A DC：电流中的直流分量。

A HM：谐波电流的均方根值。

A CAG：电流超前电压，表示容性负载，有的仪表表示为 A LEAD 。

A LAG：电流滞后电压，表示感性负载。

CF：峰值系数。

PF：功率因数。*PF* 值与电压和电流的相位差、电流的失真度有关。

DPF：相量功率因数，亦称为基波功率因数（cos*φ*），该值仅决定于电压与电流的相位差 *φ*。

KF：*K* 因数（1～30）。

W/kW：有功功率，其单位为瓦特、千瓦（W、kW）。

VA/kVA：视在功率，其单位为伏安、千伏安（VA、kVA）。

VAR/kVAR：无功功率，其单位为乏、千乏（var、kvar）。

四、接地电阻测试仪

1．测量原理

手摇式接地电阻测试仪是一种较为传统的测量仪表，它的基本原理是采用三点式电压落差法，如图 4-15 所示。其测量手段是在被测地线接地桩（暂称为 X）一侧地上打入两根辅助测试桩，要求这两根测试桩位于被测地桩的同一侧，三者基本在一条直线上，距被测地桩较近的一根辅助测试桩（称为 Y）距离被测地桩 20m 左右，距被测地桩较远的一根辅助测试桩（称为 Z）距离被测地桩 40m 左右。测试时，按要求的转速转动摇把，测试仪通过内部磁电机产生电能，在被测地桩 X 和较远的辅助测试桩（称为 Z）之间"灌入"电流，此时，在被测地桩 X 和辅助地桩 Y 之间可获得一电压，仪表通过测量该电流值和电压值，即可计算出被测接地桩的地阻。

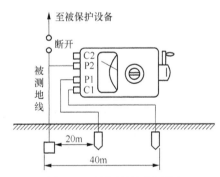

图 4-15　手摇式接地电阻测试
仪操作面板及测量接线图

2．使用方法

（1）测量接地电阻前的准备工作及正确接线

① 地阻仪有 3 个接线端子和 4 个接线端子两种，它的附件包括两支接地探测针、三条导线（其中 5m 长的用于接地板，20m 长的用于接电位探测针，40m 长的用于接电流探测针），如图 4-15 所示。

② 测量前做机械调零和短路试验，将接线端子全部短路，慢摇摇把，调整测量标度盘，使指针返回零位，这时若指针盘零线、表盘零线大体重合，则说明仪表是好的。按图接好测量线。

（2）摇测方法

① 选择合适的倍率。

② 以每分钟 120 转的速度均匀地摇动仪表的摇把，旋转刻度盘，使指针指向表盘零位。

③ 读数，接地电阻值为刻度盘读数乘以倍率。

3．使用地阻仪的注意事项

（1）二人操作。

（2）被测量电阻与辅助接地极三点所成直线不得与金属管道或邻近的架空线路平行。

（3）在测量时被测接地极应与设备断开。

（4）地阻仪不允许做开路试验。

五、MX2 红外测温仪

MX2 红外测温仪面板显示及功能键说明。

1．外形结构

MX2 红外测温仪外形，如图 4-16 所示，其各部分功能如下。

① 告警指示。实测温度超过告警温度值时测温仪产生声音报警，告警指示灯闪烁。

② 显示屏。可显示被测物体温度值、物体反射率、告警温度上限和下限、测试过程的最高温度、电源状态等。显示的具体形式如图 4-17 所示。

③ 参数设置上下调整键。在拨位开关 SETUP 置 ON 时有效，按左箭头数值减少，按右箭头数值增大。

④ 参数设置选择键。在拨位开关 SETUP 置 ON 时有效，按动该键，使参数设置在反射率、温度告警上限（HIAL）之间循环切换。

图 4-16　MX2 红外测温仪外形图

⑤ 测温仪手柄。打开手柄外壳，内有功能设置拨位开关，如图 4-18 所示。

⑥ 测量操作开关。

⑦ 三角架固定螺孔。

图 4-17　MX2 红外测温仪显示图

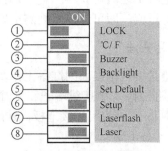

图 4-18　手柄内的多功能开关

2．显示屏

显示屏显示内容，如图 4-17 所示。

① 左侧符号表示为激光状态。松开测量开关，激光自动关闭。右侧为锁定连续测量符号，在拨位开关 Lock 置 ON 时才有显示。

② 被测物体表面温度。

③ 被测物体温度变化曲线。显示最后 10 个温度测量值，曲线从右向左移动。

④ 反射率。

⑤ 被测物体温度的最大值和最小值。

⑥ 电池容量显示。

3．功能拨位开关

测温仪的功能拨位开关位于手柄内，各位开关功能，如图 4-18 所示，开关拨到右侧为开启（ON）。

① Lock：连续测量锁定。该开关拨到左侧时（置 OFF）表示单次测量，即点温仪测量，开关按下时开始测量，松开即测量停止。该开关拨到右侧（置 ON）表示连续测量，即测量开关松开后点温仪仍处于测量状态。

② ℃/℉：温度单位选择。左侧为摄氏度（℃），右侧为华氏度（℉）。

③ Buzzer：告警声音开关选择。

④ Backlight：背景照明灯光。

⑤ Set Default：参数设定值选择。拨位开关位于左侧时，断电后测温仪保持自定值；拨位开关位于右侧时，断电后保持工厂预设值（发射率 0.95，告警 50 ℃）。

⑥ setup：参数设置。开关拨到右侧置 ON 时，允许设置反射率、告警温度值。

⑦ Laserflash：开关拨到右侧置 ON 时，高温告警激光束闪烁。

⑧ Laser：开关拨到右侧置 ON 时，测温仪测温时有肉眼可见的红色激光射出，可显示测温区域面积大小。

通常这几个拨位开关从上到下依次设置为 OFF、OFF、ON、ON、OFF、ON、ON、ON。

4．MX2 红外测温仪的使用方法

以测量交配屏某铜接头表面的温度为例，已知铜接头的温升上限为 55℃，环境温度为 25℃，铜的发射率值 ε= 0.95。测试步骤如下。

（1）检查手柄内的功能拨位开关设置是否正确。

（2）按一下测量开关，使测温仪处于开机状态。如果 7s 内没对测温仪做任何操作，测温仪将自动关机。

（3）按动参数设置选择键，在测温仪底部显示"HIAL:XX.X"时，按参数设置调整键，调整高温告警值至 80℃，显示"HIAL:80.0"（出厂时设定为 50℃）。

（4）再次按动测量开关，在测温仪底部显示"XX°←→XX°"时，按参数设置调整键，调整反射率为" ε=0.95"。

（5）对准所测铜接头，按下测量开关，读出实测显示温度。松开测量开关后，显示器上显示最近一次采集温度。

使用注意事项如下。

（1）表上显示器显示温度为红色激光圈内被测物的平均温度，一般要求测温仪与被测物体表面距离为 1～1.5m 之间。测量距离越远，被测平均面积越大，测量值误差越大。

（2）测量时，被测物体平面应尽量与激光圈为垂直面（即缩小激光圈面积）。

（3）在仪表与被测物体间不应有其他物体的干扰情况，以免造成测量值的误差。

（4）不准用激光直接瞄准人（动物）！不要直接看激光柱！以防损坏眼睛。

（5）要保持透镜表面的清洁。

（6）远离电子磁场，避免静电、电弧机和感应加热器，不要将仪器靠近或放在高温物体上。

（7）避免仪器在环境温度急剧变化的场合使用。如果发生此类情况，请留出 20min 热平衡时间，以防止测量发生错误。

（8）如果很长时间内不使用该仪表，需将电池取出。显示器出现电池欠压符号时需及时更换。

（9）避免在高温、潮湿以及含盐、酸成分高的地方存放和使用。

六、兆欧表

兆欧表又称摇表，表面上标有符号"M 配"（兆欧），是测量高电阻的仪表。一般用来测量电机、电缆、变压器和其他电气设备的绝缘电阻。因而也称绝缘电阻测定器。设备投入运行前，绝缘电阻应该符合要求。如果绝缘电阻降低（往往由于受潮、发热、受污、机械损伤等因素所致），不仅会造成较大的电能损耗，严重时还会造成设备损伤或人身伤亡事故。

兆欧表的额定电压有 250V、500V、1000V、2500V 等几种；测量范围由 50MΩ、1000MΩ、2000MΩ等几种。

1．兆欧表的构造和工作原理

兆欧表主要由作为电源的手摇发电机（或其他直流电源）和作为测量机构的磁电式流比计（双动线圈流比计）组成。测量时，实际上是给被测物加上直流电压，测量其通过的泄漏电流，在表的盘面上读到的是经过换算的绝缘电阻值。

兆欧表的测量原理如图 4-19 所示。在接入被测电阻 R_x 后，构成了两条相互并联的支路，当摇动手摇发电机时，两个支路分别通过电流 I_1 和 I_2。可以看出：

$$\frac{I_1}{I_2} = \frac{(R_2 + r_2)}{(R_1 + r_1 + R_x)} = f_4(R_x) \tag{4-1}$$

考虑到两电流之比与偏转角满足的函数关系，不难得出

$$\alpha = f(R_x) \tag{4-2}$$

可见，指针的偏转角 α 仅仅是被测绝缘电阻 R_x 的函数，而与电源电压没有直接关系。

2．怎样正确使用兆欧表

在兆欧表上有 3 个接线端钮，分别标为接地 E、电路 L 和屏蔽 G。一般测量仅用 E，L 两端，E 通常接地或接设备外壳，L 接被测线路，电机、电器的导线或电机绕组。测量电缆芯线对外皮的绝缘电阻时，为消除芯线绝缘层表面漏电引起的误差，还应在绝缘上包以锡箔，并使之与 G 端连接，如图 4-20 所示。这样就使得流经绝缘表面的电流不再经过流比计的测量线圈，而是直接流经 G 端构成回路，所以，测得的绝缘电阻只是电缆绝缘的体积电阻。

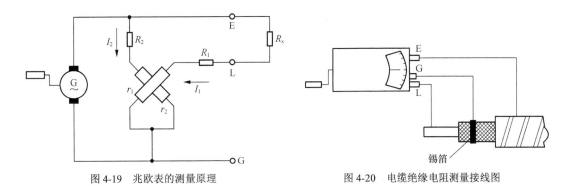

图 4-19 兆欧表的测量原理   图 4-20 电缆绝缘电阻测量接线图

3．兆欧表测量绝缘电阻注意事项

（1）测量前应正确选用表计的规范，使表计的额定电压与被测电气设备的额定电压相适应，额定电压 500V 及以下的电气设备一般选用 500～1000V 的兆欧表，500V 以上的电气设备选用 2500V 兆欧表，高压设备选用 2500～5000V 兆欧表。

（2）使用兆欧表时，首先鉴别兆欧表的好坏，在未接被试品时，先驱动兆欧表，其指针可以上升到"∞"处，然后将两个接线端子短路，慢慢摇动兆欧表，指针应指到"0"处，符合上述情况说明兆欧表是好的，否则不能使用。

（3）使用时必须水平放置，且远离外磁场。

（4）接线柱与被试品之间的两根导线不能绞线，应分开单独连接，以防止绞线绝缘不良而影响读数。

（5）测量时转动手柄应由慢渐快并保持 150r/min 转速，待调速器发生滑动后，即为稳定的读数，一般应取 1min 后的稳定值，如发现指针指零时不允许连续摇动，以防线圈损坏。

（6）在雷电和邻近有带高压导体的设备时，禁止使用仪表进行测量，只有在设备不带电，而又不可能受到其他感应电而带电时，才能进行。

（7）在进行测量前后对被试品一定要进行充分放电，以保障设备及人身安全。

（8）测量电容性电气设备的绝缘电阻时，应在取得稳定值读数后，先取下测量线，再停止转动手柄。测完后立即对被测设备接地放电。

（9）避免剧烈长期震动，使表头轴尖、宝石受损而影响刻度指示。

（10）仪表在不使用时应放在固定的地方，环境温度不宜太热和太冷，切勿放在潮湿、污秽的地面上。并避免置于含腐蚀作用的空气附近。

任务5 交流参数的测量

一、测量操作的基本要求

① 被测参数的测量精度与选用的仪表、测量方法、测量的环境等有一定的关系。在通常情况下，一般性的测量调试对仪表精度要求不太高，在 1%～3%范围内即可，在要求高精度的测试中，要尽量选用高精度等级的测量仪表，一般要求精度等级高于 0.5 级。

② 仪表在进行测量之前，一般应根据要求进行预热和校零。

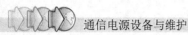

③ 被测试信号的幅值必须在测试仪表的量程范围以内。当不明被测信号电压值的范围时，可将仪表的量程放在最大挡，待知道被测信号范围后，再把仪表的量程放在适当挡位上进行测试，避免损坏仪表或造成测量不准。

④ 保证仪表接线正确，以免损坏仪表。

⑤ 在测量中，表笔和被测量电路要牢靠接触，尽量减小接触误差，同时要防止短路，烧坏电路或仪表。

⑥ 由于大部分仪表属于电磁类仪表，所以测量时仪表周围应避免强磁场的干扰，以免影响测量精度。

二、测量的误差控制

测量是为确定被测对象的量值而进行的实验过程。一个量在被观测时，该量本身所具有的真实大小称为真值。在测量过程中，由于对客观规律认识的局限性、测量器具不准确、测量手段不完善、测量条件发生变化及测量工作中的疏忽或错误等原因，都会使测量结果与真值不同，这个差别就是测量误差。不同的测量，对其测量误差的要求也不同。但随着科学技术的发展和生产水平的提高，对减小测量误差提出了越来越高的要求。对很多测量来说，测量工作的价值完全取决于测量的准确程度。当测量误差超过一定程度，测量工作和测量结果不但变得毫无意义，甚至会给工作带来很大危害。

1. 测量误差的定义

测量误差就是测量结果与被测量真值的差别。通常可分为绝对误差和相对误差。

（1）绝对误差

$$绝对误差 = 测得值 - 真值 \qquad (4\text{-}3)$$

真值虽然客观存在，但要确切地说出真值的大小却很困难。在一般测量工作中，只要按规定的要求，达到误差可以忽略不计，就可以将它来代替真值。满足规定准确度要求，用来代替真值使用的量值称为实际值。在实际测量中，常把用高一等级的计量标准所测得的量值作为实际值。所以式（4-3）可表示为：

$$绝对误差 = 测得值 - 实际值 \qquad (4\text{-}4)$$

绝对误差可以是正也可以是负。

（2）相对误差

绝对误差的表示方法有它的不足之处，这就是它往往不能确切地反映测量的准确程度。例如，测量两个频率，其中一个频率 $f_1 = 1000\text{Hz}$，假设其绝对误差为 1Hz；另一个频率 $f_2 = 1000000\text{Hz}$，其绝对误差假设为 10Hz。尽管前者绝对误差小于后者，但我们并不能因此得出 f_1 的测量较 f_2 准确的结论。为了弥补绝对误差的不足，提出了相对误差的概念。

① 相对误差

$$相对误差 = （绝对误差 / 实际值）\times 100\% \qquad (4\text{-}5)$$

相对误差也叫相对真误差。它是一个百分数，有正负，但没有单位。

② 相对额定误差

$$相对额定误差 = (绝对误差 / 仪表最大量程) \times 100\% \qquad (4\text{-}6)$$

相对额定误差也叫允许误差。它也是一个百分数，有正负，没有单位。

仪表的准确度等级（简称仪表等级）就是根据允许误差的纯数值来划分的。例如，某仪表表盘上写有 1.5 表示 1.5 级的仪表，其允许误差就是±1.5%。

由式（4-5）和式（4-6）可导出，相对误差等于相对额定误差乘以仪表的额定值（最大量程），再与被测值（实际值）之比，即

$$相对误差=（相对额定误差×仪表最大量程）/实际值 \qquad （4-7）$$

例如，用一个准确度为 1.5 级，量程为 100A 的电流表分别去测 80A 和 30A 的电流，问测量时可能产生的最大相对误差各为多少？

$$测 80A 时的相对误差=(±1.5\%×100)/80=±1.875\%$$
$$测 30A 时的相对误差=(±1.5\%×100)/30=±4.999\%$$

可见，被测值相比仪表的最大量程越小，则测量的误差越大。这就是使被测值在仪表刻度的 2/3 以上区间，可以减小测量误差，提高测量准确度的道理。

2．测量误差的分类

根据测量误差的性质和特点，可将它分为系统误差、随机误差和粗大误差三大类。

（1）系统误差

系统误差是指在相同条件下多次测量同一量时，误差的绝对值和符号保持恒定，或在条件改变时按某种规律而变化的误差。

造成系统误差的原因很多，常见的有：测量设备的缺陷、测量仪表不准、测量仪表的安装放置和使用不当等。例如：电表零点不准引起的误差；测量环境变化，如温度、湿度、电源电压变化、周围电磁场的影响等带来的误差；测量时使用的方法不完善，所依据的理论不严密或采用了某些近似公式等造成的误差。

（2）随机误差

随机误差是指在实际相同条件下多次测量同一量时，误差的绝对值和符号以不可预定的方式变化着的误差。

随机误差主要是由那些对测量值影响较微小，又互不相关的多种因素共同造成的。例如，热骚动，噪声干扰，电磁场的变化，空气扰动，大地微振以及测量人员感觉器官的各种无规律的微小变化等。

一次测量的随机误差没有规律，不可预定、不能控制也不能用实验的方法加以消除。

（3）粗大误差

粗大误差是指超出在规定条件下预期的误差，也就是说在一定的测量条件下，测量结果明显偏离了真值。粗大误差也称为寄生误差，它主要是由于读数错误、测量方法错误、测量仪器有缺陷等原因造成的。

粗大误差明显地歪曲了测量结果，因此对应的测量结果（称为坏值）应剔除不用。

3．测量的正确度、精密度和准确度

正确度是表示测量结果中系统误差大小的程度。

精密度是表示测量结果中随机误差大小的程度，简称精度。测量值越集中，测量精度越高。如果测量的正确度和精密度均高，则称为测量的准确度高，准确度表示测量结果与真值的一致程度。在一定条件下，我们总是力求测量结果尽量接近真值，即力求准确度高。

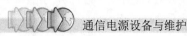

4．误差的控制和处理

（1）随机误差的控制和处理

随机误差变化的特点是：在多次测量中，随机误差的绝对值实际上不会超出一定的界限。即随机误差具有界限性；绝对值相等的正负误差出现的机会相同，即随机误差具有对称性；随机误差的算术平均值随着测量次数的无限增加而趋于零，即随机误差具有低偿性。因此，我们可以通过多次测量取平均值的方法来削弱随机误差对测量结果的影响。

（2）系统误差的控制和处理

对待系统误差，很难说有什么通用的方法，通常是针对具体测量条件采用一定的技术措施。这些处理主要取决于测量人员的经验、学识和技巧。但是，对系统误差的处理，一般总是涉及以下几个方面。

① 设法检验系统误差是否存在。

② 分析可能造成系统误差的原因，并在测量之前尽力消除。

测量仪器本身存在误差和对仪器安装、使用不当，测量方法或原理存在缺点，测量环境变化以及测量人员的主观原因都可能造成系统误差。在开始测量以前应尽量消除这些误差来源或设法防止测量受这些误差来源的影响，这是消除或减弱系统误差最好的方法。

在测量中，除从测量原理和方法上尽力做到正确、严格外，还要对测量仪器定期检定和校准，注意仪器的正确使用条件和方法。例如，仪器的放置位置、工作状态、使用频率范围、电源供给、接地方法、附件以及导线的使用和连接都要注意符合规定并正确合理。

对测量人员主观原因造成的系统误差，在提高测量人员业务技术水平和工作责任心的同时，还可以从改进设备方面尽量避免测量人员造成的误差。例如，用数字式仪表常常可以减免读数误差。又如用耳机来判断两频率之差，由于人耳一般不能听到 16Hz 以下的频率，所以会带来误差，若把耳机指示改成用示波器或数字式频率计指示，就可以避免这个误差。测量人员不要过度疲劳，必要时变更测量人员重新进行测量也有利于消除测量人员造成的误差。

③ 在测量过程中采用某些技术措施，来尽力消除或减弱系统误差的影响。

虽然在测量之前注意分析和避免产生系统误差的来源，但仍然很难消除产生系统误差的全部因素，因此，在测量过程中，可以采用一些专门的测量技术和测量方法，借以消除或减弱系统误差。这些技术和方法往往要根据测量的具体条件和内容来决定，并且种类也很多，其中比较典型的有零示法、代替法、交换法和微差法等。

④ 设法估计出残存的系统误差的数值或范围。

有时系统误差的变化规律过于复杂，采取了一定的技术措施后仍难以完全解决；或者虽然可以采取一些措施来消除误差源，但在具体测量条件下采取这些措施在经济上价格昂贵或技术上过于复杂，这时作为一种治标的办法，应尽量找出系统误差的方向和数值，采用修正值的方法加以修正。例如，可在不同温度时进行多次测量，找出温度对测量值影响的关系，然后在实际测量时，根据当时的实际温度对测量结果进行修正。

三、交流参数指标的测量

在供电系统中，交流供电是使用最普遍、获取最容易的一种供电方式，也是最重要的一种供电方式。电信企业对电源的不可用度有着严格的要求，重要的局站均要求实现一类市电供电方式。掌握交流电量参数的定义和测量方法是动力维护人员做好动力维护工作的基础，也是需要掌握的最基本的技能。

1．交流电压的测量

电流的方向、大小不随时间而变化的电流称为直流电流。大小和方向随时间而变化的电流称为交变电流简称交流电。常见的交变电流（即电厂供应的交流电）是按正弦规律变化的我们称之为正弦交流电。交流电压又可分为峰值电压、峰-峰值电压、有效值电压和平均值电压等 4 种。

交流电压的测量通常使用万用表、示波器或交流电压表（不低于 1.5 级）。测量方法主要有直读法和示波器测量法。

（1）直读法测量

根据被测电路的状态，将万用表放在适当的交流电压量程上，测试表棒直接并联在被测电路两端，电压表的读数即为被测交流电源的有效值电压。

以上方法适用于低压交流电的测量。对于高压电，为了保证测试人员和测量设备的安全，一般采用电压互感器将高压变换到电压表量程范围内，然后通过表头直接读取。在电压测量回路中，电压互感器的作用类似于变压器。值得一提的是进行电压互感器的安装和维护时，严禁将电压互感器输出端短路。

常用的交流电压表和万用表测量出的交流电压值，多为有效值。通过交流电压的有效值，经过相应的系数换算，可以得到该交流电源的全波整流平均值、峰值和峰-峰值。表 4-1 中列出了各种交流电源的有效值，全波整流平均值、峰值和峰-峰值的转换关系，供测量电压时查阅。

表 4-1　　　　　　　　　　　　交流电源电压转换系数表

交 流 电 源	波　　形	有　效　值	平　均　值	峰　　值	峰-峰值
正弦波		$0.707U_m$	$0.637U_m$	U_m	$2U_m$
正弦波全波整流		$0.707U_m$	$0.637U_m$	U_m	U_m
正弦波半波整流		$0.5U_m$	$0.318U_m$	U_m	U_m
三角波		$0.577U_m$	$0.5U_m$	U_m	$2U_m$
方波		U_m	U_m	U_m	$2U_m$

（2）示波器测量法

用示波器测量电压，不但能测量电压值的大小，而且能正确地测定波形的峰值、周期以及波形各部分的形状，对于测量某些非正弦波形的峰值或波形某部分的大小，示波器测量法是必不可少的。

用存储示波器测量电压时，不但可以利用屏幕上的光标对波形进行直接测量，并且能够将存储下来的波形复制到计算机中以便日后进行比较和分析。

用示波器可以测出交流电源的峰值电压或峰-峰值电压。如果需要平均值电压或有效值电压，可以通过表 4-1 给出的系数进行换算。

2. 交流电流的测量

交流电流的测试一般选用精度不低于 1.5 级的钳形表、电流表或万用表。

测试大电流时，一般选用交流钳形表测量。测试时将钳形表置于 AC 挡，选择适当的量程，张开钳口，将表钳套在电缆或母排外，直接从钳形表上读出电流值。测试接线如图 4-21（a）所示。如果被测试的电流值与钳形表的最小量程相差很大时，为了减小测量误差，可以将电源线在钳形表的钳口上缠绕几圈，然后将表头上读出的电流值除以缠绕的导线圈数，测试接线如图 4-21（b）所示。

测量精度要求较高且电流不大时，应选用交流电流表（或万用表）进行测量。测量时将电流表串入被测电路中，从表上直接读出电流值。测试接线如图 4-22 所示。

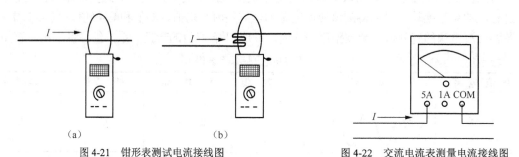

（a）　　　　　　　　（b）

图 4-21　钳形表测试电流接线图

图 4-22　交流电流表测量电流接线图

3. 交流输出频率的测量

频率的测量可选用电力谐波分析仪、通用示波器以及带频率测试功能的万用表、频率计等仪表。应该注意，测量柴油发电机的输出频率时，负载容量不能超出柴油发电机的额定输出容量，否则会影响其输出频率。

（1）选用电力谐波分析仪的测量方法

选用电力谐波分析仪进行测量时，将电力谐波分析仪挡位旋转置于电压挡，将两根表笔并接在被测电路的两端，直接从表头上读出频率值。

选用万用表进行测试时，则应该将万用表的功能挡置于频率挡。其他测试要求与电力谐波分析仪相同。

（2）示波器测量法

用示波器测量频率的方法有多种，如扫速定度法，李沙育图形法，亮度调节法等，但在电源设备的维护中最常用的方法为扫速定度法。目前常用的示波器有工作频率 40MHz 的 SS-7804 双踪示波器和 100MHz 的 SS-8608 存储双踪示波器，只要简单的操作即能显示稳定波形，测量简单准确。

4．交流电压波形正弦畸变因数的测量

在电源设备中，除了线性元件外，还大量使用各种非线性元件，如整流电路、逆变电路、日光灯和霓虹灯等。非线性元件的大量使用使得电路中产生各种高次谐波。高次谐波在基波上叠加，使得交流电压波形产生畸变。为了反映一个交流波形偏离标准正弦波的程度，把交流电源各次谐波的有效值之和与总电压有效值之比称为正弦畸变因数，也称为正弦畸变率。用 RMS（*THD-R*%）表示。也可以用交流电源各次谐波的有效值之和与基波电压有效值之比表示，用（*THD-F*%）表示。正弦畸变率为无量纲量如下：

$$\gamma = \frac{U_X}{U} = \frac{\sqrt{U_2^2 + U_3^2 + \cdots + U_m^2}}{U} \times 100\% \quad m = 1, 2, 3, 4 \cdots \quad (THD - R\%) \tag{4-8}$$

$$\gamma = \frac{U_X}{U_1} = \frac{\sqrt{U_2^2 + U_3^2 + \cdots + U_m^2}}{U_1} \times 100\% \quad m = 1, 2, 3, 4 \cdots \quad (THD - F\%) \tag{4-9}$$

式（4-8）中，γ——电压波形正弦畸变率；

$\quad\quad\quad\quad U_X$——各次谐波总有效值；

$\quad\quad\quad\quad U$——总电压有效值；

$\quad\quad\quad\quad U_1$——基波电压有效值；

$\quad\quad\quad\quad U_m$——各次谐波有效值，m=1，2，3，4⋯

如果供电系统正弦畸变率过大，则会对供电设备、用电设备产生干扰，使通信质量降低。严重的时候甚至会造成通信系统误码率增大，用电设备如开关电源、UPS 退出正常工作，也可能造成供电系统跳闸。特别是 3 次、5 次、7 次、9 次谐波，应引起电源维护人员的注意。在对称三相制中三相电流平衡，且各相功率因数相同，因此，零线电流为 0。如果电流中存在 3 和 3 的倍数次谐波，各相的谐波电流不再有 120°的相位差的关系，那么它们在零线中不但不能相互抵消，反而叠加在一起，使得零线 3 和 3 的倍数次谐波电流值为相线中的 3 倍。设

$$i_{1a} = \sin(\omega t + 0°) ;$$

$$i_{1b} = \sin(\omega t + 120°) ;$$

$$i_{1c} = \sin(\omega t - 120°) ;$$

则

$$i_{1a} + i_{1b} + i_{1c} = 0 \tag{4-10}$$

$$i_{3a} = \sin(3\omega t + 0°) ; \tag{4-11}$$

$$i_{3b} = \sin(3\omega t + 3 \times 120°) ; \tag{4-12}$$

$$i_{3c} = \sin(3\omega t - 3 \times 120°) ; \tag{4-13}$$

则
$$i_{3a} + i_{3b} + i_{3c} = 3i_{3a} = 3i_{3b} = 3i_{3c} \tag{4-14}$$

其中，i_{1a}、i_{1b}、i_{1c} 为三相相电流一次谐波；i_{3a}、i_{3b}、i_{3c} 为三相相电流三次谐波。

过大的零线电流，不但增加线路损耗，还会引起零地间电压过高，线路采用四极开关时

可能会引起开关跳闸。另外，由于 5 次、7 次电压谐波的波峰和 50Hz 基波的波峰重合，叠加后严重影响交流电压波形。

测试仪表可选用电力谐波分析仪 F41B 或失真度测试仪。测试电压谐波时电力谐波分析仪直接并接在交流电路上，调整波形/谐波/数字按钮至谐波功能挡，直接读出被测信号的谐波含量。

5．三相电压不平衡度的测量

三相电压不平衡度是指三相供电系统中三相电压不平衡的程度，用 ε_U 表示它是指电压负序分量有效值和正序分量有效值的百分比。三相电流不平衡度用 ε_i 表示。

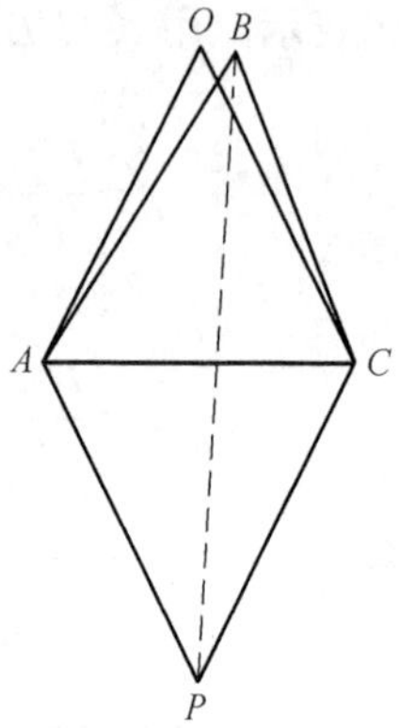

测量三相电压不平衡度首先要求测出三相供电系统的线电压，然后采用作图法、公式计算法或图表法求出。其中，公式计算法较为烦琐，图表法不够准确，较简单的方法是作图法，以下介绍作图法的步骤。

测出三相电压后，以三相电压值为三角形的 3 条边作图，如图 4-23 所示，图中 AB、BC、CA 为所测得的三相线电压，O 和 P 是以 CA 为公共边所做的两个等边三角形的两个顶点，电压不平衡度按下式计算：

$$\varepsilon_U = OB/PB = U_P/U_N \times 100\% \qquad (4\text{-}15)$$

图 4-23　作图法测三项不平衡度

式（4-15）中，ε_U——电压不平衡度；

U_P——电压的正序分量，V；

U_N——电压的负序分量，V。

需要说明的几个问题如下。

（1）正序分量是将不对称的三相系统按对称分量法分解后，其对称而平衡的正序系统中的分量。

（2）负序分量是将不对称的三相系统按对称分量法分解后，其对称而平衡的负序系统中的分量。

（3）图中 OB、PB 的值，可用直接测量法求得。

6．交流供电系统的功率和功率因数的测量

在目前的电源系统维护中，电力谐波分析仪 F41B 是测量功率和功率因数最方便的仪表。用 F41B 进行测量时，只需将红表笔搭接在相线上，黑表笔搭接在零线上，电流钳按正确的电流方向套在相线上。将 V/A/W 功能键设定在功率挡，波形/谐波/数值功能键设定在数值挡，便可以从表头上直接读出视在功率（S）、有功功率（P）、无功功率（Q）和功率因数（PF）。如果三相负载平衡，只需测出其中一相的参数即可，其他两相参数与该相参数相同。

如果用电设备内部采用三角形接法，即只有三根相线而没有零线时，测量该设备的三相功率时需要调整电压表笔和电流钳的接法。具体接法为：红表笔搭接在其中一相（A 相），黑表笔搭接在另一相（B 相），用电流钳来测量余下的那一相（C 相）电流，然后从电力谐波分析仪 F41B 的表头上直接读出三相用电设备的功率因数。

功率和功率因数的测量也可采用有功功率表、无功功率表来测量，或者采用电压表、电流表、功率因数表来测量，根据测出的数据，按照定义中给出的相互关系，求出其他参数，在此不作详述。交流参数表，见表 4-2。

表 4-2　　　　　　　　　　　　　交流参数表

项　　目	表 示 符 号	单　位	额 定 值	允 许 偏 差
线电压	U_{ab}, U_{bc}, U_{ac}	V	380	$-15\% \sim +10\%$
相电压	U_a, U_b, U_c	V	220	$-15\% \sim +10\%$
零地电压	U_{NG}	V	<1	
频率	f	Hz	50	±2
电压失真度	δ_U		<5%	
三相不平衡度	ε_U		<4%	

 过关训练

1. 直流配电屏的作用是什么？

2. 交流配电屏的作用是什么？

3. 简述高阻配电和低阻配电的特点。

4. 什么是短路现象？短路会造成什么样的危害？

5. 引起设备、缆线短路的主要原因有哪些？

6. 什么原因会引起电气设备过度发热？

7. 熔断器的作用是什么？

8. 空气开关的作用是什么？

9. 对用电设备的保护主要有哪几种？

10. 防止人身触电的防护措施有哪些？

11. 如何正确使用数字万用表？

12. 如何正确使用兆欧表测设备的绝缘电阻？

13. 如何正确测量接地电阻？

14. 高阻配电和低阻配电的特点是什么？

15. 如何正确使用红外点温仪测设备的温升？

本模块学习目标、要求

- 通信高频开关整流器的组成
- 高频开关整流器主要技术
- 开关电源系统简述
- 开关电源系统监控单元日常操作介绍
- 开关电源系统的故障处理与维护

通过学习，掌握通信高频开关整流器的组成框图和各部分的作用，理解高频开关整流器的优点；掌握开关电源系统各模块的组成结构及各模块的作用，理解监控单元各功能单元的具体作用；理解功率转换电路原理，理解电磁兼容性概念；理解监控单元日常操作方法；了解开关电源系统的故障处理与维护的步骤方法。

本模块问题引入

我国从 1963 年起开始研制可控硅整流器，到 1967 年开始逐步普及，从而取代了电动机发电机组、硒整流器。到了 20 世纪 80 年代，为程控交换机供电的 48V 稳压整流器已经是可控硅整流器技术非常成熟的代表。20 世纪 80 年代以后，随着功率器件的发展和集成电路技术的逐步成熟，使得开关电源的发展成为可能。高频开关电源取代传统的相控可控硅稳压电源也是历史发展的必然趋势，也顺应了通信对电源提出的要求。

开关电源的功率调整管工作在开关状态。随着电子技术的发展成熟，高频开关电源的MTBF（平均无故障时间）延长，可靠性、稳压精度大大提高，可以模块化设计。有体积小、效率高、重量轻、智能化的优点。

任务 1　通信高频开关整流器的基本原理

一、高频开关整流器的特点

高频开关整流器的特点可归纳为以下几点。

（1）重量轻、体积小

采用高频技术，去掉了工频变压器，与相控整流器相比较，在输出同等功率的情况下，开关整流器的体积只有相控整流器的 1/10，重量也接近 1/10。

（2）功率因数高

相控整流器的功率因数随可控硅导通角的变化而变化，一般在全导通时，可接近 0.7 以上，而小负载时，仅为 0.3 左右。经过校正的开关电源功率因数一般在 0.93 以上，并且基本不受负载变化的影响（对 20% 以上负载）。

（3）可闻噪声低

在相控整流设备中，工频变压器及滤波电感工作时产生的可闻噪声较大，一般大于 60dB。而开关电源在无风扇的情况下可闻噪声仅为 45dB 左右。

（4）效率高

开关电源采用的功率器件一般功耗较小，带功率因数补偿的开关电源其整机效率可达 88% 以上，较好的可做到 91% 以上。

（5）冲击电流小

开机冲击电流可限制额定输入电流的水平。

（6）模块式结构

由于体积小、重量轻，可设计为模块式结构，目前的水平是 2m 高的 19 英寸机架容量可达 48V/1000A 以上，输出功率约为 60kW。

高频开关整流器也在不断改进和完善之中，目前国内外在这个领域的研究方向和有待解决的问题主要如下。

（1）解决高频化与噪声的矛盾问题。提高工作频率能使动态响应更快，这对于配合高速微处理器工作是必须的，也是减小体积的重要途径。但是过高的工作频率不但使得损耗增加，同时增加了更多的高频噪声，这些噪声既对整流器自身工作会带来影响，也会使得其他电子设备受到干扰。

（2）如何进一步提高效率，提高功率密度。当整流器工作频率提高到一定程度以后，就会出现过多的损耗和噪声。一方面，损耗的增加制约了整机效率的提高；另一方面，额外的噪声也必须增加更多的噪声抑止电路，也就加大了整流器的复杂性和体积，使得整流器的可靠性和功率密度下降。

（3）开发高性能的功率器件、电感、电容和变压器，提高整机的可靠性。新型高速半导体器件的研究开发一直是开关电源技术发展进步的先锋，目前正在研究的高性能碳化硅半导体器件，一旦普及应用，将使开关电源技术发生革命性的变化。此外，新型高频变压器、高频磁性元件和大容量高寿命的电容器的开发，将大大提升整流器的可靠性和使用寿命。

二、高频开关整流器的组成

一般所指的高频开关电源，是指具有交流配电模块、直流配电模块、监控模块和整流模块等组成的直流供电电源系统，它的关键技术和名称的由来就是其中的高频开关整流器，由于目前大都是模块化结构，所以有时也称高频开关整流器为高频开关整流模块。

高频开关整流器的结构如图 5-1 所示。

1. 主电路

主电路完成交流输入到直流输出的全过程，是高频开关整流器的主要部分，包括以下几部分。

（1）交流输入滤波：处于整流模块的输入端，包括低通滤波器、浪涌抑制等电路。其作用是将电网存在的杂波过滤，同时也阻碍本机产生的杂音反馈到公共电网。

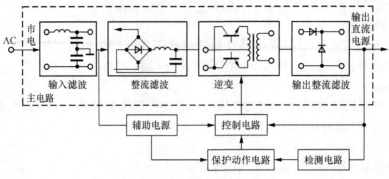

图 5-1　高频开关整流器结构图

（2）整流滤波：将电网交流电源直接整流为较平滑的直流电，并向功率因数校正电路提供稳定的直流电源。

（3）功率因数校正：位于整流滤波和逆变之间，为了消除由整流电路引起的谐波电流污染电网和减小无功损耗来提升功率因数。

（4）逆变：将直流电变为高频交流电，这是高频开关的核心部分，在一定范围内，频率越高，体积重量与输出功率之比越小。高频变压器取代了笨重的工频（50Hz）变压器，从而使稳压电源的体积和重量大大减小。

（5）输出整流滤波：由高频整流滤波及抗电磁干扰等电路组成，提供稳定可靠的直流电源。

2．控制电路

一方面从输出端取样，经与设定标准进行比较，然后去控制逆变电路，改变其频率或脉宽，达到输出稳定；另一方面，根据测试电路提供的数据，经保护电路鉴别，提供控制电路对整机进行各种保护措施。

3．检测电路

除了提供保护电路中正在运行的各种参数外，还提供各种显示仪表数据供值班人员观察、记录。

4．辅助电源

提供开关整流器本身所有电路工作所需的各种不同要求的电源（交直流各种等级的电压电源）。

三、高频变换减少变压器体积的原理

由高频开关整流器的方框图 5-1 可知，高频开关整流器将 50Hz 工频交流首先转换成直流，再将直流转换为高频交流，这样，降压用的变压器工作频率大大提高，从而缩小了变压器的体积。采用高频变换技术减小变压器体积可以认为是高频开关整流器的核心技术。我们用式（5-1）来说明变压器电压与其他变量之间的关系。

$$U = 4BSfN \qquad (5-1)$$

式（5-1）中，U —— 变压器电压，单位为 V；

　　　　　　B —— 磁通，单位为 Gs；

　　　　　　S —— 变压器铁芯截面积，单位为 cm^2；

　　　　　　f —— 变压器工作频率，单位为 Hz；

　　　　　　N —— 变压器绕组匝数。

从式（5-1）可以看出，在变压器电压和磁通（与电流有关）一定的情况下，即变压器功率一定的情况下，工作频率越高，变压器的铁芯截面积可以做得越小，绕组匝数也可以越少。

四、高频开关整流器的分类

（1）按开关电源的激励方式

按激励方式可分为自激式和他激式。自激式开关电源在接通电源后功率变换电路就自行产生振荡，即该电路是靠电路本身的正反馈过程来实现功率变换的。

自激式电路出现最早。它的特点是电路简单、响应速度较快，但开关频率变化大、输出纹波值较大，不易作精确的分析、设计，通常只有在小功率的情况下使用，如家电、仪器电源。

他激式开关电源需要外接的激励信号控制才能使变换电路工作，完成功率变换任务。

他激式开关电源的特点是开关频率恒定、输出纹波小，但电路较复杂、造价较高、响应速度较慢。

（2）按开关电源所用的开关器件

按所用的开关器件可分为双极型晶体管开关电源、功率 MOS 管开关电源、IGBT 开关电源、晶闸管开关电源等。

功率 MOS 管用于开关频率在 100kHz 以上的开关电源中，晶闸管用于大功率开关电源中。

（3）按开关电源控制方式

按控制方式可分为脉宽调制（PWM）开关电源，脉频调制（PFM）开关电源，混合调制开关电源。

（4）按开关电源的功率变换电路的结构形式

按功率变换电路的结构形式可分为降压型、反相型、升压型和变压器型。变压器型中按开关管输出电路的形式可分为单端开关电源、双端开关电源。而双端开关电源又可分为推挽型、半桥型、全桥型。单端开关电源可分为单端正激型、单端反激型。

除了上述几种类型外，还有一些改进型电路，如双端正激型等。

任务 2　高频开关整流器主要技术

一、功率转换电路

在高频开关整流器中，将大功率的高压直流（几百伏）转换成低压直流（几十伏），是由功率转换电路完成的。

这个过程显而易见是整流器最根本的任务，完成的是否好，主要有两点，一是功率转换过程中效率是否高；二是大功率电路其体积是否小（至于其他一些问题比如电磁兼容性等留在以后讨论）。要使效率提高，我们容易想到利用变压器，功率转换电路就是一个：高压直流→高压交流→降压变压器→低压交流→低压直流的过程；要使功率转换电路体积减小，除了组成电路的元器件性能好、功耗小以外，减小变压器的体积是最主要的。

由前面的知识可知，变压器体积与工作频率成反比，提高变压器的工作频率就能有效地减小变压器体积。所以功率转换电路又可以描述成：高压直流→高压高频交流→高频降压变压器→低压高频交流→低压直流的过程。

功率变换电路是整个开关电源的核心部分。根据输出功率的大小，开关频率的工作范围，以及开关管上所承受的电压、电流应力的不同，功率变换电路有多种拓扑结构。

PWM 型功率转换电路是在开关整流器发展初期较普遍采用的电路形式，以后的谐振型功率转换电路是在其基础上发展起来的。PWM 型功率转换电路有推挽、全桥、半桥以及单端反激、单端正激等形式。限于篇幅，我们仅介绍推挽式功率转换电路，以达到理解为目的。

1．PWM 型功率转换电路

推挽式功率转换电路如图 5-2（a）所示。高压开关管 VT_1、VT_2 工作在饱和导通和截止关断两种状态下，由基极驱动电路控制，对称交替通断（所以称为推挽式），输入直流电压被转换成高频矩形波交变电压，再由高频变压器降压后，由全波整流电路将高频交流电转换成直流电，如图 5-2（b）所示。

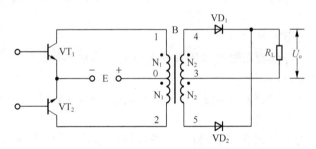

（a）推挽式功率转换电路

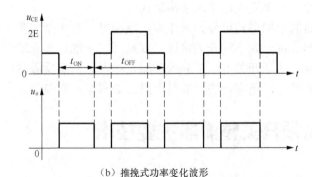

（b）推挽式功率变化波形

图 5-2　推挽式功率转换电路及变化波形

当 VT_1 导通时，变压器初级电流途径为：$E(+)→N_1→VT_1→E(-)$，变压器次级导电回路为：$N_2(5)→VD_2→R_L→N_2(3)$。

当 VT_2 导通时，变压器初级导电回路为：$E(+)→N_1→VT_2→E(-)$，变压器次级导电回路为：$N_2(4) \rightarrow VD_1 \rightarrow R_L \rightarrow N_2(3)$。

　　PWM 型功率转换电路控制简单，由基极驱动电路控制开关管交替导通，将直流转换成高频交流，开关管交替导通的频率越快，则转换成的交流频率越高。但事实上我们发现开关在导通和关断时都具有一定的损耗，而且这种损耗会随着开关交替导通频率的提高而增加，也就是说，开关管的通断损耗的增加大大限制了开关频率的进一步提高。

　　PWM 功率转换电路开关管在导通和关断时的损耗大的原因，主要是由于开关管的通断都是强制的，（有时称为硬开关），而开关管的通和断都需要时间，因此，在开关过程中，开关管的电压，电流波形存在交叠的现象，从而产生了开关损耗（$p=u*i$），如图 5-3 所示。并且随着频率的提高，这部分损耗在全部功率损耗中所占的比例也增加。当频率高到某一数值时，功率转换电路的效率将降低到不能允许的程度。

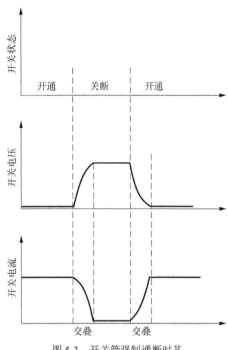

图 5-3　开关管强制通断时其
电压和电流的交叠示意图

2．谐振型功率转换电路

　　谐振型功率转换电路是利用谐振现象，通过适当地改变开关管的电压、电流波形关系来达到减小开关损耗的目的。

　　谐振型功率转换电路有串联、并联和准谐振几种。

　　准谐振型功率转换电路是在 PWM 型功率转换电路的基础上适当地加上谐振电感和谐振电容而形成的。谐振电感、电容与 PWM 功率转换电路中的开关组成了所谓的"谐振开关"（对应 PWM 型的硬开关，这种谐振开关有时称为软开关）。在这种功率转换电路的运行中将周期性地出现谐振状态，从而可以改善开关的电压、电流波形，减小开关损失，又由于工作在谐振状态的时间只占开关周期的一部分，其余时间都运行在非谐振状态，故称为"准谐振"型功率转换电路。

　　准谐振功率转换电路又分为两种，一种是零电流谐振开关式，一种是零电压谐振开关式。前者的特点是保证开关管在零电流条件下断开，从而大大地减小了开关管的关断损耗（$p_{关断}=u*0$），同时也能大大地减小断开电感性负载时可能出现的电压尖峰，后者的特点是保证开关管在零电压条件下开通，从而大大地减小了开关器件的开通损耗（$p_{开通}=0*i$）。

　　由于谐振型功率转换电路是在 PWM 型功率转换电路结构的基础上，用软开关代替硬开关，从而减小开关管导通和关断时的损耗，使工作频率大大提高。其电路形式不再赘述。

3．时间比例控制稳压原理

　　引入时间比例控制概念的目的，是因为整流器的一个重要的性能是输出电压要稳定，也就是称为稳压整流器的原因。高频开关整流器稳压的原理就是：时间比例控制。

　　（1）时间比例控制原理

　　开关型稳压电源示意图如图 5-4 所示。开关以一定的时间间隔重复地接通和断开，输入电流断续地向负载端提供电流。经过储能元件（电感 L 和电容 C_2）的平滑作用，使负载得到连续而稳定的能量。为了简单地说明问题，图中将开关管简化成 SA，表明开关管工作在通和断两种状态下，省略了变压器，实际上其原理仍然是将直流（E）变成交流（U_{AB}）再变成直流（U_o）的过程。

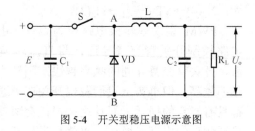

图 5-4　开关型稳压电源示意图

在负载端得到的平均电压用下式表示：

$$U_o = U_{AB} = \frac{1}{T}\int_0^T U_{AB}\mathrm{d}t = \frac{t_{on}}{T}\cdot E = \delta E \qquad (5\text{-}2)$$

式（5-2）中，t_{on} —— 开关每次接通的时间；

　　　　　　T —— 开关通断的工作周期；

　　　　　　t_{on}/T —— 脉冲占空比。

由式（5-2）可知，改变开关接通时间 t_{on} 和工作周期 T 的比例，即可改变输出直流电压 U_o。这种通过改变开关接通时间 t_{on} 和工作周期 T 的比例，亦即改变脉冲的占空比，来调整输出电压的方法，称为"时间比例控制"（Time Ratio Control，TRC）。

（2）TRC 控制方式

TRC 有 3 种实现方式，即脉冲宽度调制方式，脉冲频率调制方式和混合调制方式。

① 脉冲宽度调制（Pulse Width Modulation，PWM）：PWM 方式指开关工作周期恒定，通过改变脉冲宽度来改变占空比的方式。本节以上提到的 PWM 型功率转换电路就是指其稳压方式是让开关管工作频率固定（即周期不变），通过改变开关管在一个固定周期内的导通时间（即宽度）来改变直流输出电压最终达到输出电压稳定的目的。

② 脉冲频率调制（Pulse Frequency Modulation，PFM）：PFM 是指导通脉冲宽度恒定，通过改变开关工作频率（即工作周期）来改变占空比的方式。

③ 混合调制：是指导通脉冲宽度和开关工作频率均不固定，彼此都能改变的方式，它是以上两种方式的混合。

二、功率因数校正电路

由于开关电源电路的整流部分使电网的电流波形畸变，谐波含量增大，而使得功率因数降低（不采取任何措施，功率因数只有 0.6～0.7），污染了电网环境。开关电源要大量进入电网，就必须提高功率因数，减轻对电网的污染，以免破坏电网的供电质量。

在开关整流器中，功率因数校正的基本方法有两种：无源功率因数校正和有源功率因数校正。

无源功率因数校正法是在开关整流器的输入端加入电感量很大的低频电感，以减少滤波电容充电电流尖峰。此方法简单，但效果不很理想，一般校正后 PF 可达 0.85，并且加入的电感体积大，增加了开关整流器的体积。因此，目前用得较多的是有源功率因数校正。

有源功率因数校正目的在于减少输入电流谐波，而且使输入电流与输入电网电压几乎同相为正弦波，从而大大提高功率因数。具体实现方式很多，在通信用大功率开关整流器中主要采用的方法是在主电路输入整流和功率转换电路之间串入一个校正的环节（Boost　PFC 电路），用于提高功率因数和实现功率转换电路输入直流的预稳压，因此，也简化了后级功率转换电路结构，提高了可靠性。

三、负荷均分电路

一套开关电源系统至少需要两个开关电源模块并联工作，大的系统甚至多达数十个电源模块并联工作，这就要求并联工作的电源模块能够共同平均分担负载电流，即均分负载电流。均分负载电流的作用是使系统中的每个模块有效地输出功率，使系统中各模块处于最佳工作状态，以保证电源系统的稳定、可靠、高效的工作。

负载均分性能一般以不平衡度指标来衡量，不平衡度越小，其均分性能越好，即各模块实际输出电流值距系统要求值的偏离点和离散性越小。国家有关标准和信息产业部入网要求其均分负载不平衡度≤±5%输出额定电流值。

目前，较好的开关电源系统的负载均分不平衡度为±2%～±4%，如果在全负载变化范围内（一般≥20%额定电流值）均满足这一要求不太容易。大多数厂家生产的开关电源系统在全负载变化范围内负载不平衡度≤±5%，通常也能满足使用要求。

四、电磁兼容性

随着当今各种电子设备的射频干扰功率越来越大，同时电子设备本身的灵敏度越来越高，相互之间的影响也越来越大。我们不得不考虑电子设备的电磁兼容问题。所谓电磁兼容是指各种设备在共同的电磁环境中能正常工作的共存状态。其英文缩写为 EMC（Electromagnetic Compatibility）。

EMC 的内容很多，简单地分为骚扰（disturbance）和抗扰（immunity）。

（1）骚扰：电子设备自身产生的噪声等干扰对外界的影响。根据噪声向外界传播的途径，骚扰又可分为通过导线向外界产生的传导（conducted）骚扰和通过空间发射向外界产生的辐射（radiated）骚扰。

（2）抗扰：能够承受一定外界的干扰而不至于发生设备自身性能下降或故障的能力。

高频开关整流器处于市电电网和通信设备之间，它与市电电网和通信设备都有着双向的电磁干扰，归纳起来有以下一些影响。

① 通信设备由于开关整流器发出的噪声而受到影响。

② 开关整流器对市电电网的反灌污染。

③ 开关整流器向空间传播噪声。

④ 外来噪声（包括空间和输入市电线路）使开关整流器的控制电路产生误动作。

⑤ 开关整流器产生的噪声对自身的影响。

对于高频开关整流器内部电路而言，为了抑制噪声影响自身和外界，一般采用滤波、屏蔽、接地、合理布局、选择电磁兼容性能更好的元件和电路等。另外，在安装开关电源时，注意输入线路和输出线路的隔离、输出线绞合或平行配线、机架地线和信号地线分开、配置必要的输入浪涌抑制等。

任务3　高频开关电源系统简述

目前通信用高频开关整流器一般做成模块的形式，由交流配电单元、直流配电单元、整流模块和监控模块组成开关电源系统。图 5-5 是一个开关电源系统示意图，它包括若干整流模块、交流配电单元、直流配电单元和监控模块。

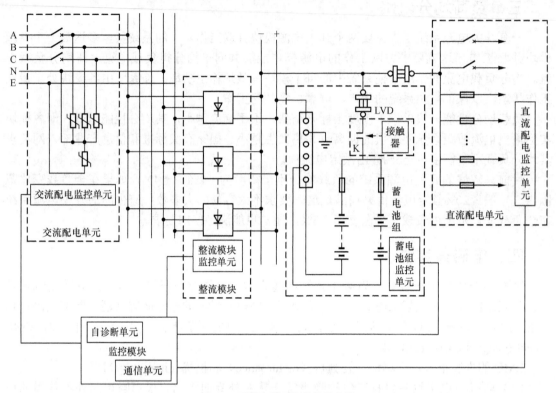

图 5-5　开关电源系统结构示意图

各部分作用和功能如下。

交流配电单元负责将输入三相交流电分配给多个整流模块（一般用单相交流电居多）。交流输入采用三相五线制，即 A、B、C 三根相线和一根零线 N、一根地线 E。首先接有 MOA 避雷器，保护后面的电器，以免遭受高电压的冲击，再接有 3 个空气开关控制三相交流电的输入与否。

整流模块完成将交流转换成符合通信要求的直流电。这里所指的符合通信要求的内容有：输出的直流电压要稳定、输出的直流电压所含交流杂音小、输出电压应在一定范围内可以调节，以满足其后并接的蓄电池充电电压的要求。同时，由于一个开关电源系统具有多个整流模块，所以多个整流模块工作时有一个相互协调的问题，包括多个整流模块工作时合理分配负载电流，其中某个整流模块出现输出高压时该模块能正常退出而不影响其他模块的工作（即选择性过电压停机功能）等。

一个开关电源系统根据情况配有一组或两组蓄电池，在整流模块输出后，属于直流配电单元。除了串有相应的保护熔丝以外，我们注意到还串有接触器的常开触点 K，称之为蓄电池组的低压脱离（Low Voltage Disconnected，LVD）装置。当系统输出电压在正常范围内时，该常开触点 K 是动作闭合的，也就是说蓄电池组是并入开关电源系统参与工作的；当整流模块停机，由蓄电池组单独对外界负载放电时，随着放电时间的延长，电池的输出电压会越来越低，当电池电压达到一个事先设定的保护电压值时，为了保护电池组不至于过放电而损坏，常开触点 K 释放打开，从而断开了电池组与系统的连线，此时系统供电中断。这种情况将造成重大的通信事故，所以我们应加强日常维护工作，避免蓄电池组长时间放电。

直流配电单元负责将蓄电池组接入系统与整流模块输出并联，再将一路不间断的直流电分成多路分配给各种容量的直流通信负载。其中在相应线路中接有熔丝保护和测量线路电流的分流器。

监控单元是整个开关电源系统的"总指挥"，起着监控各个模块的工作情况，协调各模块正常工作的作用。监控单元主电路以 CPU 为核心，采用 EPRAM、RAM、EEPRAM 等以实现分别存储各种数据的目的。为实现多个下级设备的连接，具有串口电路。为实现人机对话，具有 I/O 接口电路，以连接键盘、LCD 模块和输出告警的干接点。此外，为了保证监控单元的高可靠性工作，具有看门狗电路。 监控单元软件设计采用面向对象的编程方法。监控单元主要实现对开关电源系统的信息查询、参数设置、系统控制、告警处理、电池管理和后台通信等功能。

从监控对象的角度我们将监控模块分为交流配电监控单元、整流模块监控单元、蓄电池组监控单元、直流配电监控单元、自诊断单元和通信单元 6 个功能单元。下面简单分析各功能单元分别完成哪些具体功能。

（1）交流配电监控单元

监测三相交流输入电压值（是否过高、过低，有无缺相、停电），频率值，电流值以及MOA 避雷器是否保护损坏等情况。能显示它们的值以及状态，当不符合事先设定的值时，发出声光告警，记录相关事件发生的详细情况，以备维护人员查询。

（2）整流模块监控单元

监测整流模块的输出直流电压、各模块电流及总输出电流，各模块开关机状态、故障与否、浮充或均充状态以及限流与否。控制整流模块的开关机、浮充或均充。显示相关信息以及记录事件发生的详细情况。

（3）蓄电池组监控单元

监测蓄电池组总电压、充电电流或放电电流，记录放电时间以及放电容量、电池温度等。

控制蓄电池组 LVD 脱离保护和复位恢复（根据事先设定的脱离保护电压和恢复电压）；蓄电池组均充周期的控制、均充时间的控制和蓄电池温度补偿的控制等。

（4）直流配电监控单元

监测系统总输出电压、总输出电流、各负载分路电流以及各负载分路熔丝和开关情况。

（5）自诊断单元

监测监控单元本身各部件和功能单元工作情况。

（6）通信单元

设置与远端计算机连接的通信参数（包括通信速率、通信端口地址），负责与远端计算机的实时通信。

任务4　整流设备运行与维护操作

一、整流设备维护的基本要求

（1）输入电压的变化范围应在设备允许工作电压变动范围之内。工作电流不应超过额定值，各种自动、告警和保护功能均应正常。

（2）要保持布线整齐，各种开关、刀闸、熔断器、插接件、接线端子等部位接触良好，无电蚀与过热。

（3）机壳应有良好的保护接地。

（4）备用电路板、备用模块应半年试验一次，保持性能良好。

（5）整流设备输出电压必须保证蓄电池要求的浮充电压和均充电压，整流设备的容量必须满足负载电流和 $0.1C_{10}A$ 的蓄电池充电电流的需要。

二、开关电源的周期维护项目

开关电源的周期维护项目，见表 5-1。

表 5-1　　　　　　　　　　　　　开关电源的周期维护项目

序　号	项　　目	周　期
1	检查告警指示、显示功能	月
2	接地保护检查	
3	测量直流熔断器压降或温升	
4	检查继电器、断路器、风扇是否正常	
5	检查负载均分性能	
6	清洁设备	
7	检查测试监控性能是否正常	
8	检查直流输出限流保护	季
9	检查防雷保护	
10	检查接线端子的接触是否良好	
11	检查开关、接触器接触是否良好	
12	测试中性线电流	
13	检查母排温度	半年
14	检查动力机房到专业机房的直流母排、输出电缆的绝缘防护	
15	测试衡重杂音电压	年

三、开关电源的运行操作

1．上电调测顺序

系统初次上电前一般要进行必要的接线以及各部位检查，将所有开关断开，确保没有短路事故。上电依次顺序如下。

（1）合上系统外交流配电开关。

（2）合上系统交流配电屏（单元）的交流 1（或交流 2）输入开关或刀闸，此时如果交流输入正常，机柜面板上的电源指示灯应亮。

（3）合上防雷开关。确认系统无任何异常。

（4）首先合上交流配电屏（单元）输出至整流架的分路开关，再逐一合上整流模块开关，整流模块开始工作后。用万用表测量系统直流电压是否为默认浮充电压（误差应在0.2V以内）。

（5）监控模块上电。检查监控实时数据是否与实际相符、监控模块与每一个模块的通信是否正常。

（6）设置系统运行参数。

（7）接入蓄电池组。先调整系统的输出电压与蓄电池组的开路电压一致（误差一般在0.5V以内），再逐一合上蓄电池熔丝，恢复系统的正常工作电压。

（8）功能测试。

（9）负载上电。确认用电设备的电源输入开关断开、供电线路的正负极性正确、线路绝缘良好，合上负载熔丝或空气开关。

交流下电顺序与上电顺序相反。先断开模块交流空开，再断开交流配电屏（箱）里的交流输入总开关（空开），最后切断机柜外用户配电开关。下电结束。

2．监控模块的运行操作

监控单元在开关电源系统中负责协调系统其他模块单元的正常工作，对开关电源系统的操作一般也集中在对监控单元的操作上。对监控单元的日常操作也就是对其菜单的操作。下面以输出直流48V系统为例，首先对监控单元典型的监控单元菜单的形式加以介绍。

一般在监控单元的首页会显示：系统输出电压、系统输出电流、交流输入电压、环境温度和系统状态等常规内容。例如，某开关电源系统监控单元正常时显示屏显示如下。

系统输出电压：53.5V

系统输出电流：400A

交流输入电压：220V

环境温度：25℃

系统状态：浮充。

同时，首页一般还会提示有无告警信息以及进入下级子菜单的途径。常见的子菜单如下。

资料：包括蓄电池容量情况、下次均充时间等；系统输入交流情况、输出直流电情况等；各整流模块状态（告警、限流、关机、正常等）、地址配置（与监控单元通信所分配的地址）等；系统时间以及该监控单元软件版本信息等。

参数：包括告警参数的设定、整流模块功能的设定、电池功能的设定、系统时间和语言选择的设定等。

记录：记录系统工作时发生的事件，并有几十条甚至上百条的历史事件记录以备查询。

告警：记录显示历史及当前告警事件的内容、时间和告警级别等。

3．参数子菜单的设定内容

监控单元操作中，参数子菜单的设定内容是最多的，而且要求有足够的开关电源系统专业知识才能够准确地操作设定相关参数（有些开关电源系统要进入参数的设定必须要具有一定权限的密码以保证系统的安全性）。下面较详细地介绍常见参数的设定内容。

（1）告警参数的设定

① 直流高压告警电压设定。事先设定直流高压告警电压为58V，则当系统输出直流电

压上升至 58V 时，系统将会发出声光告警，显示系统输出高压告警。

② 直流过压停机电压设定。事先设定直流过压停机电压为 59V，则当系统输出直流电压上升至 59V 时，整流模块停机并发出声光告警，显示系统输出过压停机告警。

③ 直流低压告警电压设定。事先设定直流低压告警电压为 47V，则当系统输出直流电压下降至 47V 时，系统将会发出声光告警，显示系统输出低压告警（一般是在电池单独放电的情况下发生）。

④ 交流高压告警电压设定。事先设定交流高压告警电压为 242V，则当系统输入交流电压上升至 242V 时，系统将会发出声光告警，显示系统输入交流高压告警。

⑤ 交流低压告警电压设定。事先设定交流低压告警电压为 187V，则当系统输入交流电压下降至 187V 时，系统将会发出声光告警，显示系统输入交流低压告警。

⑥ 蓄电池组温度过高告警设定。事先设定蓄电池组温度过高告警为 40℃，则当系统检测到电池表面温度上升至 40℃时，发出声光告警，显示电池高温告警，同时如果电池处于均充则自动转回浮充状态。

（2）整流模块功能的设定

① 均充功能设定。

设定均充功能：开启/关闭

如果设为开启，则应进一步设定周期均充参数，包括开启/关闭、周期和均充持续时间。例如典型值：周期均充开启、周期 1 个月、均充持续时间 10h。

注意：蓄电池均充周期以及均充持续时间的设定应根据实际使用的电池特性（厂家提供）和使用年限状况来定，具体情况在以后章节中会详细介绍。

② 限流模式设定。

整流模块输出限流值设定：比如设为 110%整流模块输出额定电流，表示当整流模块输出电流到达该值后，将不再增加电流（进入稳流状态），起到保护整流模块的作用。

蓄电池组充电限流值设定：比如设为额定容量/10（A），即 $0.1C_{10}A$，表示当对电池的充电电流到达该值后，电流将不再上升，起到保护蓄电池组的作用。

③ 市电中断，均充参数的设定。

当发生交流输入中断后，由蓄电池组向负载供电，监控单元同时开始累计蓄电池放电容量，以决定交流复电后是否向蓄电池实行较高电压的均充（快速补充电池能量）。如果累计蓄电池放电容量大于设定值，则在交流复电后转入均充，均充结束条件是：均充充电电流小于事先设定值；均充时间达到事先设定值；蓄电池组表面温度过高。只要满足条件之一，结束均充返回浮充状态。

比如放电容量衡量系数：15%；均充返回电流：10%I_{10}；均充持续时间：10h。表示当交流输入中断后，如果累计放电容量超过电池额定容量的 15%，则交流复电后转入均充，当均充电流小于 10%I_{10} 或均充时间达到 10h，返回浮充。（I_{10}指电池 10h 率放电电流，一般为额定容量/10，在本书蓄电池章节将作详细讲解。）

注意：根据不同开关电源系统对蓄电池组的维护策略，有些开关电源系统交流复电均充结束条件有所不同，如累计均充容量达到电池放出容量乘以回充百分数后，返回浮充。又如，回充百分数设为 120%，表示当均充容量达到 120%放出容量后，返回浮充。

④ 设定充电状态。

当均充功能设为开启时，可根据实际情况设定当前充电状态为均充或浮充。

⑤ 浮充、均充电压设定。

设定浮充电压：比如 53.5V。

设定均充电压：比如 56.4V。

（3）电池功能的设定

① 电池容量设定。

根据系统配置的蓄电池组容量，写入监控单元，作为监控单元对电池组管理的依据。

② 温度补偿功能设定。

设定温度补偿功能：开启/关闭

如果温度补偿功能设为开启，则应进一步设定温度补偿参数：温度补偿斜率。

比如设为 72mV/℃/只，表示当电池温度每升高 1℃，对电池充电电压应降低 72mV/只；反之，当电池温度每下降 1℃，对电池充电电压应提高 72mV/只，以达到保护电池的目的。

③ 电池测试功能设定。

当设定电池测试功能为开启时，系统整流模块自动停机，蓄电池组进入放电状态，以测试蓄电池组容量情况。为保护蓄电池组不至于过多放电而影响系统和电池本身安全性，事先应对电池测试功能的一些参数进行设定：最长测试时间和测试结束电压，比如分别为 5h 和 47V，表示在进行电池放电测试时，当放电测试时间达到 5h 或蓄电池组电压下降到 47V 时，系统自动结束放电测试，整流模块自动开机，以保证系统和电池组的安全。

④ 低压脱离参数设定。

设定低压脱离参数：低压脱离动作电压、低压脱离复位电压。比如分别设为 44V、47V，表示当系统电压下降到 44V 时，蓄电池组自动与系统脱离，当系统电压回升到 47V 时，蓄电池组自动与系统连接（即低压脱离复位）。之所以复位电压高于脱离动作电压的原因主要是防止低压脱离装置频繁动作（大家可以自己思考）。

（4）系统时间和语言选择的设定

设定系统时间，为监控单元记录事件提供时间依据。同时，系统一般可提供多种操作语言供选择（比如简体中文、繁体中文和英文等）。

4. 操作实例

下面以艾默生开关电源系统 PSM-A 型监控模块为例进行介绍。

PSM-A 型监控模块上电 1 分钟后，将显示其主界面，如表 5-2 所示。

表 5-2　　　　　　　　　　　　　　　　PSM-A 主界面

系统信息		11:17:23
系统电压：	53.5V	菜单
系统状态：	正常	帮助
电池状态：	浮充	关于

（1）参数设置

① 交流参数设置。交流参数的设置包括用户级和维护级设置（注：维护级设置后必须复位）。

交流屏参数设置，见表 5-3。

表 5-3 交流屏参数设置

设 置 权 限	设 置 参 数	参 考 设 置
用户级设置	交流过压告警点（V）	418
	交流欠压告警点（V）	323
	交流缺相告警点（V）	（依具体设备要求）
	交流过频告警点（Hz）	52
	交流欠频告警点（Hz）	48
	交流过流告警点（A）	交流配电屏额定容量
维护级设置	通信地址	依设备要求
	通信口号	依设备要求
	交流供电方式	依实际情况
	交流输入路数	依实际情况
	交流电流测量方式	依设备要求
	交流电流互感器系数	依设备要求
	交流输出路数	依设备配置

交流参数设置操作方法，如图 5-6 所示。

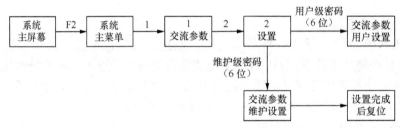

图 5-6 交流参数操作方法

② 直流参数设置。直流参数设置同样有用户级和维护级设置，直流屏参数设置，见表 5-4。

表 5-4 直流屏参数设置

设 置 权 限	设 置 参 数	参 考 设 置
用户级设置	直流过压告警点（V）	58
	直流欠压告警点（V）	47
	二次下电电压（V）	45
	电池保护电压（V）	43.2
	二次下电时间（min）	依实际情况
	电池保护时间（min）	依实际情况
	电池房过温点（℃）	30
	充电过流点（C_{10}）	0.25
	充电限流点（C_{10}）	0.1
	电池组过压（V）	58

续表

设 置 权 限	设 置 参 数	参 考 设 置
用户级设置	电池组欠压（V）	45
	标准容量（Ah）	依实际情况
	充电效率	96%
	电池组放电曲线参数	依实际情况
维护级设置	通信地址	依设备要求
	通信口号	依设备要求
	电池组数	依实际情况
	温度路数	依设备配置
	熔丝路数	依设备配置
	分路电流路数	依设备配置
	下电控制允许	依实际情况
	负载总电流系数	依设备配置
	电池 1 电流系数	依设备配置
	电池 2 电流系数	依设备配置
	分路 1 电流系数	依设备配置
	分路 2 电流系数	依设备配置
	分路 3 电流系数	依设备配置
	分路 4 电流系数	依设备配置
	分路 5 电流系数	依设备配置
	分路 6 电流系数	依设备配置
	温度系数	依设备要求

直流参数设置操作方法，如图 5-7 所示。

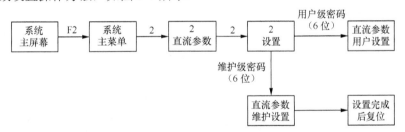

图 5-7　直流参数设置操作方法

③ 整流模块参数设置。整流模块参数设置，见表 5-5。分用户级和维护级设置，用户级设置参数在任一个模块对象里设置后，其他模块自动默认该参数。

表 5-5　　　　　　　　　　　　　　　　整流模块参数设置

设 置 权 限	设 置 参 数	参 考 设 置
用户级设置	输出过压保护点	60V（任一模块设置后其他模块自动默认）
维护级设置	通信地址	从上到下从左到右，对应地址设置为 0、1、2、3、4、5、…
	通信口号	依设备要求
	控制选择	允许
	输出电压下限	43.2V

整流模块参数设置操作方法，如图 5-8 所示。

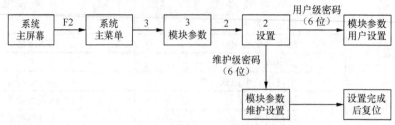

图 5-8　整流模块参数设置操作方法

④ 告警级别设置。告警级别设置只有用户级设置。该电源系统的所有监控告警均可以设置。

告警级别设置里，监控模块对告警信息有 3 种处理方式：第一种"不告警"，发生该类故障时监控模块不发出声光告警，也查不到对应的当前告警信息或历史告警信息；第二种为"一般告警"，发生该类故障时监控模块发出声光告警，并可以查看到对应的当前告警信息或历史告警信息；第三种为"紧急告警"，它除了具有一般告警的功能外，还具有故障回叫功能，即在系统配备 MODEM 远端监控时，可即时通过拨号方式向监控后台上报故障信息。告警种类后面的数字代表告警时将产生干接点输出的对应的接口号，当不需要干接点输出时，可选择"无"。

告警级别设置操作方法如图 5-9 所示。

图 5-9　告警级别设置操作方法

⑤ 系统管理设置。系统管理设置，见表 5-6。系统管理包含维护级和用户级两级菜单。维护级包含系统配置、电池管理、控制、其他 4 个子菜单，用户级设置包含电池管理、控制、其他等 3 个子菜单。维护级涵盖用户级的内容。

表 5-6　　　　　　　　　　　　　　　系统管理设置

设 置 类 型	设 置 权 限	设 置 参 数	参 考 设 置
电池管理参数设置	用户级设置或维护级设置	是否允许均充	依蓄电池要求
		均充电压（V）	56.4（允许均充时可设）
		浮充电压（V）	53.5
		均充保护时间（min）	依实际情况
		是否需要定时均充	依蓄电池要求
		定时均充周期（h）	720（允许均充时可设）
		转均充容量比	80%（允许均充时可设）
		转均充参考电流（A）	0.05 C_{10}（允许均充时可设）
		稳流均充时间（min）	180（允许均充时可设）
		稳流均充电流（A）	0.01 C_{10}（允许均充时可设）
		温补系数（mV/（℃·组））	72

续表

设 置 类 型	设 置 权 限	设 置 参 数	参 考 设 置
电池管理参数设置	用户级设置或维护级设置	温度补偿中心点（℃）	25
		测试终止电压（V）	49
		测试终止时间（min）	120
设置参数设置	用户级设置或维护级设置	系统时间设置	××××年××月××日 ××时××分××秒
		用户级密码修改	自行设定
		屏幕保护时间设置（min）	10
		告警消音	否（可选：是）
系统配置参数设置	维护级设置	交流屏个数	依设备配置
		直流屏个数	依设备配置
		整流模块个数	依设备配置
		电池监测仪个数	依设备配置
		环境监测仪个数	依设备配置
		电导测试仪个数	依设备配置
		智能电度表个数	依设备配置
		通信密码校验	否（远程通信时有效）
		模块额定电流	依设备配置
		系统	依设备配置
		序列号	依设备配置
		限流方式	无级限流

系统管理参数设置操作方法，如图 5-10 所示。

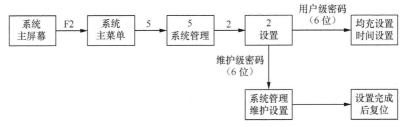

图 5-10　系统管理参数设置操作方法

系统管理用户级：进入系统管理菜单，输入用户级密码即可进入。按数字键 1 进入电池管理子菜单，按数字键 2 进入控制菜单，按数字键 3 进入其他菜单，无系统配置菜单。

系统管理维护级：进入系统管理菜单，输入维护级密码即可进入。按数字键 1 进入系统配置，按数字键 2 进入电池管理，按数字键 3 进入控制菜单，按数字键 4 进入其他菜单。

电池管理的相关参数如下。

a."是否需要均充"：为均衡电池单体容量或快速恢复电池容量，用较高的电压充电的状态叫"均充"。除非使用免均充电池，此参数一般设为"是"。

b."电流平衡保护"：正常情况下，直流屏测得的负载电流与电池电流之和约等于整流

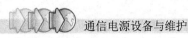

模块输出电流之和。如果上述两个值相差很大,则意味着系统接线、参数设置等存在严重错误,这时,监控模块将发出"电流不平衡"告警。如果"电流平衡保护"设置为"是",系统将强制转为"浮充/模块限流放开/非下电"状态。

c. "均充保护时间":当均充时间超过此值,无论是在手动还是在自动状态、无论是否满足转浮充条件,系统都将转为浮充状态。

d. "是否定时均充""定时均充周期""均充持续时间":如果"是否定时均充"设为"是",当浮充时间超过"定时均充周期"时,系统将转为均充状态,这时从均充转为浮充的唯一条件是均充时间超过"均充持续时间"。

e. "转均充容量比""转均充电流":如果某一组电池的剩余容量与电池标称容量的百分比小于"转均充容量比",系统将转为均充状态。如果某一组电池的充电电流达到或者超过"转均充电流",系统也将转为均充状态。

f. "稳流均充电流""稳流均充时间":均充持续一段时间后,电池电流降至很小并基本不变,这时的均充状态称为稳流均充,我们把进入稳流均充的电池充电电流的阈值叫"稳流均充电流"。如果稳流均充状态的持续时间超过"稳流均充时间",则转为浮充状态。

g. "温补系数""温度补偿中心点":某些电池要求浮充电压可随环境温度调整。这两个参数决定调整幅度,公式如下:

$$浮充电压增量 =(温补中心点–环境温度)·温补系数$$

PSM-A 监控模块在处理温度补偿时,还遵循以下原则:

- 如果环境温度低于–5℃,则按–5℃补偿;
- 如果环境温度高于 40℃,则按 40℃补偿;
- 如果浮充电压增量高于 2V,则按 2V 补偿;
- 如果浮充电压增量低于–2V,则按–2V 补偿。

h. "测试终止电压""测试终止时间":进入电池测试状态后,模块输出电压被调到"测试终止电压",如果电池电压下降到"测试终止电压"(这时考虑 0.2V 的容差)则结束电池测试。如果在电池电压下降到"测试终止电压"之前电池测试时间超过"测试终止时间"也将结束电池测试。

⑥ 远程通信。当电源系统安装了后台或远程监控,即后台通过 MODEM、RS232、RS422 或 RS485 与监控中心通信时,需要在监控模块里设置远程通信参数。远程通信参数设置操作方法,见表 5-7。

表 5-7　　　　　　　　　　远程通信参数设置

设 置 权 限	设 置 参 数	参 考 设 置
用户级设置	本机地址	依设备要求
	波特率(bit/s)	依设备要求
	回叫次数	依实际情况
	回叫间隔(min)	依实际情况
	回叫号码	依实际情况

远程通信参数设置只有用户级。在系统主菜单按数字键 6,然后输入用户级密码,即可进入该菜单;按 F2 键返回到主菜单,如图 5-11 所示。

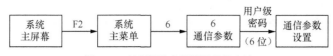

图 5-11　远程通信参数设置操作方法

⑦ 系统查询。监控模块可以查询系统数据及状态，具体操作方法如图 5-12 所示。

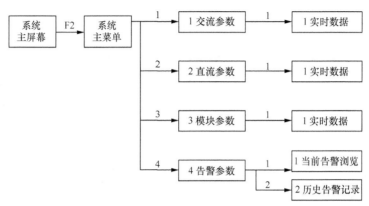

图 5-12　系统查询操作方法

（2）系统控制操作

① 清除历史告警记录。监控模块可以保存 100 条历史告警记录，这些记录可以随时清除，操作方法如图 5-13 所示。

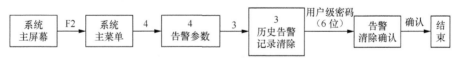

图 5-13　清除历史告警记录操作方法

② 模块控制。模块控制包括整流模块开关机、改变模块限流点以及控制模块输出电压 3 种控制操作。要对模块进行控制开关机、限流或输出电压调节，首先进入监控模块的"系统主菜单—系统管理—控制"中，设置手动管理方式；再退回到模块参数对应的模块控制子菜单里进行控制。

进行模块控制前应先将监控模块设置为手动管理方式，并保证维护级设置里模块控制为允许。模块控制（开关机、限流、输出电压）操作方法，如图 5-14 所示。

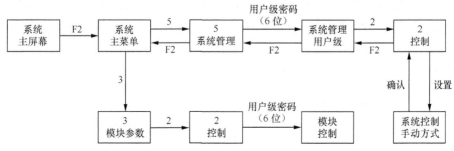

图 5-14　模块控制（开关机、限流、输出电压）操作方法

③ 系统手动管理浮充或均充控制。在手动管理方式下进行系统浮充或均充时，需要在电池管理菜单里正确设置浮充电压或均充电压，再在系统管理的控制子菜单里强制浮充或均充。操作方法如图 5-15 所示。

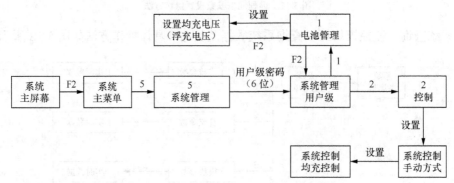

图 5-15 系统手动管理均充或浮充控制操作方法

强制均充以后，需要将监控模块的电池管理控制方式修改为自动管理方式。否则，系统将始终处于均充状态。

④ 电池测试。

a．启动电池测试。只有在手动方式下，才可以启动电池测试，但启动后，允许用户通过键盘转为自动方式，但只要进入电池测试状态，手/自动方式下处理流程是一样的，如图 5-16 所示。

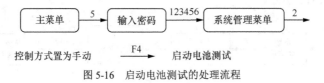

图 5-16 启动电池测试的处理流程

b．结束电池测试。

若母线电压低于设定的"测试终止电压"，持续时间 1min，则结束测试进入限流均充/自动状态。

若测试时间超过设定的"测试终止时间"，则结束测试进入限流均充/自动状态。

若检测到系统异常（直流屏通信中断、电池熔丝断、电池组数为 0、任何整流模块的告警时），则进入浮充/自动状态。

参照启动电池测试的方式，手动结束电池测试。

c．电池测试记录。PSM-A 监控模块可最多记录 10 条电池测试的记录，每条记录均包含"测试起止电压"、"测试起止时间"、"放出电量"等信息。通过以下路径可查询电池测试记录，如图 5-17 所示。

d．上下电控制。通过以下路径进入上下电控制界面，如图 5-18 所示。

图 5-17 电池测试记录的查询路径   图 5-18 上下电控制界面的进入路径

只有"下电控制选择"允许，才可进入上下电控制界面。下电操作将断开系统的部分或全部负载，在执行该操作时，请确认是否清楚该操作可能造成的影响。

（3）远程通信

PSM-A 监控模块有 3 个后台通信的接口，分别支持 RS232、RS485/422、MODEM 方式的后台。值得注意的是，每个监控模块只能选择使用一种后台接入方式。如果同时使用两种或两种以上的接入方式，监控模块将不能正确与后台通信。

（4）通信参数设置

通过以下路径进入通信参数设置界面，对"本机地址"、通信"波特率"进行设置，如图 5-19 所示。

图 5-19　通信参数设置界面的进入路径

本机地址设置范围：1～254。

波特率有 600，1200，2400，4800，9600，19 200 六种选择，必须与后台设置一致。

（5）整流模块运行操作

1）整流模块的浮压、均充电压调整

整流模块出厂时，其输出电压设定为默认电压（浮充电压为 53.5V，均充电压为 56.4V）。整流模块在投入系统运行时，需要根据系统实际所配蓄电池的技术要求对其均/浮充电压进行调整，以满足不同型式蓄电池的运行要求。日常运行中当某整流模块的均/浮充电压发生变化时，导致模块之间的负载电流相差较大时，也需调整模块的均/浮充电压。

① 浮充电压调整（系统设定在浮充工作状态）。集中控制型整流模块浮充电压调整：集中控制型整流模块的输出电压由系统监控模块统一控制，通过修改监控模块的浮充电压参数即可调整系统的浮充电压。

分散控制型整流模块浮充电压调整：具体分两种类型。

a．对于具有 CPU 功能的软件控制型的整流模块，可直接通过整流模块面板上的按键对其浮充电压进行微调。

b．对于不具有 CPU 功能的硬件控制型整流模块，其浮充电压调整方法如下。

电压调降（升）：找到系统中输出电流最大（小）的一个整流模块，用小一字无感螺丝刀调整整流模块的浮充电压调节电位器，使其输出电压下降（上升），观察其输出电流变化。当所调整流模块的输出电流不再为系统中最大（小）值时即停止调节该整流模块。重新选择系统中输出电流最大（小）的整流模块，继续调整动作。在调整过程中用万用表同步监测系统直流母排输出电压，当母排电压到达要求设定值时即停止电压调降（升）动作。以最后调节的一个整流模块为参照模块，调整系统中整流模块的均流（参照整流模块的均流调整），使系统均流。

② 均充电压调整（系统设定在浮充工作状态）。调整系统、整流模块的均充电压参数或均充电压调节电位器，方法同浮充电压调整。

2）模块的投入

① 拆卸假面板。

② 将整流模块用螺钉固定在整流机架的槽位上。

③ 确认与该模块所对应的交流输入开关处在关断位置，连接整流模块的交流输入线。

④ 打开该模块的交流输入开关。

⑤ 待模块工作稳定后，调整模块的均/浮充电压和系统均/浮充电压基本一致。

⑥ 连接模块的直流输出线和通信线。

⑦ 设置模块地址和相关参数。

⑧ 将新的模块数量和新模块的地址输入监控模块。

⑨ 通过监控模块查看所有模块信息以确认所有模块工作正常。

对于具备热插拔功能的系统，模块的投入可省略步骤③、⑥。

3）模块的撤除

① 关掉模块的交流输入空开。

② 依次拔掉需更换模块交流进线、直流输出线、通信线，松开模块的螺丝，拔出模块。

③ 在监控单元内设置模块数量。

④ 通过监控模块查看所有模块信息以确认所有模块工作正常。

对于具备热插拔功能的系统，模块的投入可省略步骤②。

（6）直流配电的使用操作

1）直流负载的接入

由于通信负载运行后一般不允许断电，所以需要带电接入新增负载。

首先根据负载大小在直流屏选定合适的负载熔断器或空气开关的位置；然后加工并布放负载连接电缆，电缆应有编号和极性标记；电缆连接先从负载端开始，连接次序为先接地线，后接-48V 输出熔断器或空气开关的远电端，确认负载端不带载和电缆接线正确，合负载熔断器或空气开关（接线工具要做相应绝缘处理）。

2）电池强制脱离与接通（仅对接有电池保护装置的直流系统）

某组电池强制脱离：用熔丝插拔手柄直接拔掉该组电池熔丝。

两组电池强制脱离：将电池"自动/手动"开关置于"手动"位置，再将电池"接通/断开"开关置于"断开"位置即可。这时两组电池仍然并联在一起。如需将两组并联的电池断开，则应用熔丝插拔手柄拔掉两组电池的熔丝即可。

电池组强制接通：当发生电池保护后，需要强制接通电池对负载供电时，将电池"自动/手动"开关置于"手动"位置，再将电池"接通/断开"开关置于"接通"位置即可。

3）负载强制下电与上电（仅对接有二次下电装置的直流系统）

① 负载强制下电。直接断开空开或使用插拔手柄对该路熔丝进行断开操作。

如果需要对二次下电（L—LVD）部分的所有负载断开，将负载控制开关置于"手动"，"断开"位置即可。

② 负载强制上电。负载上电需要将负载控制开关置于手动、闭合位置，且将需要上电的负载开关用插拔手柄将负载熔丝合上。

如果需要负载下电功能，应将负载控制开关置于"自动"位置。

在负载发生故障造成短路或者发生电池短路等严重故障，造成熔断器熔断时，只有确认故障消除后，才可进行系统熔芯的更换。因其他原因更换熔断器时，应该确认熔断器所在的负载电路是否允许断电。

四、维护操作指导

1. 系统均流

检测标准：各模块超过半载时，整流模块之间的输出电流不平衡度低于 5%。

检测方法：通过监控模块或整流模块观察各模块的输出电流值，计算不平衡度。

处理方法：当出现模块之间输出电流分配不均衡（不平衡度大于 5%）时，可以通过监控模块或模块面板上的电压调节电位器（根据设备的实际情况而定），将输出电流较大的模块输出电压调低直至电流均衡，或将输出电流较小的模块电压调高直至均衡。

2．电压电流显示

检测标准：模块电压、母排电压、监控单元显示各输出电压之间偏差小于 0.2V；模块显示电流、充电电流、负载总电流代数和不大于 0.5A。

检测方法：从监控单元、整流模块读取各电压、电流值，根据以上标准做出判断。

3．参数设定

检测标准：根据上次设定参数的记录（参数表）作符合性检查。

处理方法：对不符合既定要求的参数确定原因重新设定。

4．告警功能

检测标准：发生故障必须告警。

检测方法：对现场可试验项抽样检查，可试验项包括交流停电、防雷器损坏（带告警灯或告警接点的防雷器）、直流熔丝断（在无负载熔丝上试验）等。

5．保护功能

检测标准：根据监控单元参数设定或设备出厂整定的参数作符合性检查。

运行中的设备一般不易检测此项，只有在设备经常发生交流或直流保护，判断为电源保护功能异常时做此检测。

检测方法：通过外接调压器试验交流过欠压保护功能；通过强制放电检测直流欠压保护功能。

6．管理功能

检测标准：监控单元提供的计算、存储和电池自动管理功能。可查询项为告警历史记录；可试验项为电池自动管理功能。

检测方法：

（1）存储功能：模拟告警，监控单元将记录告警信息。

（2）电池自动管理：交流下电 15min 以上，上电后系统进入自动均充转浮充充电过程。

7．内部连接

检测标准：插座连接良好；电缆布线与固定良好；无电缆被金属件挤压变形；连接电缆无局部过热和老化现象。

检测方法：重点检查防雷和接地线缆、电池电缆、交流输入电缆的连接是否可靠。

8．风道与积尘

检测标准：模块风扇风道、滤尘网、机柜风道等无遮挡物、无灰尘累积。

检测方法：对风道挡板、风扇、滤尘网等进行拆卸清扫、清洗。晾干后装回原位。当发现有风扇故障或异常出声时，则应立即进行更换。

9．直流电缆

检测标准：线路设计时确定的允许压降，满足系统工程设计要求。

检测方法：记录电缆上流过的最大电流，确认电缆线经、布线长度，计算线路压降，核对线路压降是否符合系统工程设计要求。

10．直流熔断器

检测标准：直流熔断器的额定电流值应不大于最大负载电流的 2 倍。各专业机房熔断器的额定电流应不大于最大负载电流的 1.5 倍。

检测方法：根据各负载分路最大电流记录来检查熔断器的匹配性。

11．节点压降与温升

检测标准：1000A 以下，每百安培≤5mV；1000A 以上，每百安培≤3mV；节点温升不超过 50℃。

检测方法：用万用表检查节点两端电缆或母线之间的压降，根据流过节点的电流核算节点压降的合理性；或用红外测温仪测量节点温升。测量结果必须满足温升限制或压降限制标准。

12．防雷器（以艾默生开关电源为例）

检测标准：C 级防雷器的压敏电阻片外观无异常，显示窗口呈绿色，气体放电管不短路，防雷空开闭合；D 级防雷器盒面板上 3 个状态指示灯应亮，内部保险管正常。

检测方法：

观察 C 级防雷器压敏电阻片的显示窗口是否变红，如果变红，将其更换。

测量 C 级防雷器气体放电管是否短路，如果短路，将其更换。

观察 C 级防雷空开是否闭合，如果已断开，将其合上。

观察 D 级防雷器面板上 3 个状态指示灯是否都亮，切断交流输入后，打开防雷盒面板，测量内部保险丝是否断开、放电管是否短路。如果不正常，更换整个防雷盒。

五、常见故障处理

下面我们以艾默生 PS48300/25 为例，来讲解常见故障现象及处理方法。

1．交流接触器不吸合

（1）故障现象

交流市电没有停电，交流接触器不吸合，系统声光告警，监控模块告警显示：交流停电。

（2）故障原因

造成此故障可能的原因如下。

① 市电过压、欠压、缺相。

② 交流接触器损坏。

③ 市电采样板（A64C2C1 板）损坏；

④ 市电控制板（A64C2C2 板）损坏。

（3）检修步骤

① 用万用表量三相交流输入、输出电压，如果市电电压异常，则交流接触器不吸合属正常状态。

② 如果市电电压正常，首先检查交流接触器。切断空开，用手按交流接触器的活动机构，如果按不动或活动不灵活，检修或更换交流接触器。

③ 如果交流接触器灵活，再接通市电，检测线包上有无 200V 左右的直流电压（吸合电压）。如果吸合电压正常，检修或更换交流接触器。如果该电压不正常，说明板件有问题，则进一步检查。

④ 检测市电采样板的输出电压是否正常，如果该电压正常，则市电控制板故障，检修或更换市电控制板。

⑤ 如果市电采样板的输出电压不正常，再检测市电采样板的熔丝是否正常，如果熔丝正常，则判断为市电采样板故障，检修或更换市电采样板。

（4）注意事项

① 换交流接触器时，应该切断系统电源，防止出现触电事故。

② 换板前应该将手轻碰电源机壳，消除身上静电。

2. 防雷器告警

（1）故障现象

系统工作正常，发出声光告警，监控模块告警显示：防雷器断。

（2）故障原因

① C 级防雷空开跳闸。

② C 级防雷器损坏、接触不良。

③ 信号转接板（B64C2A1）故障。

④ 监控模块采集板（M3464S1）故障。

⑤ 监控模块 CPU 板（M3464U1）故障。

⑥ 线缆断。

（3）检修步骤

① 检查 C 级防雷器是否损坏，如果防雷器窗口已变红，更换已损坏的防雷片，再检查防雷空开是不是跳闸，如果跳闸，则将其合上，并检查防雷空开辅助触点两端是不是导通，看告警是不是排除。

② 如果告警仍未排除，用万用表检测 C 级防雷器告警输出触点两端（1、3 脚）是否导通，如果不通，重新拔插防雷器片并压紧，若故障仍不能排除，则应该更换防雷器底座。如果通说明 C 级防雷器告警输出正常，问题出在防雷器后面的部件或线缆上，需进一步定位。

③ 拔掉信号转接板（B64C2A1）的 J4 插头（50 芯），用万用表直流挡测插座（50 芯）第 6 脚对正母排的电压，如果为 0V，则信号转接板（B64C2A1）故障，更换该板。如果为 -48V，说明问题不在信号转接板（B64C2A1），将 J4 插头重新插好，继续往下查。

④ 拔掉监控模块后面直流配电插头（50 芯），测插头（50 芯）第 6 脚对正母排的电压，如果为 0V，则信号转接板（B64C2A1）到监控模块的直流配电线缆断，更换该电缆。如果为 -48V，先更换监控模块内采集板（M3464S1），看故障是不是排除，如果仍未排除，再更换监控模块内 CPU 板（M3464U1）。

3．交流输入缺相

（1）故障现象

接触器不吸合，监控模块显示交流输入缺相告警。

（2）故障分析

交流输入缺相保护，属于系统正常的保护功能，该系统的市电控制电路采用三相分相检测，所以既可采用三相输入也可采用单相输入。缺相时，可用其他相替换该相。

（3）故障处理

① 从低压配电屏切断交流市电。

② 在电源交流输入空开处，将缺相的那相线取下用绝缘胶布包好。

③ 把其他正常的某一相并入此相。

④ 输入交流市电。

⑤ 待市电正常后，恢复原来的连接方法。

4．电池保护接触器不闭合

（1）故障现象

电池电压正常，但电池保护接触器不闭合。

（2）故障分析

电池保护接触器是常闭合的，若处于断开状态，可能有两方面：一是线包有电；二是接触器坏。原因如下。

① 直流配电门板上的电池控制开关设置错。

② 监控单元发生误保护动作。

③ 直流控制板 B64C2C1 故障。

④ 直流接触器坏。

（3）故障处理

① 首先检查直流配电单元门板上的两个电池开关，检查核实电池组Ⅰ接通/断开开关S1、电池组Ⅱ接通/断开开关 S2 是否均打在接通位置。

② 关闭监控单元，看是否由监控单元引起保护。如果电池保护接触器闭合，证明监控单元内 CPU 板坏，更换。

③ 拔去直流控制板 J-POT1、J-POT2 口，如果接触器还不闭合，检修或更换接触器。

④ 如果直流接触器好，则接触器是由直流控制板控制其断开的，检修或更换直流控制板。

5．二次下电误动作

（1）故障现象

该系统在电池电压为 46V 时就下电保护。

（2）故障分析

① 在监控单元中，电池自动保护方式设置为时间。

② 在监控单元中，负载下电电压设置为 46V。

③ 监控单元发生误动作。

④ 直流控制板 B64C2C1 故障。

⑤ 直流接触器坏。

（3）故障处理

① 检查监控单元参数设置中的电池自动保护方式，如果设置为时间，则二次下电动作在负载下电保护时间到时发生，与电池电压无关（电池自动保护方式建议不要设置为时间）。

② 先将电池自动保护方式设置为电压，再检查后面的负载下电电压是否为 46V，如果是则二次下电保护为正常状态。

③ 关闭监控单元，如果二次下电接触器吸合，则故障由监控单元误动作引起，更换或检修监控单元的 CPU 板 M3464U1。

④ 如果二次下电接触器仍不闭合，拔去直流控制板 B64C2C1 的 J-POT3 口，如果接触器还不闭合，则直流接触器坏，更换或检修。

⑤ 如果直流接触器好，则接触器的确是由直流控制板 B64C2C1 控制其断开的，更换或检修直流控制板 B64C2C1。

（4）注意事项

① 在检查之前应将二次下电接触器输入、输出短接，以确保通信设备运行安全。

② 在拆直流控制板时，应先拔去 J-POT1、J-POT2、J-POT3 口，即断开接触器线包供电电压，保证接触器闭合，防止更换过程中误动作。

③ 在安装直流控制板 B64C2C1 时要在其他口都插好后，再插 J-POT1、J-POT2、J-POT3 这 3 个口，以免在安装过程中发生误动作。

6．监控单元不保存历史告警

（1）故障现象

停电后，在监控单元的历史告警查不到相应的故障记录。

（2）故障分析

人为关闭一个模块，查看当前告警信息，发现监控单元显示"告警显示禁止"，显然告警显示允许设置为"否"。

（3）故障处理

告警显示允许设置为是：按菜单键，进入参数设置，进入告警显示，将告警显示设置为"是"。

7．监控模块显示的直流电流严重偏离正常范围

（1）故障现象

监控模块检测到的直流电流为几百安，严重偏离正常范围。

（2）故障分析

出现这种情况，可能的原因如下。

① 在监控单元中，负载分流器系数设置错误。负载分流器系数相当于电流检测的一个放大倍数，如果不正确，显示的电流会有明显偏差。

② 监控单元采集板 M3464S1 坏。

（3）故障处理

① 检查参数设置中，负载分流器系数是否与分流器的实际值相符，如果不正确，修改过来即可。PS48300/25 负载分流器系数为 300。

② 如果参数设置正确，电池显示还不正确，则监控单元采集板 M3464S1 坏，需更换此板。

六、故障应急处理

电源系统可能出现的造成直流输出中断的故障主要包括：交流配电电路不可恢复性损坏；直流负载或直流配电发生短路；监控模块失控造成关机；直流输出过压造成模块封锁等。

1．交流配电应急处理

当发生交流配电电路不可恢复性损坏，引起模块交流供电中断时，可将交流市电直接引入整流模块输入开关。

2．直流配电应急处理

（1）负载局部短路

将损坏负载在直流配电屏对应的支路熔断器分离。

（2）直流配电短路

直流配电短路故障发生后，一般按以下步骤进行处理：切断交流供电；将直流配电屏强制从系统中分离；利用电池或整流器直接给负载供电。

3．监控模块故障应急处理

监控模块故障影响直流供电安全时，关掉监控模块，由整流模块进行供电。

4．整流模块故障应急处理

（1）模块内部短路

模块内部短路时能自动保护，只需将短路模块退出系统。

（2）部分模块损坏

部分模块损坏后，如果剩余的完好模块能满足负载供电要求，那么只需关掉损坏模块的交流输入开关即可；若剩余模块不能满足负载供电要求，则调用备用模块或开关电源。

（3）模块输出过压

当负载电流低于单个模块容量时，若某一个模块输出过压将造成系统过压，所有模块将过压保护，并且不能自动恢复。

处理方法：关掉所有模块的交流输入开关，然后逐一打开模块，当打开某一模块，系统再次出现过压保护时，关掉该模块。然后重新断电再打开其他模块，系统将正常工作。

任务5　温升、压降的测量

一、温升的测量

1．温升的定义及其影响

我们知道供电系统的传输电路和各种器件均有不可消除的等效电阻存在，线路和器件的连接肯定会有接触电阻的产生。这使得电网中的电能有一部分将以热能的形式消耗掉。这部分热能使得线路、设备或器件的温度升高。设备或器件的温度与周围环境的温度之差称为温升。

很多供电设备对供电容量的限制，很大程度上是出于对设备温升的限制，如变压器、开关电源、UPS、开关、熔断器和电缆等。设备一旦过载，会使温升超出额定范围，过高的温升会使得变压器绝缘被破坏、开关电源和 UPS 的功率器件烧毁、开关跳闸、熔断器熔断、电缆橡胶护套熔化继而引起短路、通信中断，甚至产生火灾等严重后果。所以电力维护人员对设备的温升值应该引起高度的重视。通过对设备温升的测量和分析，我们可以间接地判断设备的运行情况。部分器件的温升允许范围见表 5-8。

表 5-8　　　　　　　　　　　　部分器件温升允许范围

测　　点	温升（℃）	测　　点	温升（℃）
A 级绝缘线圈	≤60	整流二极管外壳	≤85
E 级绝缘线圈	≤75	晶闸管外壳	≤65
B 级绝缘线圈	≤80	铜螺钉连接处	≤55
F 级绝缘线圈	≤100	熔断器	≤80
H 级绝缘线圈	≤125	珐琅涂面电阻	≤135
变压器铁芯	≤85	电容外壳	≤35
扼流圈	≤80	塑料绝缘导线表面	≤20
铜导线	≤35	铜排	≤35

2．温升的测量方法

红外点温仪是测量温升的首选仪器。根据被测物体的类型，正确设置红外线反射率系数，扣动点温仪测试开关，使红外线打在被测物体表面，便可以从其液晶屏上读出被测物体的温度，测得的温度与环境温度相减后即得设备的温升值。有些红外点温仪还可设定高温告警值，一旦设备温度超出设定值，点温仪便会给出声音告警。红外点温仪常见物体反射率系数，见表 5-9。

表 5-9　　　　　　　　　　红外点温仪常见物体反射率系数表

被 测 物	反 射 系 数	被 测 物	反 射 系 数
铝	0.30	塑料	0.95
黄铜	0.50	油漆	0.93
铜	0.95	橡胶	0.95
铁	0.70	石棉	0.95
铅	0.50	陶瓷	0.95
钢	0.80	纸	0.95
木头	0.94	水	0.93
沥青	0.95	油	0.94

注意事项如下。

① 被测试点与仪表的距离不宜太远，仪表应垂直于测试点表面。

② 仪表与被测试点之间应无干扰的环境。

③ 对测试点所得的温度以最大值为依据。

二、接头压降的测量

由于线路连接处不可避免地存在接触电阻，因此，只要线路中有电流，便会在连接处产生接头压降。导线连接处接头压降的测量，可用三位半数字万用表。将测试表笔紧贴线路接头两端，万用表测得的电压值便为接头压降。无论在什么环境下都应满足：

接头压降≤3mV/100A（线路电流大于1000A）；

接头压降≤5mV/100A（线路电流小于1000A）。

下面的例子说明如何判断接头压降是否满足要求。

例如，某导线中实际负载电流为4000A，在某接头处测得的接头压降为100mV，则标准情况下压降为100mV/4000A=2.5mV/100A<3mV/100A，为合格值。

接头压降的测量可以判断线路连接是否良好，避免接头在大电流通过时温升过高。

三、直流回路压降的测量

1. 直流回路压降的定义

直流回路压降是指蓄电池放电时，蓄电池输出端的电压与直流设备受电端的电压之差。

任何一个用电设备均有其输入电压范围的要求，直流设备也不例外。由于直流用电设备输入电压的允许变化范围较窄，且直流供电电压值较低，一般为-48V，特别是蓄电池放电时，蓄电池从开始放电时的-48V到结束放电为止，一般只有7V左右的压差范围。如果直流供电线路上产生过大的压降，那么在设备受电端的电压就会变得很低，此时即使电池仍有足够的容量（电压）可供放电，但由于直流回路压降的存在，可能造成设备受电端的电压低于正常工作输入电压的要求，这样就会使直流设备退出服务，造成通信中断。因此，为了保证用电设备得到额定输入范围的电压值，电信系统对直流供电系统的回路压降进行了严格的限制，在额定电压和额定电流情况下要求整个回路压降小于3V。

整个直流供电回路，包括3个部分的电压降。

① 蓄电池组的输出端至直流配电屏的输入端。

② 直流配电屏的输入端至直流配电屏的输出端，并要求不超过0.5V。

③ 直流配电屏的输出端至用电设备的输入端。

以上3个部分压降之和应该换算至设计的额定电压及额定电流情况下的压降值，即需要进行恒功率换算。并且要求无论在什么环境温度下，都不应超过3V。

2. 直流回路压降的测量

直流回路压降的测量可以选用3位半万用表或直流毫伏表、钳形表。精度要求不低于1.5级。下面以实际的例子说明直流压降的换算。

例：设有直流回路设计的额定值为48V/2000A，在蓄电池单独放电时，实际供电的电压为50.4V，电流为1200A，对3个部分所测得压降为0.2V、0.3V及1.3V，则在额定电压48V及额定电流2000A工作时，其直流回路压降为：

$$U= (0.2+0.3+1.3)×(48×2000)÷(50.4×1200) =2.853V<3V$$

直流屏内压降为：

$$U=0.3×(48×2000)÷(50.4×1200) =0.48V<0.5V$$

因此，直流回路压降满足设计要求。

任务6　整流模块的测量

整流模块的作用是将交流电转换成直流电，是通信网络中直流供电系统的重要组成部分。整流模块可以为通信设备提供 48V、24V 等直流电源。目前，整流模块均采用高频整流，体积小、容量大、输入电压范围宽、输出电压稳定、均流特性好、系统扩容简单，多台模块并联工作可以很方便地实现 N+1 冗余并机，系统可靠性大大地提高。整流模块作为直流供电系统的基本组成单元，熟练掌握其各项技术指标的测试方法对于保证通信网络的供电安全具有重要的意义。

一、交流输入电压、频率范围及直流输出电压调节范围测量

1．交流输入电压、频率范围

高频整流模块通过 PWM、PFM 或两者相结合的控制方式，将交流电转换成直流电。如果交流输入电压过高，则容易造成直流电压偏高、整流模块内部器件被高压击穿，从而造成模块损坏；如果交流输入电压过低则直流输出电压偏低。因此，为了使整流模块输出稳定的直流电压，要求交流输入电压的波动限定在一定的范围以内。保证整流模块正常工作的最高电压和最低电压称为模块输入电压范围。一旦输入电压超出该范围时，整流模块在监控模块的控制下停止工作，同时给出相应的声光告警，如果交流电压回复到允许输入范围时，整流模块应该自动恢复工作。另外，整流模块还可以设定输入过压/欠压告警值，如输入超出告警范围，整流模块仍然保持正常输出，同时给出输入过压/欠压的声光告警，以便引起维护人员的注意。相应地，整流模块有频率输入范围的技术指标。根据原信息产业部 YD/T 731－2002 标准：整流模块的输入电压范围为 85%～110%Ue，输入频率范围为 48～52Hz。如果输入电压超出告警设定范围时，整流模块应该产生声光报警并进入保护状态，输出电压为 0。一旦输入电压回复到设定范围，模块自动进入工作状态。

2．直流输出电压调节范围

由于蓄电池组有浮充、均充的要求，直流供电回路上有线路压降的存在，种种因素均要求整流模块能够根据不同的要求相应地调整直流输出电压。整流模块输出电压的调整，应该能够通过手动方式或通过系统监控模块的控制实现连续可调的功能。根据信息产业部 YD/T 731－2002 的要求，整流模块的直流输出电压的调节范围为 43.2～57.6V（对 48V 供电而言）。

具体的测试方法如下。

① 对于开关电源系统，通过监控模块上的系统菜单，进入均充或浮充电压调节菜单，调整直流输出电压，同时用万用表监测模块输出电压，根据测得的数据判断该功能是否满足规范要求。

② 对于数字控制式整流模块，同样通过菜单功能调整输出电压。非数字控制式整流模块需要通过调节电位器的方式来实现输出电压的调整。调整模块的同时，用万用表检测实际输出电压的变化情况并将测试结果与规范要求进行比较。

③ 进一步调节模块输出电压，使输出电压超出输出过压/欠压告警点时，模块应该能够产生声光报警并进入输出保护状态。

二、稳压精度测量

整流模块在实际的工作中，当电网电压在额定值的 85%～110%及负载电流在 5%～100%额定值的范围内变化时，整流模块应该具有自动稳压功能。

当电网电压在额定值的 85%～110%及负载电流在 5%～100%额定值的范围内同时变化时，输出电压与模块输出电压整定值之差占输出电压整定值的百分比称为模块的稳压精度。模块的稳压精度应该不大于±0.6%。

整流模块的稳压精度的计算公式如下：

$$\delta_U = \frac{U - U_\circ}{U_\circ} \times 100\% \qquad (5\text{-}3)$$

式（5-3）中，δ_U —— 整流模块的稳压精度；

$U_\circ$ —— 整流模块整定电压；

U —— 整流模块在各种工作状态下的输出电压。

稳压精度的测量方法如下。

① 启动整流模块，调节交流输入电压为额定值，输出电压为出厂整定值。

② 调节负载电流为 50%额定值，测量整流模块直流输出电压，将该电压值作为模块输出电压的整定值。

③ 调节交流输入电压值分别为额定值的 85%、110%，输出负载电流分别为额定值的 5%、100%，分别测量 4 种状态组合后的模块输出电压。

④ 根据测得的模块输出电压，计算模块的稳压精度，取其最大值。

三、整流模块均分负载能力测量

多台整流模块并联工作时，如果负载电流不能均分，则输出电流较大的模块产生的热量较多、器件老化较快，出现故障的概率较大。一旦该模块退出服务，其他模块将承担全部负载电流。这样就造成模块间的负载不均衡程度进一步扩大，从而使得模块损坏的速度加快。

根据信息产业部 YD/T 731－2002 标准，并机工作时整流模块自主工作或受控于监控单元应做到均分负载。在单机 50%～100%额定输出电流范围，其均分负载的不平衡度不超过直流输出电流额定值的±5%。

由于模块显示电流值精确度不高，因此，在进行均流性能测量时，如果条件允许，最好用直流钳形表测量各模块的输出电流。模块负载电流不均衡度的测试方法如下。

① 对所测试的开关电源模块，先设置限流值（同一系统的模块限流值应一致）。

② 关掉整流器，让蓄电池单独供电一段时间。

③ 打开整流器，这时开关电源在向负载供电的同时向蓄电池进行充电（均充），在刚开始向蓄电池充电时，电流很大，各模块工作在限流状态，在各模块电流刚退出限流区时，记下各模块的电流值，作为满负载情况的均流特性。

④ 当直流总输出电流约为额定值的 75%时，记录各模块电流。

⑤ 当直流总输出电流约为额定值的 50%时，记录各模块电流；如果负载电流超过 50%额定电流值，则蓄电池充电结束（充电电流约在 3 小时内不再减少）时，记录各模块的电流值。模块输出电流记录，见表 5-10。

表 5-10 模块输出电流记录表

负载率	各模块输出电流						
	I_1	I_2	...	...	...	...	I_N
$100\%I_e$							
$75\%I_e$							
$50\%I_e$							

根据测得的数据，按以下公式计算模块负载电流的均衡度：

$$\delta I_n = \frac{I_n - \bar{I}}{I_e} \tag{5-4}$$

$$\bar{I} = \frac{\sum\limits_{n=1}^{N} I_n}{N} \tag{5-5}$$

式（5-4）、式（5-5）中，

δI_n —— 第 n 台模块的负载电流均衡度，$n=1$，2，3…N；

I_n —— 第 n 台模块的负载电流，为总电流除以模块数量；

$\bar{I}$ —— 各模块的平均电流，为总电流除以模块数量；

N —— 测试的模块数量。

四、限流性能的检测

整流模块的限流性能主要是防止蓄电池放电后充电电流过大，同时也为了在整流模块出现过载时，模块能够实现自我保护，以免损坏。模块的限流值在 30%～110%I_e 之间可以连续可调。当限流整定值超出输出电流额定值时，不允许长期使用。

测试方法如下。

（1）使整流设备处于稳压工作状态，通过控制菜单设定输出限流值。

（2）改变整流设备的负载电阻值，使整流设备的输出电流逐步增大。到达限流整定值时，如果继续减小负载电阻值，模块应持续降低输出电压，使输出电流保持不变，该点的电流值即为限流点。负载电阻越小，电压下降得越快，说明限流性能越好。

五、输入功率因数及模块效率测量

目前，整流模块一般均加装功率因数校正电路，输入的功率因数可以达到 0.9 以上，效率可以达到 90%以上。

输入功率因数和效率的测量，要求输入电压、输入频率、输出电压和输出电流为模块的额定值。

六、开关机过冲幅值和软启动时间测量

整流模块保持输出电压稳定，主要依靠模块内部的输出电压反馈电路来实现。但由于电压反馈需要一定的时间，因此，在反馈电路起作用以前，整流模块将会出现瞬间的输出过压现象，然后反馈电路起作用使整流模块实现稳压输出。

开机过冲现象的检测需要 20MHz 存储记忆示波器，具体操作步骤如下。

（1）将模块输出电压接入示波器，适当调整示波器的工作参数。

（2）调节模块输入电压为额定值，直流输出电压为出厂整定值。

（3）调节负载电流为 100%额定值，测量整流模块直流输出电压，将该电压值作为模块输出电压的整定值。

（4）反复作开机和关机试验 3 次，用记忆示波器记录其输出电压波形，开关电源最大和最小峰值不超过直流输出电压整定值的±10%。根据直流输出波形，读出模块从启动开始到稳压输出的时间即为模块的软启动时间。

七、绝缘电阻及杂音

在常温条件下，用绝缘电阻测试仪 500V 挡测量整流模块的交流部分对地、直流部分对地和交流对直流的绝缘电阻。要求绝缘电阻不小于 2MΩ。

整流模块电气指标要求见表 5-11。

表 5-11　　　　　　　　　　　　　整流模块电气指标要求

项　　目	指　标　要　求	负　载　条　件
输入电压范围	（85%～110%）U_e	
输入频率范围	48～52Hz	
输入高压保护	≥115%U_e	
输入欠压保护	≤80%U_e	
输入功率因数	≥0.92（输出功率≥1500W） ≥0.95（输出功率＜1500W）	额定负载
模块效率	≥90%（输出功率≥1500W） ≥85%（输出功率＜1500W）	额定负载
输出电压调节范围	43.2～57.6V	（85%～110%）U_e、（5%～100%）I_e
稳压精度	≤±0.6%	（85%～110%）U_e、（5%～100%）I_e
源效应	≤±0.1%	（85%～110%）U_e
负载效应	≤±0.5%	（5%～100%）I_e
输出限流设定	30%～110%I_e	
模块均流不平衡度	≤±5%	50%，75%，100%I_e
启动冲击（浪涌）电流	≤±150%	
开机过冲幅度	≤±10%U_e	
电压瞬态响应	≤±5%整定电压	突加额定负载
软启动时间	3～10s	启动至输出标称电压的时间
瞬态响应时间	≤200μs	突加额定负载，输出超出稳压精度的时间
绝缘电阻	≥2MΩ	试验电压为直流 500V
噪声	≤5dB	1m 处测量

整流模块除了以上技术指标外，还有一项非常重要的技术指标是整流模块直流输出的杂音电压。杂音指标的好坏将直接影响通信质量。

任务7　直流杂音电压的测量

杂音电压是指在一定的频率范围内，所有杂音电压信号的有效值之和。直流电源的杂音电压主要来源于整流元器件、滤波、交流电的共模谐波和电磁辐射及负载的反灌杂音电压等。直流杂音电压超出过大，容易引起通话质量下降、误码率增大和系统有效传输速率下降等。在信息产业部的电源维护规程中对各类杂音电压指标均有明确的要求。直流电源的杂音电压测量应在直流配电屏的输出端，整流设备应以稳压方式与电池并联浮充工作，并且电网电压、输出电流和输出电压在允许变化范围内进行测量。直流杂音电压可以分为电话衡重杂音电压、峰-峰值杂音电压、宽频杂音电压和离散杂音电压。

一、衡重杂音电压的测量

通常所说的杂音电压是指在一定频率范围内所有干扰杂音电压信号的有效值总和。由于人耳对不同频率的感知程度有所不同，为了通过电话机能真实反应人耳对声音的感觉，于是在所用的测试仪表中串接一只类似人耳对各频率不同感觉的衡量网络，用这种方式测得的杂音电压称为衡重杂音电压。这类表的检波应采用有效值检波方式。

测试电源杂音电压的目的是测量直流电源中的交流干扰杂音电压，为防止直流电压进入仪表而造成仪表损坏，需要在仪表输入端中串接隔直电容器，它的耐压应是直流电流电压的 1.5 倍以上（即 100V 以上）。为了防止正、负极性的错接，该电容器应是无极性的，同时为了让 300Hz 以上的干扰信号杂音电压无压降地输入测试仪表，要求串接的电容器阻抗远远小于 600Ω 的平衡输入阻抗。实际测量中一般要求电容器的容量在 10μF 以上。电容器阻抗的计算公式如下：

$$X_C = \frac{1}{2\pi fc} = \frac{1}{2\pi \times 300 \times 10 \times 10^{-6}} = 53\Omega \ll 600\Omega \tag{5-6}$$

为了防止在测量时，仪表输入的测试线正负极性接错，造成短路发生意外而损坏设备和仪表，要求仪表的外壳应处于悬浮状态。测试用仪表如果本身需要接交流电源时，通常电源插头有 3 个脚，其中，中间脚是保护接地，它与仪表外壳相通，为了使仪表的外壳处于悬浮状态，方法是去掉仪表电源线插头上的中芯头或另用二芯电源接线板（即中芯头不接地），如图 5-20 所示。

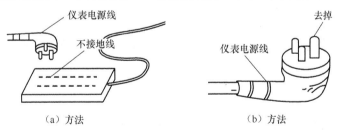

图 5-20　机壳悬浮方法

衡重杂音电压的测量通常选用 QZY-11 型宽频杂音电压计，仪表机壳应悬浮。测试接线图如图 5-21 所示。

衡重杂音电压的测量步骤如下。

（1）打开仪表电源、预热约 20min。

（2）调零：阻抗挡至 600Ω，功能挡至需要测试的频段，调节校零电位计使仪表指示∞（零电压）。

（3）自校：阻抗挡至校准，调节校准电位计，使表针指示 0dB（红线）。

（4）完成上述步骤后，调节阻抗挡至 600Ω，功能挡至电话，平衡挡至平衡 a/b，电平挡至+40dB（100V），时间挡至 200ms。将测试线接入平衡输入插孔，负极性端输入线串接一只大于 10mF/100V 的隔直无极性电容，另一条输入线接至正极性端。

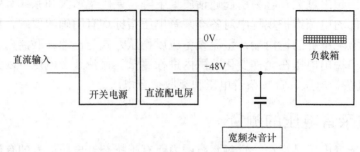

图 5-21　电话衡重杂音电压测试接线图

（5）调节电压挡，使表针指示为清晰读数，记下表头指针指示的电压即为衡重杂音电压。电压值应<2 mV。

（6）测试完毕，电平挡调至+40dB，关闭仪表电源，拆除测试线。

二、宽频杂音电压的测量

宽频杂音电压是各次谐波的均方根，由于其频率范围大，故分成 3 个频段来衡量，分别是：Ⅰ频段 15Hz～3.4kHz、Ⅱ频段 3.4～150kHz、Ⅲ频段 150kHz～30MHz。其中Ⅰ频段在音频（电话频段）以内，Ⅰ频段杂音过大对通信设备内部特别是音频电路影响很大，对这一频段的杂音用峰-峰杂音电压指标来衡量。音频（电话频段）以上的频率（Ⅱ频段和Ⅲ频段）干扰，对于通话质量影响不大，因而对此要求有所降低，但它对通信设备的正常运行会产生干扰。选用高频开关电源作为整流器有可能会产生频率较高的干扰信号而影响数字通信、数据通信及移动通信系统。

宽频杂音电压用有效值检波的仪表来测量。Ⅱ频段和Ⅲ频段的杂音电压要求如下：

3.4～150kHz（≤100mV）；

150kHz～30MHz（≤30mV）。

宽频杂音电压的测量选用 QZY-11 宽频杂音电压计，仪表机壳应悬浮。仪表校准的步骤同衡重杂音电压测量方法。

（1）打开仪表电源预热。

（2）调零、自校。

（3）测试：阻抗挡至 75Ω，电平挡至+10dB（30V），时间挡至 200ms，测试同轴线中串入一只大于 10μF/100V 的无极性电容。将同轴线的线芯接入电源负极性端，同轴网接入电源正极性端，功能挡分别调到Ⅱ频段（3.4～150kHz）和Ⅲ频段（150kHz～30MHz）。

（4）记录：调节电平挡，仪表指示为清晰读数，分别记下表头指示电压值。若为电平值读数应换算至电压值。当有严重电磁干扰时，可在测试线两端并入 0.1μF/100V 的无极性电容。

（5）关表：调回电平挡至+10dB，拆线关表电源。

三、峰-峰值杂音电压的测量

通过衡重及宽频杂音电压的测试，对于 300Hz 以上信号的杂音电压都进行了监测和分析，而缺少对于 300Hz 以下的电源杂音电压的分析。这些低频杂音电压，主要来源于市电整流后对直流电源进行滤波时所遗漏的干扰杂音，它主要对一些音频及低频电路带来较大的危害。

峰-峰值杂音电压是指杂音电压波形的波峰与波谷之间的幅值电压，它的测量一般用示波器来观察。因为观察 300Hz 以下的低频波形要求示波器的扫描速度较慢，所以采用 20MHz 以上扫描频率的示波器时，可以观察到稳定、清晰的波形。

在测量系统峰-峰值杂音电压波形时，首先应确定在示波器屏幕上能显示 300Hz 以下谐波分量，再测量波形波峰与波谷之间的电压值。开关电源系统要求峰-峰值杂音电压指标小于200mV。

四、离散杂音电压的测量

通过对 3.4kHz～30MHz 的宽频杂音电压测试，掌握了在这一频带内所有干扰信号有效值的总和，但它不能具体反映对于某一个干扰频率的干扰量，为了了解这一频段内的每一个干扰频率的具体数值，需要对 3.4kHz～30MHz 范围内各干扰频率的电压进行测试，这就是离散杂音电压的测量。离散杂音电压测量时将 3.4kHz～30MHz 的频率范围划分成几个频段，在不同频段中有不同的电压要求，每个频段中测出的最高电压值都应小于以下规定值。

3.4～150kHz（≤5mV）

150～200kHz（≤3mV）

200～500kHz（≤2mV）

500kHz～30MHz（≤1mV）

离散杂音电压的测量选用 ML-422C 选频表或频谱分析仪，仪表机壳应悬浮。

以上介绍了电源系统中常见的一些杂音及测量，另外还有反灌杂音电流、反灌相对衡重杂音电流等，在此不再介绍。在实际工作中，分析判断系统杂音电压的来源是比较复杂的，解决的总体思路是局部解决问题，如可以关掉部分整流器或由蓄电池单独供电来判断是由某整流器还是负载设备反馈过来的杂音电压干扰。

过关训练

1．开关电源由哪些部分组成？

2．开关电源的日常维护应测试和检查哪些项目？周期维护呢？

3．为什么不能将开关电源长期置于均充状态？

4．如何更换直流配电单元中蓄电池组的熔断器？

5．如何进行更换故障整流模块？

6．如何检查和排除开关电源"防雷器故障"？

7．监控模块出现故障的时候，是否会影响开关电源系统正常的直流供电？

8．简述开关电源模块的开机步骤。

9．如何在监控开关电源模块中手动完成浮充到均充的转换操作？

10．如何在开关电源上操作完成蓄电池的核对性放电实验？

11．在开关电源监控模块中设置蓄电池定期均充周期。

12．在开关电源监控模块中设置蓄电池组的组数和容量。

13．在开关电源中设置蓄电池的温度补偿系数。

14．在开关电源上设置脱离电压。

本模块学习目标、要求

- 通信蓄电池发展
- 阀控蓄电池构成、分类
- 阀控蓄电池工作原理
- 阀控蓄电池技术指标
- 阀控蓄电池的维护使用与注意事项

通过学习，掌握阀控蓄电池的工作原理；掌握阀控铅蓄电池的基本结构及各组成部分的作用；掌握阀控铅蓄电池容量的概念；理解使用因素对实际容量的影响；理解阀控铅蓄电池的失效原因；掌握阀控蓄电池的维护与使用。

本模块问题引入

蓄电池是通信电源系统中，直流供电系统的重要组成部分。在市电正常时，蓄电池与整流器并联运行，蓄电池自放电引起的容量损失便在全浮充过程被补足，这时，蓄电池组起平滑滤波作用。因为电池组对交流成分有旁路作用，从而保证了负载设备对电压的要求。在市电中断或整流器发生故障时，由蓄电池单独向负荷供电，以确保通信不中断。

任务 1 蓄电池的分类、特点及基本结构

一、通信用蓄电池发展概述

铅酸蓄电池的发明距今已有 140 余年的历史，以往的铅酸蓄电池均为开口式或防酸隔爆式。开口式铅酸蓄电池有两个主要缺点。

① 充电末期水会分解为氢、氧气体析出，需经常加酸、加水，维护工作繁重。

② 气体溢出时携带酸雾，腐蚀周围设备，并污染环境。由于充放电时析出的酸雾污染、腐蚀环境，因此，限制了电池的应用。

自 20 世纪 50 年代起，科学技术发达国家先后解决了防酸式铅酸电池的致命缺点，它可以把铅蓄电池密封起来，获得干净的绿色能源。

20 世纪 90 年代后，电信部门大量使用了阀控式铅蓄电池作为后备电源，阀控式铅蓄电池在电源产品中占有重要地位。

进入 20 世纪 90 年代后，阀控式密封铅酸蓄电池生产技术有了很大进展，进入了成熟期。

二、蓄电池的分类

把物质的化学能转变为电能的设备，称为化学电池，一般简称为电池。

以酸性水溶液为电解质称为酸蓄电池，以碱性水溶液为电解质者称为碱蓄电池。因为酸蓄电池电极是以铅及其氧化物为材料，故又称为铅蓄电池。铅蓄电池按其工作环境又可分为移动式和固定式两大类，如图 6-1 所示。固定型铅蓄电池按电池槽结构分为半密封式及密封式，半密封式又有防酸式及消氢式。依据电解液数量还可将铅酸电池分为贫液式和富液式，密封式电池均为贫液式，半密封式电池均为富液式。

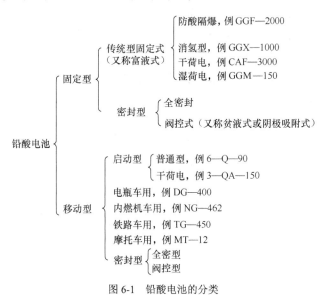

图 6-1　铅酸电池的分类

阀控式铅酸蓄电池的型号识别举例如下。

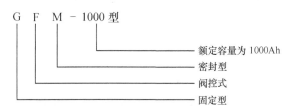

三、阀控式密封铅酸蓄电池的特点

阀控式密封铅酸蓄电池（Valve Regulated Lead Acid Battery），简称 VRLA 电池，具有以下特点。

（1）电池荷电出厂，安装时不需要辅助设备，安装后即可使用。

（2）在电池整个使用寿命期间，无需添加水及调整酸比重等维护工作，具有"免维护"功能。

（3）不漏液、无酸雾、不腐蚀设备，可以和通信设备安装在同一房间，节省了建筑面积。

（4）采用具有高吸附电解液能力的隔板，化学稳定性好，加上密封阀的配置，可使蓄电池在不同方位安置。

（5）与同容量防酸式蓄电池相比，阀控式密封蓄电池体积小、重量轻、自放电低。

（6）电池寿命长，25℃下浮充状态使用可达10年以上。

四、阀控式铅蓄电池的基本结构

阀控式铅蓄电池的基本结构如图6-2所示。它由正负极板、隔板、电解液、安全阀、气塞、外壳等部分组成。正负极板均采用涂浆式极板，活性材料涂在特制的铅钙合金骨架上。这种极板具有很强的耐酸性、很好的导电性和较长的寿命，自放电速率也较小。隔板采用超细玻璃纤维制成，全部电解液注入极板和隔板中，电池内没有流动的电解液，即使外壳破裂，电池也能正常工作。电池顶部装有安全阀，当电池内部气压达到一定数值时，安全阀自动开启，排出气体。电池内气压低于一定数值时，安全阀自动关闭，顶盖上还备有内装陶瓷过滤器的气塞，即防酸雾垫，它可以防止酸雾从蓄电池中逸出。正负极接线端子用铅合金制成，采用全密封结构，并且用沥青封口。

在阀控铅蓄电池中，电解液全部吸附在隔板和极板中，负极活性物质（海绵状铅）在潮湿条件下活性很大，能与氧气快速反应。充电过程中，正极板产生的氧气通过隔板扩散到负极板，与负极活性物质快速反应，化合成水。因此，在整个使用过程中，不需要加水补酸。

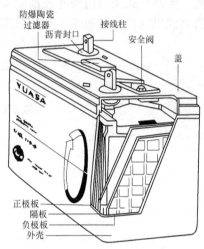

图 6-2 阀控铅蓄电池的结构

任务2 阀控式铅酸蓄电池的基本原理

一、化学反应原理

阀控式铅酸蓄电池的化学反应原理：充电时将电能转化为化学能在电池内储存起来，放电时将化学能转化为电能供给外系统。阀控式铅酸蓄电池正极板上的活性物质是二氧化铅（PbO_2），负极板上的活性物质为纯铅（Pb），电解液由蒸馏水和纯硫酸按一定的比例配制而成。因为正、负极板上的活性物质的性质是不同的，当两种极板放置在同一硫酸溶液中时，各自发生不同的化学反应而产生不同的电极电位。

其充电和放电过程是通过化学反应完成的，化学反应式如下。

（1）放电过程的化学反应

$$\underset{\text{正极}}{PbO_2} + \underset{\text{硫酸}}{2H_2SO_4} + \underset{\text{负极}}{Pb} \xrightarrow{\text{放电}} \underset{\text{正极}}{PbSO_4} + \underset{\text{水}}{2H_2O} + \underset{\text{负极}}{PbSO_4} \qquad (6\text{-}1)$$

（2）充电过程的化学反应

$$\underset{\text{正极}}{PbSO_4} + \underset{\text{水}}{2H_2O} + \underset{\text{负极}}{PbSO_4} \xrightarrow{\text{充电}} \underset{\text{正极}}{PbO_2} + \underset{\text{硫酸}}{2H_2SO_4} + \underset{\text{负极}}{Pb} \qquad (6\text{-}2)$$

充电过程后期，极板上的活性物质大部分已经还原，如果再继续大电流充电，充电电流只能起分解水的作用。这时，负极板上将有大量的氢气（H_2）逸出，正极板上将有大量氧气（O_2）逸出，蓄电池产生剧烈的冒气。不仅要消耗大量电能，而且由于冒气过甚，会使极板活性物质受冲击而脱落。所以应避免充电后期电流过大。

铅酸蓄电池的工作（即充电和放电）原理，可以用"双硫酸化理论"来说明。

双硫酸化理论的含义是：铅酸蓄电池在放电时，两极活性物质与硫酸溶液发生作用，都变成硫酸化合物——硫酸铅（$PbSO_4$）；而充电时，两个电极上的 $PbSO_4$ 又分别恢复为原来的物质铅（Pb）和二氧化铅（PbO_2），而且这种转化过程是可逆的。其总的化学反应方程式为：

$$\underset{\text{二氧化铅}}{\underset{\text{(正极)}}{PbO_2}} + \underset{\text{硫酸}}{\underset{\text{(电解液)}}{2H_2SO_4}} + \underset{\text{海棉状铅}}{\underset{\text{(负极)}}{Pb}} \underset{\overset{\text{充电}}{\longleftarrow}}{\overset{\text{放电}}{\longrightarrow}} \underset{\text{硫酸铅}}{\underset{\text{(正极)}}{PbSO_4}} + \underset{\text{水}}{\underset{\text{(电解液)}}{2H_2O}} + \underset{\text{硫酸铅}}{\underset{\text{(负极)}}{PbSO_4}} \qquad (6\text{-}3)$$

这样的放电与充电过程循环进行，可以重复多次，直到铅酸蓄电池寿命终结为止。

二、氧循环原理

从上面反应式可看出，充电过程中存在水分解反应，当正极充电到 70%时，开始析出氧气，负极充电到 90%时开始析出氢气，由于氢气、氧气的析出，如果反应产生的气体不能重新复合利用，电池就会失水干涸；对于早期的传统式铅酸蓄电池，由于氢气、氧气的析出及从电池内部逸出，不能进行气体的再复合，是需经常加酸加水维护的重要原因；而阀控式铅酸蓄电池能在电池内部对氧气再复合利用，同时抑制氢气的析出，克服了传统式铅酸蓄电池的主要缺点。

阀控式铅酸蓄电池采用负极活性物质过量设计，AGM 或 GEL 电解液吸附系统，正极在充电后期产生的氧气通过 AGM 或 GEL 空隙扩散到负极，与负极海绵状铅发生反应变成水，使负极处于去极化状态或充电不足状态，达不到析氢过电位，所以负极不会由于充电而析出氢气，电池失水量很小，故使用期间不需加酸、加水维护。

阀控式铅酸蓄电池氧循环原理，如图 6-3 所示。

可以看出，在阀控式铅酸蓄电池中，负极起着双重作用，即在充电末期或过充电时，一方面极板中的海绵状铅与正极产生的氧气反应而被氧化成一

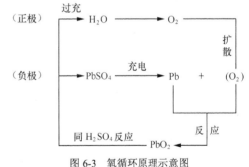

图 6-3　氧循环原理示意图

氧化铅，另一方面是极板中的硫酸铅又要接受外电路传输来的电子进行还原反应，由硫酸铅反应成海绵状铅。

在电池内部，若要使氧的复合反应能够进行，必须使氧气从正极扩散到负极。氧的移动过程越容易，氧循环就越容易建立。

在阀控式蓄电池内部，氧以两种方式传输：一是溶解在电解液中的方式，即通过在液相中的扩散，到达负极表面；二是以气相的形式扩散到负极表面。传统富液式电池中，氧的传输只能依赖于氧在正极区 H_2SO_4 溶液中溶解，然后依靠在液相中扩散到负极。

如果氧呈气相在电极间直接通过开放的通道移动，那么氧的迁移速率就比单靠液相中扩散大得多。充电末期正极析出氧气，在正极附近有轻微的过压，而负极化合了氧，产生一轻微的

真空，于是正、负极间的压差将推动气相氧经过电极间的气体通道向负极移动。阀控式铅蓄电池的设计提供了这种通道，从而使阀控式电池在浮充所要求的电压范围内工作，而不损失水。

对于氧循环反应效率，AGM 电池具有良好的密封反应效率，在贫液状态下氧复合效率可达 99% 以上；胶体电池氧再复合效率相对小些，在干裂状态下，可达 70%～90%；富液式电池几乎不建立氧再化合反应，其密封反应效率几乎为零。

三、充放电特性

铅酸蓄电池以一定的电流充、放电时，其端电压的变化，如图 6-4 所示。

1．放电中电压的变化

电池在放电之前活性物质微孔中的硫酸浓度与极板外主体溶液浓度相同，电池的开路电压与此浓度相对应。放电一开始，活性物质表面处（包括孔内表面）的硫酸被消耗，酸浓度立即下降，而硫酸由主体溶液向电极表面的扩散是缓慢过程，不能立即补偿所消耗的硫酸，故活性物质表面处的硫酸浓度继续下降，而决定电极电势数值的正是活性物质表面处的硫酸浓度，结果导致电池端电压明显下降，见曲线 OE 段。

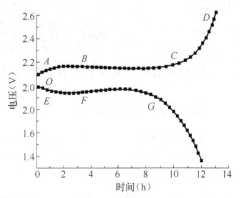

图 6-4　蓄电池 10 小时率充放电特性

随着活性物质表面处硫酸浓度的继续下降，与主体溶液之间的浓度差加大，促进了硫酸向电极表面的扩散过程，于是活性物质表面和微孔内的硫酸得到补充。在一定的电流放电时，在某一段时间内，单位时间消耗的硫酸量大部分可由扩散的硫酸予以补充，所以活性物质表面处的硫酸浓度变化缓慢，电池端电压比较稳定。但是由于硫酸被消耗，整体的硫酸浓度下降，又由于放电过程中活性物质的消耗，其作用面积不断减少，真实电流密度不断增加，过电位也不断加大，故放电电压随着时间还是缓慢地下降，见曲线 EFG 段。

随着放电继续进行，正、负极活性物质逐渐转变为硫酸铅，并向活性物质深处扩展。硫酸铅的生成使活性物质的孔隙率降低，加剧了硫酸向微孔内部扩散的困难，硫酸铅的导电性不良，电池内阻增加，这些原因最后导致在放电曲线的 G 点（1.75V 左右）后，电池端电压急剧下降，达到所规定的放电终止电压。

2．充电中的电压变化

在充电开始时，由于硫酸铅转化为二氧化铅和铅，有硫酸生成，因而活性物质表面硫酸浓度迅速增大，电池端电压沿着 OA 急剧上升。当达到 A 点后，由于扩散、活性物质表面及微孔内的硫酸浓度不再急剧上升，端电压的上升就较为缓慢（ABC）。这样活性物质逐渐从硫酸铅转化为二氧化铅和铅，活性物质的孔隙也逐渐扩大，孔隙率增加。随着充电的进行，逐渐接近电化学反应的终点，即充电曲线的 C 点（2.35V 左右）。到达 C 点以后，继续充电将产生大量气体。当极板上所存硫酸铅不多，通过硫酸铅的溶解提供电化学氧化和还原所需的 Pb^{2+} 极度缺乏时，反应的难度增加，当这种难度相当于水分解的难度时，即在充入电量 70% 时开始析氧，即副反应 $2H_2O \rightarrow O_2 + 4H^+ + 4e^-$，充电曲线上端电压明显增加。当充入电量达 90% 以后，负极上的副反应，即析氢过程发生,这时电池的端电压达到 D 点,两极上大量析出气体,进行水的电解过程,端电压又达到一个新的稳定值,其数值取决于氢和氧的过电位,正常情况下该恒定值约为 2.6V。

任务 3　阀控式铅酸蓄电池的主要性能参数

一、主要性能参数

铅酸蓄电池的电性能用下列参数量度:电池电动势、开路电压、终止电压、工作电压、放电电流、容量、电池内阻、储存性能、使用寿命(浮充寿命、充放电循环寿命)等。

1．电池电动势、开路电压、工作电压

当蓄电池用导体在外部接通时,正极和负极的电化反应自发地进行,倘若电池中电能与化学能转换达到平衡时,正极的平衡电极电势与负极平衡电极电势的差值,便是电池电动势,它在数值上等于达到稳定值时的开路电压。电动势与单位电量的乘积,表示单位电量所能做的最大电功。但电池电动势与开路电压意义不同:电动势可依据电池中的反应利用热力学计算或通过测量计算,有明确的物理意义。后者只在数字上近于电动势,需视电池的可逆程度而定。

电池在开路状态下的端电压称为开路电压。电池的开路电压等于电池正极电极电势与负极电极电势之差。

电池工作电压是指电池有电流通过(闭路)的端电压。在电池放电初始的工作电压称为初始电压。电池在接通负载后,由于欧姆电阻和极化过电位的存在,电池的工作电压低于开路电压。

2．容量

电池容量是指电池储存电能的数量,以符号 C 表示。常用的单位为安培小时,简称安时(Ah)或毫安时(mAh)。电池容量是电池储存电量多少的标志,有理论容量、额定容量和实际容量之分。

(1)理论容量

理论容量是假设活性物质全部反应放出的电量。

(2)额定容量

额定容量是电池规定在 25℃环境温度下,以 10 小时率电流放电,应该放出最低限度的电量(Ah)。

① 放电率。放电率是针对蓄电池放电电流大小,分为时间率和电流率。

放电时间率指在一定放电条件下,放电至放电终止电压的时间长短。依据 IEC(国际电工委员会)标准,放电时间率有 20,10,5,3,2,1,0.5 小时率及分钟率,分别表示为:20Hr,10Hr,5Hr,3Hr,2Hr,1Hr,0.5Hr 等。

② 放电终止电压。铅酸蓄电池以一定的放电率在 25℃环境温度下放电至能再反复充电使用的最低电压称为放电终止电压。大多数固定型电池规定以 10Hr 放电时(25℃)终止电压为 1.8V/只。终止电压值视放电速率和需要而决定。通常,为使电池安全运行,小于 10Hr 的小电流放电,终止电压取值稍高,大于 10Hr 的大电流放电,终止电压取值稍低。在通信

电源系统中，蓄电池放电的终止电压，由通信设备对基础电压要求而定。

放电电流率是为了比较标称容量不同的蓄电池放电电流大小而设立的，通常以 10 小时率电流为标准，用 I_{10} 表示。3 小时率及 1 小时率放电电流则分别以 I_3、I_1 表示。

③ 额定容量。固定铅酸蓄电池规定在 25℃ 环境下，以 10 小时率电流放电至终了电压所能达到的额定容量。10 小时率额定容量用 C_{10} 表示。10 小时率的电流值为

$$I_{10} = \frac{C_{10}}{10} = 0.1C_{10} \qquad (6-4)$$

其他小时率下容量表示方法为：

3 小时率容量（Ah）用 C_3 表示，在 25℃ 环境温度下实测容量（Ah）是放电电流与放电时间（h）的乘积，阀控式铅酸固定型电池 C_3 和 I_3 值应该为

$$C_3 = 0.75\, C_{10} \qquad \text{(Ah)} \qquad (6-5)$$
$$I_3 = 2.5\, I_{10} \qquad \text{(A)} \qquad (6-6)$$

1 小时定容量（Ah）用 C_1 表示，实测 C_1 和 I_1 值应为

$$C_1 = 0.55\, C_{10} \qquad \text{(Ah)} \qquad (6-7)$$
$$I_1 = 5.5\, I_{10} \qquad \text{(A)} \qquad (6-8)$$

（3）实际容量

实际容量是指电池在一定条件下所能输出的电量。

所谓电池的实际容量，是指在特定的放电电流、电解液温度和放电终止电压等条件下，蓄电池实际放出的电量。它等于放电电流与放电时间的乘积，单位为 Ah。它不是一个恒定的常数。

阀控式铅酸蓄电池规定的工作条件一般为：10 小时率电流放电，电池温度为 25℃，放电终止电压为 1.8V。

3．内阻

电池内阻包括欧姆内阻和极化内阻，极化内阻又包括电化学极化与浓差极化。内阻的存在，使电池放电时的端电压低于电池电动势和开路电压，充电时端电压高于电动势和开路电压。电池的内阻不是常数。因为活性物质的组成、电解液浓度和温度都在不断地改变，故在充放电过程中电池的内阻随时间不断变化。

欧姆内阻遵守欧姆定律。极化电阻随电流密度增加而增大，但不是线性关系，通常随电流密度的对数增大而线性增大。

4．循环寿命

蓄电池经历一次充电和放电，称为一次循环（一个周期）。在一定放电条件下，电池工作至某一容量规定值之前，电池所能承受的循环次数，称为循环寿命。

各种蓄电池使用循环次数都有差异，传统固定型铅酸电池约为 500～600 次，启动型铅酸蓄电池约为 300～500 次，阀控式密封铅酸蓄电池循环寿命为 1000～1200 次。影响循环寿命的因素：一是厂家产品的性能，二是维护工作的质量。固定型铅酸蓄电池可以用寿命来衡量，还可以用浮充寿命（年）来衡量。阀控式密封铅酸蓄电池浮充寿命一般在 10 年以上。

对于启动型铅酸蓄电池，按我国机电部颁标准，采用过充电耐久能力及循环耐久能力单元数来表示寿命，而不采用循环次数来表示寿命。即过充电单元数应在 4 以上，循环耐久能力单元数应在 3 以上。

5. 能量

电池的能量是指在一定放电制度下，蓄电池所能给出的电能，通常用瓦时（Wh）表示。

电池的能量分为理论能量和实际能量。理论能量 $W_{理}$ 可用理论容量和电动势（E）的乘积表示，即：

$$W_{理}=C_{理}E \tag{6-9}$$

电池的实际能量为一定放电条件下的实际容量 $C_{实}$ 与平均工作电压 $U_{平}$ 的乘积，即

$$W_{实}=C_{实}U_{平} \tag{6-10}$$

常用比能量来比较不同的电池系统。比能量是指电池单位质量或单位体积所能输出的电能，单位分别是 Wh/kg 或 Wh/L。

比能量有理论比能量和实际比能量之分。前者指 1kg 电池反应物质完全放电时理论上所能输出的能量。实际比能量为 1kg 电池反应物质所能输出的实际能量。

由于各种因素的影响，电池的实际比能量远小于理论比能量。实际比能量和理论比能量的关系可表示为：

$$W_{实}=W_{理} \cdot K_V \cdot K_R \cdot K_m \tag{6-11}$$

式（6-11）中，K_V——电压效率；

K_R——反应效率；

K_m——质量效率。

电压效率是指电池的工作电压与电动势的比值。电池放电时，由于电化学极化、浓差极化和欧姆压降，工作电压小于电动势。

反应效率表示活性物质的利用率。

电池的比能量是综合性指标，它反映了电池的质量水平，也表明生产厂家的技术和管理水平。

6. 储存性能

蓄电池在储存期间，由于电池内存在杂质，如正电性的金属离子，这些杂质可与负极活性物质组成微电池，发生负极金属溶解和氢气的析出。又如溶液中及从正极板栅溶解的杂质，若其标准电极电位介于正极和负极标准电极电位之间，则会被正极氧化，又会被负极还原。所以有害杂质的存在，使正极和负极活性物质逐渐被消耗，而造成电池丧失容量，这种现象称为自放电。

电池自放电率用单位时间内容量降低的百分数表示：即用电池储存前（C'_{10}）和储存后（C''_{10}）容量差值和储存时间 T（天、月）的容量百分数表示：

即

$$X\% = \frac{C'_{10} - C''_{10}}{C_{10}T} \times 100\% \tag{6-12}$$

二、影响电池容量的因素

影响电池容量的主要因素有：放电率、放电温度、电解液浓度和终止电压等。

1. 放电率的影响

放电至终止电压的快慢叫做放电率，放电率可用放电电流的大小，或者用放电到终止电压的时间长短来表示，分为时间率和电流率。一般都用时间表示，其中以 10 小时率为正常

放电率。

对于一给定电池，在不同时率下放电，将有不同容量。例如：GFM-1000 电池在常温下不同放电率放电时的容量，见表 6-1。

表 6-1 常温下不同放电率放电时的容量

放电率（Hr）	1	2	3	4	5	8	10	12	20
容量（Ah）	550	656	750	790	850	944	1000	1045	1100

可见，放电率越高，放电电流越大。这时，极板表面迅速形成 $PbSO_4$。而 $PbSO_4$ 的体积比 PbO_2 和 Pb 大，堵塞了多孔电极的孔口，电解液则不能充分供应电极内部反应的需要，电极内部活性物质得不到充分利用，因而高倍率放电时容量降低。

2．电解液温度的影响

环境温度对电池的容量影响很大。在一定环境温度范围内放电时，实际使用容量随温度升高而增加，随温度降低而减小。

电解液在温度较高时，其离子运动速度增加，扩散能力加强，电解液内阻减小，放电时电流通过电池内部，压降损耗减小，所以电池容量增大；当电解液温度下降时，则容量降低。

但环境温度不能过高，若在环境温度超过 40℃条件下放电，则电池容量明显减小。因为正极活性物质结构遭到破坏，若放电转变为 $PbSO_4$，其颗粒间就形成了电气绝缘，所以电池容量反而减小。

依据国家标准，阀控式密封铅蓄电池放电时，若温度不是标准温度（25℃），则需要将实测电量 C_t 换算成标准温度的实际容量 C_e，即

$$C_e = \frac{C_t}{1 + k(t - 25)} \qquad (6\text{-}13)$$

式（6-13）中，C_t—— 非标准温度下电池放电量；

$\qquad t$—— 放电时的环境温度；

$\qquad k$—— 温度系数。

10 小时率容量试验时 $k=0.006/℃$，3 小时率容量试验时 $k=0.008/℃$，1 小时率容量试验时 $k=0.01/℃$。

3．电解液浓度的影响

电解液浓度影响电解液扩散速度和电池内阻。在实用范围内，电池容量随电解液浓度的增大而提高。但也不可浓度过大，因浓度高则黏度增加，反而影响电液扩散，降低输出容量。

4．终止电压的影响

电池的容量与端电压降低的快慢有密切关系。终止电压是按实际需要确定的，小电流放电时，终止电压要定得高些；大电流放电时，终止电压要定得低些。因为小电流放电时，硫酸铅结晶易在孔眼内部生成，而且结晶较细，由于孔眼率较高，电解液便于内外循环，因此，电池的内阻小，电势下降就慢。如果不提高终了电压值，将会造成电池深度过量放电，使极板硫酸化，故而终止电压规定得高些。大电流放电时，由于扩散速度跟不上，端电压降低很快，容量发挥不出来，因此，终止电压应定得低些。

另外，电池容量还与电池的新旧程度、局部放电等因素有关。

三、阀控式铅酸蓄电池维护的技术指标

（1）容量：额定容量是指蓄电池容量的基准值，容量指在规定放电条件下蓄电池所放出的电量。

（2）最大放电电流：在电池外观无明显变形，导电部件不熔断条件下，电池所能容忍的最大放电电流。

（3）耐过充电能力：完全充电后的蓄电池能承受过充电的能力。

（4）容量保存率：电池达到完全充电后静置数十天，由保存前后容量计算出的百分数。

（5）密封反应性能：在规定的试验条件下，电池在完全充电状态，每安时放出气体的量（mL）。

（6）安全阀动作：为了防止因蓄电池内压异常升高损坏电池槽而设定了开阀压；为了防止外部气体自安全阀侵入，影响电池循环寿命，而设立了闭阀压。

（7）防爆性能：在规定的试验条件下，遇到蓄电池外部明火时，在电池内部不引爆、不引燃。

（8）防酸雾性能：在规定的试验条件下，蓄电池在充电过程，内部产生的酸雾被抑制向外部泄放的性能。

任务4　阀控式铅酸蓄电池的失效模式

一、干涸失效模式

从阀控式铅酸蓄电池中排出氢气、氧气、水蒸气、酸雾，都是电池失水的方式和干涸的原因。干涸造成电池失效这一因素是阀控式铅酸蓄电池所特有的。失水的原因主要有 4 个方面。

① 气体再化合的效率低。

② 从电池壳体中渗出水。

③ 板栅腐蚀消耗水。

④ 自放电损失水。

1．气体再化合效率

气体再化合效率与选择浮充电压关系很大。电压选择过低，虽然氧气析出少，复合效率高，但个别电池会由于长期充电不足造成负极盐化而失效，使电池寿命缩短。浮充电压选择过高，气体析出量增加，气体再化合效率低，虽避免了负极失效，但安全阀频繁开启，失水多，正极板栅也有腐蚀，影响电池寿命。

2．从壳体材料渗透水分

各种电池壳体材料的有关性能，见表 6-2。从表中数据看出，ABS 材料的水蒸气渗透率较大，但强度好。电池壳体的渗透率，除取决于壳体材料种类、性质外，还与其壁厚、壳体内外间水蒸气压差有关。

表6-2   电池壳体材料的性能

材料	水蒸气相对渗透率（%）	氧相对渗透率（%）	机械强度	
			拉伸强度（MPa）	缺口冲击强度（kJ·m^{-2}）
ABS	16.6	0.35	21～63	6.0～53
PP	1.00	1	30～40	2.2～6.4
PVC	4.22	4.41	35～55	22～108

3. 板栅腐蚀

板栅腐蚀也会造成水分的消耗，其反应为：

$$Pb + 2H_2O \longrightarrow PbO_2 + 4H^+ + 4e^- \tag{6-14}$$

4. 自放电

正极自放电析出的氧气可以在负极再化合而不至于失水，但负极析出的氢不能在正极复合，会在电池累积，从安全阀排出而失水，尤其是电池在较高温度下储存时，会使自放电加速。

二、容量过早损失的失效模式

在阀控式铅酸蓄电池中使用了低锑或无锑的板栅合金，早期容量损失常容易在以下条件发生。

① 不适宜的循环条件，诸如连续高速率放电、深放电、充电开始时低的电流密度。

② 缺乏特殊添加剂如 Sb、Sn 等。

③ 低速率放电时高的活性物质利用率、电解液高度过剩、极板过薄等。

④ 活性物质视密度过低，装配压力过低等。

三、热失控的失效模式

大多数电池体系都存在发热问题，在阀控式铅酸蓄电池中可能性更大，这是由于氧再化合过程使电池内产生更多的热量；排出的气体量小，减少了热的消散。

若阀控式铅酸蓄电池工作环境温度过高，或充电设备电压失控，则电池充电量会增加过快，电池内部温度随之增加，电池散热不佳，从而产生过热，电池内阻下降，充电电流又进一步升高，内阻进一步降低。如此反复形成恶性循环，直到热失控使电池壳体严重变形、涨裂。为杜绝热失控的发生，要采用相应的措施。

① 充电设备应有温度补偿功能或限流功能。

② 严格控制安全阀质量，以使电池内部气体正常排出。

③ 蓄电池要设置在通风良好的位置，并控制电池温度。

四、负极不可逆硫酸盐化

在正常条件下，铅蓄电池在放电时形成硫酸铅结晶，在充电时能较容易地还原为铅。如果电池的使用和维护不当，例如经常处于充电不足或过放电，负极就会逐渐形成一种粗大坚硬的硫酸铅，它几乎不溶解，用常规方法充电很难使它转化为活性物质，从而减少了电池容量，甚至成为蓄电池寿命终止的原因，这种现象称为极板的不可逆硫酸盐化。

为了防止负极发生不可逆硫酸盐化，必须对蓄电池及时充电，不可过放电。

五、板栅腐蚀与伸长

在铅酸蓄电池中，正极板栅比负极板栅厚，原因之一是在充电时，特别是在过充电时，正极板栅要遭到腐蚀，逐渐被氧化成二氧化铅而失去板栅的作用，为补偿其腐蚀量必须加粗加厚正极板栅。

所以在实际运行过程中，一定要根据环境温度选择合适的浮充电压。浮充电压过高，除引起水损失加速外，也引起正极板栅腐蚀加速。当合金板栅发生腐蚀时，产生应力，致使极板变形、伸长，从而使极板边缘间或极板与汇流排顶部短路；而且阀控式铅酸蓄电池的寿命取决于正极板寿命，其设计寿命是按正极板栅合金的腐蚀速率进行计算的，正极板栅被腐蚀得越多，电池的剩余容量就越少；电池寿命就越短。

任务5　阀控式铅酸蓄电池的使用和维护

一、阀控式铅酸蓄电池的使用

1. 容量选择

阀控式铅酸蓄电池的额定容量是 10 小时率放电容量。电池放电电流过大，则达不到额定容量。因此，应根据设备负载，电压大小等因素来选择合适容量电池。蓄电池总容量应按 YD5040-97《通信电源设备安装设计规范》中的规定配置，计算如下：

$$Q \geqslant \frac{KIT}{\eta[1+\alpha(t-25)]} \tag{6-15}$$

式（6-15）中，

Q——蓄电池容量（Ah）；

K——安全系数，取 1.25；

I——负荷电流（A）；

T——放电小时数（h）；

η——放电容量系数；

t——实际电池所在地最低环境温度数值。所在地有采暖设备时，按 15℃考虑，无采暖设备时，按 5℃考虑；

α——电池温度系数（1/℃），当放电小时率≥10 时，取α=0.006；当 10>放电小时率≥1 时，取α=0.008；当放电小时率<1 时，取α=0.01。

2. 充电机的选择

由于浮充使用和无人值守，要求使用阀控式铅酸蓄电池的充电机具有如下功能。

① 自动稳压。

② 自动稳流。

③ 恒压限流。

④ 高温报警。

⑤ 故障报警。

⑥ 波纹系数不大于 5%。

⑦ 浮充/均充自动转换。

⑧ 温度补偿。

目前，通信运营商基本上采用的都是高频开关电源对阀控式铅酸蓄电池进行充电。

3．阀控式铅酸蓄电池的安装

（1）安装方式

阀控式铅酸蓄电池有高形和矮形两种设计，高形设计的电池体积（高度）、重量大，浓差极化大，影响电池性能，最好卧式放置。矮形电池可立放也可卧放工作。安装方式要根据工作场地与设施而定。

（2）连接方式及导线

阀控式铅酸蓄电池在实际应用中，大电流放电性能特别重要。除电池本身外，连接方式和连接导线的电压降是至关重要的。

① 连接方式。考虑 1000Ah 以上大电池大部分均用 500～1000Ah 并联而成，连接线使用多，要贯彻"多串少并，先串后并"原则。

② 连接导线。根据电缆长度、电缆单位面积载流量标准、直流供电回路的全程压降小于 3V 的原则确定导线的截面积，由此选取对应的电力电缆。

（3）使用注意事项

① 不能将容量、性能和新旧程度不同的电池连在一起使用。

② 连接螺丝必须拧紧。由于脏污和松散的连接会引起电池打火，严重时甚至会引起爆炸，因此，要仔细检查。

③ 安装末端连接线和导通电池系统前，应再次检查系统的总电压和极性连接，以保证正确接线。

④ 由于电池组电压较高，存在着电击的危险，因此，装卸、连接时应使用绝缘工具与防护，防止短路。

⑤ 电池不要安装在密闭的设备和房间内，应有良好通风，最好安装空调。电池要远离热源和易产生火花的地方；要避免阳光直射。

4．运行充电

（1）补充充电与容量试验

阀控式铅酸蓄电池是荷电出厂，由于自放电等原因，投入运行前要作补充充电和一次容量试验。补充充电应按厂家使用说明书进行，各生产厂并不完全一致。

补充充电有两种方法。

① 限流限压（恒流恒压）。即先限定电流，将充电电流限制在 $0.25\,C_{10}$ 以下（一般用 $0.1\,C_{10}$～$0.2\,C_{10}$）充电，待电池端电压上升到 2.35～2.40V 时，立即以 2.35～2.40V 电压改为限压连续充电，在充电电流降到 $0.005C_{10}$ 以下 3h 不变，即认为充足电（充电完毕）。

② 恒压限流充电。在 2.30～2.35V 电压下充电，同时充电电流不超过 $0.25\,C_{10}$，直到充电电流降到 $0.006\,C_{10}$ 以下 3h 不变，就认为电池充足。

补充充电后，进行一次 10 小时率容量检查。

（2）浮充充电

① 浮充工作。

阀控式铅酸蓄电池在现场的工作方式主要是浮充工作制，浮充工作制是在使用中将蓄电池组和整流器设备并接在负载回路作为支持负载工作的唯一后备电源。浮充工作的特点是，一般说电池组平时并不放电，负载的电流全部由整流器供给。当然在实际运行中电池有局部放电以及负载的意外突然增大而放电的情况。

②　浮充充电作用。

蓄电池组在浮充工作制中有两个主要作用。

一是荷电备用。当市电中断或整流器发生故障时，蓄电池组即可担负起对负载单独供电任务，以确保通信不中断。

二是起平滑滤波作用。电池组与电容器一样，具有充放电作用，因而对交流成分有旁路作用。这样，送至负载的脉动成分进一步减少，从而保证了负载设备对电压的要求。

③　浮充电压的原则。

a．浮充电流足以补偿电池的自放电损失。

b．当蓄电池放电后，能依靠浮充电很快地补充损失的电量，以备下一次放电。

c．选择在该充电电压下，电池极板生成的 PbO_2 较为致密，以保护板栅不致于很快腐蚀。

d．尽量减少 O_2 与 H_2 析出，并减少负极盐化。

e．浮充电压的选择还要考虑其他的影响因素，例如电解液浓度以及板栅合金等。

根据浮充电压选择原则与各种因素对浮充电压的影响，国外一般选择稍高的浮充电压，范围可达 2.25～2.33V，国内稍低，2.23～2.27V。不同厂家对浮充电压的具体规定不一样。一般厂家选择浮充电压为 2.25V/单体（环境温度为 25℃情况下），根据环境温度的变化，对浮充电压应作相应调整。

④　浮充电压的温度补偿。

浮充充电与环境温度有密切关系。通常浮充电压是指环境 25℃ 而言，所以当环境温度变化时，需按温度系数补偿，调整浮充电压。不同厂家电池的温度补偿系数不一样，在设置充电机电池参数时，应根据说明书上的规定设置温度补偿系数，如说明书没有写明，应向电池生产厂家咨询确定。一般情况下，电池的温度补偿系数为-3mV/℃。

（3）均充的作用及均充电压和频率

当电池浮充电压偏低或电池放电后需要再充电或电池组容量不足时，需要对电池组进行均衡充电，合适的均充电压和均充频率是保证电池长寿命的基础，对阀控式铅酸蓄电池平时不建议均充，因为均充可能造成电池失水而早期失效，均充电压与环境温度有关。一般单体电池在 25℃环境温度下的均充电压为 2.35V 或 2.30V，如温度发生变化，需及时调整均充电压，均充电压温度补偿系数为 3～4mV/℃。

一般均充频率的设置，应为电池全浮充运行半年，按规定电压均充一次，时间为 12h 或 24h。其他具体均充条件可参见蓄电池说明书。

如果是电池放电后的补充电，则需采用限流限压或恒压限流的补充充电方法。

二、阀控式铅酸蓄电池的日常维护

1．维护检查工作

阀控式铅酸蓄电池并不是"免维护"的，电池的变化是一个渐进和积累的过程，为了保证电池使用良好，做好运行记录是相当重要的，要检测的项目如下。

（1）端电压。

（2）连接处有无松动、腐蚀现象。

（3）电池壳体有无渗漏和变形。

（4）极柱、安全阀周围是否有酸雾酸液逸出。

同时也要定期对开关电源的电池管理参数进行检查，保证电池参数符合要求。例如 48V 开关电源系统的部分参数如下：

① 浮充电压：53.5V（单体 2.23V）。

② 均充电压：56.4V（单体 2.35V）。

③ 浮充温度补偿：是；均充温度补偿：是。

④ 浮充温度补偿系数：$-3mV/℃/$单体；均充温度补偿系数：$-3\sim-4mV/℃/$单体。

⑤ 均充频率：180 天。

⑥ 定时均充时间：12h。

⑦ 高压告警电压：57V；低压告警电压：44V。

⑧ 电池断路保护电压：43.2V。

⑨ 转均充判据：电池容量：95%；

　　　　　　　电池电压：49V；

　　　　　　　放电时间：10min。

⑩ 转浮充判据：后期稳流均充时间：180min；

　　　　　　　稳流均充电流：$\leqslant 0.006\, C_{10}/$组。

2．补充电

阀控式铅酸电池组遇有下列情况之一时应进行充电。

（1）浮充电压有两只以上低于 2.18V/只。

（2）搁置不用时间超过 3 个月或全浮充运行达 6 个月。

（3）单独向通信负荷供电 15min 以上。

（4）电池深放电后容量不足，或放电深度超过 20 %。

三、阀控式铅酸电池容量试验

1．核对性试验

在通信电源维护制度中，规定了由蓄电池组，向实际通信设备进行单独供电，以考查蓄电池是否满足忙时最大平均负荷的需要，这种放电制度，称为核对性放电。

具体做法是：先检查开关电源、交流供电、柴油发电机组是否正常；选择在最大忙时负荷情况，人为使整流器下调浮充电压设置或停电（但一般不建议），让蓄电池单独向通信设备供电，实际负荷需要的电量，全部由蓄电池组承担，放电至该条件下（温度、放电率）蓄电池的终止电压时核算其输出容量。由于核对性放电前并不能确切知道蓄电池的保证容量，所以通常情况下放电终止对保障通信安全，风险太大，一般要求放出额定容量的 30%～40% 即停止放电。

核对性放电在市电较好的局（站）内，蓄电池组输出容量满足实际负荷 0.5～1h 供电即可，因此，电池是以高的放电速率进行放的。在市电不可靠的局（站）内，电池组容量都选择比较大，所以其放电都是以较小的速率进行的。要注意的是，电池组对小负荷的供电，其放电过程中极化作用很小，电势变化缓慢，因此，放电过程端压变化甚微，所以不能用放电终止端电压的变化表征电池容量，只能通过监测实际放电量了解一般情况。

需要特别指出的，核对性放电试验，除了检查蓄电池的容量是否满足忙时最大平均负荷的需要外，它还有检查直流放电回路是否正常的功能。如电池熔丝温升是否正常，连接条是否接触可靠，电池电流测量回路是否正常等。所以说，核对性放电试验是电池维护工作中最关键的一项内容。若此项工作不做，蓄电池其他维护工作做得再好也失去意义。

2．容量试验

蓄电池的容量试验有多种方式。

（1）降低浮充电压法

这种方法是指浮充整流器上有一"放电开关"，当置于"放电开关位置时，整流器的浮充电压自动从 54V 降至 48V，这时蓄电池的电压也立即从 54V 降到 51.8V（蓄电池的电动势约为 2.16V/只）然后从 51.8V 降至 48V，这时可以从随机监视电压下降曲线上比较有无落后电池。

（2）在线放电法

这时只要调整浮充电压设置或关闭所有的整流器（一般不建议），利用实际负载设备作负载，使电池马上从浮充状态转入放电状态，随后维护人员在旁观察，并记录某电池放电电压，电流（一般可以选择 1h 或 2h 放电时间），以放电总电压不低于 45.6V 为准，随后通过各个电池随机监测电压的变化来判断有无落后电池，且可通过放电电流乘以放电时间乘以放电系数（可查阅相关生产厂商提供的数据资料）来计算大约的放电容量，并以此推断某电池组的性能是否良好。

（3）假负载放电法

采用这种方法放电只能将在用的某电池组单独取出一组，使其脱离浮充工作状态，并接上各种形式的负载电阻作为放电时的假负载，然后选择 10 小时率的放电电流（或 3 小时率、1 小时率的放电电流）放电，并记录电池电压、温度等，最后以 1.8V（10 小时率）作为终止电压，随后通过计算可以算出某电池组的实际容量是多少（若为 1 小时率放电，则放电终止电压为 1.75V/单体）。

密封蓄电池容量试验（假负载放电法）操作步骤：

① 电池组均衡充电。

② 电池组脱离浮充电路。

③ 电池组接入假负载。

④ 调整假负载开关，使电池组以 10 小时率电流放电。

⑤ 每小时记录电池组总电压、单只电池电压、放电电流、室温。

⑥ 电池组电压逐步下降，放电电流会减小；应及时调整放电电流，使之维持 10 小时率电流不变。

⑦ 单只电池电压接近 1.8V 时，应密切注意电池电压，增加抄表次数。

⑧ 电池组任一电池电压降至 1.8V 时立即终止放电。

⑨ 拆开放电电路，测量电池组静态电压。

⑩ 在监控模块上，设置浮充电压等于电池组静态电压。

⑪ 把容量试验后的电池组接入浮充电路。

⑫ 核查监控模块，使之对电池充电电流 $\leqslant 2.5 I_{10}$。

⑬ 调整监控模块的浮充电压，使之恢复到原浮充值。

⑭ 根据电池放电记录，核算电池放电容量。

非标准温度，10 小时率放电电流情况下，电池容量的测算用公式：

$$C_{标称} = \frac{M \cdot C_T}{1 + 0.008(T℃ - 25℃)} \tag{6-16}$$

式（6-16）中，$C_{标称}$ —— 电池的标准容量；

C_T —— 电池在 T 温度时的容量。

【例 6-1】 电池温度 15℃，标准容量 1000AH，负载电流 250A，核算电池容量。

解 用公式

$$C_{标称} = \frac{M \cdot C_T}{1 + 0.008(T℃ - 25℃)}$$

可得出

$$1000AH = \frac{1.34 \times C_T}{1 + 0.008(15℃ - 25℃)}$$

$$C \approx 686.57AH$$

即标算容量为 1000AH 的电池，在温度为 15℃，以 250A 电流放电的状态下，其放出的容量为 686.57AH。

M 的大小取决于 I_m/I 比值和放电时间。

I_m —— 非正常放电率的电流；

I —— 10 小时率放电电流。

在实际工作中，可用查表法计算蓄电池的实际容量。

必须指出：在核对性容量试验放电之前，我们并不能完全确定蓄电池完好。为确保供电安全，容量试验时，使整流器处在开机状态，把浮充电压调低到略低于正常放电时的电压。一旦电池异常，整流器会自动供电。

四、阀控式铅酸蓄电池在维护过程中的注意事项

阀控铅酸蓄电池的使用寿命和机房的环境，整流器的设置参数，以及运行状况很有关系。同一品牌的蓄电池，当其在不同的环境和不同的维护条件下使用时，其实际使用寿命会相差很大。

（1）为保证蓄电池的使用寿命，最好不要使蓄电池有过放电。稳定的市电以及油机配备是蓄电池使用寿命长的良好保证，而且油机最好每月启动一次，检查其是否能正常工作。

（2）一些整流器（开关电源）的参数设置（如浮充电压，均充电压，均充的频率和时间，转均充判据，转浮充判据，环境温度，温度补偿系数，直流输出过压告警，欠压告警，充电限流值等），要根据各蓄电池厂家实际提供的参数而定。

（3）每个机房的蓄电池配置容量最好在 8～10 小时率比较合适，频繁的大电流放电会使蓄电池使用寿命缩短。

（4）阀控蓄电池虽称"免维护"蓄电池，但在实际工作中仍需做好相关维护工作（见本书蓄电池的日常维护内容）。

（5）如果电池的连接条没有拧紧，会使连接处的接触电阻增大，在大电流充放电过程中，很容易使连接条发热甚至会导致电池盖的熔化，情况严重的可能引发明火。因此，维护人员应每半年做一次连接条的拧紧工作，以保证蓄电池安全运行。

（6）为了确保用电设备的安全性，要定期核对电池的储备容量，检验电池实际容量能达到额定容量的百分比，避免因其容量下降而起不到备用电源的作用。对于已运行 3 年以上的

电池，最好能每年进行一次核对性放电试验，放出额定容量的 30%～40%。每 3 年进行一次容量放电测试，放出其额定容量的 80%。

（7）蓄电池放电时注意事项：应先检查整组电池的连接处是否拧紧，再根据放电倍率来确定放电记录的时间间隔，对于已开通的机房一般使用假负载进行单组电池的放电，在另一组电池放电前，应先对已放电的电池进行充电，然后才能对另一组电池进行放电。放电时应密切注意比较落后的电池，以防某个单体电池的过放电。

五、阀控式铅酸蓄电池的常见故障分析处理方法

限于篇幅，我们不能穷尽阀控式密封铅酸蓄电池的故障，仅对常见故障进行简单罗列并给出处理思路。电池常见故障和处理方法，见表 6-3。

表 6-3　　　　　　　　　　　　　电池常见故障和处理方法

序号	故　障	原　因	处 理 方 法
1	漏液或破损	电池外壳变形，温度过高，浮充电压过高，电池极柱密封不严	与供货商联系更换处理
2	浮充电压不均匀	电池内阻不均匀	均衡充电 12～24h
3	单体浮充电压偏低	电池的内阻不均匀等	均衡充电 12～24h
4	容量不足	失水严重，内部干涸	均衡充电 12～24h，均充后不行应更换或补加液处理
5	电池极柱或外壳温度过高	螺丝松动，浮充电压过高等	检查螺丝或检查充电机和充电方法
6	电池的浮充电压或高或低	螺丝松动	拧紧螺丝
7	电池组接地	电池盖灰尘或电池漏液残留物导电	清洁电池盖灰尘，更换漏液电池，加上绝缘垫片

　过关训练　

1．蓄电池组在通信工作中起什么作用？
2．阀控式密封铅酸蓄电池（VRLA）主要由哪几部分组成？
3．通信电源系统中使用的铅酸蓄电池主要分为哪几类？
4．阀控式密封铅酸蓄电池上安全阀的作用是什么？
5．写出蓄电池充、放电时的化学反应方程式。
6．什么是阀控式密封铅酸蓄电池的额定容量？其实际容量受哪些因素的影响？
7．一般情况下，蓄电池的浮充和均充的电压各是多少？
8．什么是蓄电池浮充电压？什么是蓄电池均充电压？
9．什么是蓄电池的放电电压、开路电压？
10．阀控式铅酸电池的日常维护应注意哪些？
11．启动电池具有什么特性？
12．若安全阀工作不正常，对阀控式密封铅酸蓄电池的使用有哪些危害？

本模块学习目标、要求

- UPS 发展概述
- UPS 分类、各种 UPS 方框图
- UPS 逆变工作原理
- UPS 电源供电系统的配置选择
- UPS 操作以及日常维护

通过学习，了解 UPS 的发展历史及趋势，掌握 UPS 分类、各种 UPS 方框图，理解 UPS 主要性能和技术指标；掌握 UPS 电源供电系统的配置形式；掌握 UPS 操作和 UPS 日常维护。

本模块问题引入

随着计算机的普及和信息处理技术的不断发展，为了保证计算机的正确运算，控制信号不出现丢失，保证设备的安全运行，人们对供电电源质量提出了越来越严格的要求。计算机类或其他敏感先进仪器设备，除要求供电系统具有连续可靠的性能之外，还要求市电供电系统的输出保持良好的正弦波形且不带任何干扰。而发展和普及起来的一种新型供电系统，称为"不间断电源系统"或"不停电供电系统"，简称 UPS。

任务 1　UPS 概述

UPS 是不间断供电电源系统（Uninterruptible Power System）的英文简称，是能够持续、稳定、不间断向负载供电的一类重要电源设备。从广义上说，UPS 包含交流不间断电源系统和直流不间断电源系统。长期以来，电信业已习惯于把交流不间断电源系统称为 UPS，故模块讨论的 UPS 是指交流不间断电源系统的范围。

UPS 电源广泛应用于计算机机房、数据（网管）中心等场所。在电信网络中，UPS 电源设备主要用于为数据网络设备、智能网设备、支撑系统、增值业务系统、网管系统等供电。

一、市电供电电源质量问题

目前，我国市电供电电源质量一般为：电压波动±10%，频率 50Hz±0.5Hz，有些地区，还达不到这个标准。而市电电网中接有各式各样的设备，来自外部、内部的各种噪声，又会对电网形成污染或干扰，甚至使电网污染十分严重。这些污染主要有以下几种。

（1）电压浪涌

电压浪涌是指一个周期或多个周期，电压超过额定电压值的 110%。比如重型设备的关机，由于电网中电流突然消失，其线路电感（分布参量）反电势造成电压上升；另一方面，线路电阻上电压降的突然消失，也会造成电压上升。

（2）电压尖峰

电压尖峰是指在 1/2 周至 100ms 期间内，叠加达 6kV 以上的电压脉冲。这主要由雷电、开关操作，电弧式故障和静电放电等因素造成。

（3）电压瞬变

电压瞬变是指在 10～100ms 期间，叠加在市电电压上达 20 kV 的脉冲电压。它的产生大致和电压尖峰差不多，只是在量上有区别。

（4）噪声电压

噪声电压是指叠加在工频电压上的低幅度，而频率范围很宽的高频分量。这种现象，在电网中很普遍，它的产生一般是电机电刷打火，继电器动作，广播发射，微波空中传播，电弧焊接，远距离雷电等。

（5）过压

过压是指超过电网电压正常有效值一定百分比的稳定高电压。一般是由于接线错误，电厂或电站的误调整，附近重型设备关机。对单相电压而言，也可能是由于三相负荷不平衡或者是中线接地不良等原因造成的。

（6）电压跌落

电压跌落是指一个或多个周期电压低于 80%～85% 额定电压有效值。主要是由于附近重型设备的启动或者电动机类机器启动造成的。

（7）欠压

欠压是指低于正常市电有效值一定百分比的稳定低电压。这主要是由于过负荷而造成电网电压的降低。

（8）电源中断

电源中断是指超过两个周期的无电状态。

以上污染或干扰对计算机或其他敏感先进仪器设备所造成的后果不尽相同。如电源中断，可能造成硬件损坏；电压跌落，可能会使硬件提前老化、文件数据受损；过压或欠压、浪涌电压等，可能会损坏驱动器、存储器、逻辑电路，还可能产生不可预料的软件故障；噪声电压和瞬变电压以及电压叠加，可能损坏逻辑电路和文件数据等。

大家都知道，这些污染或干扰，供电电网是较难避免的，而这些污染或干扰对于计算机的动作，对于要求市电输出保持良好正弦波形且不带干扰的设备来说是十分不利的。

为了保证计算机类或其他敏感先进仪器设备的安全运行，为了满足计算机类或其他敏感先进仪器设备，对供电电源质量提出的严格要求，而发展和普及起来的一种新型供电系统，称为"不间断电源系统"或"不停电供电系统"，简称 UPS。

二、UPS 分类

对 UPS 的电路结构形式进行分类的方法很多，常见分类如下。

按换能方式可分为：旋转式、静止式和动静式。旋转发电机式是一种把机械能变为电能的装置，其不间断的方式有飞轮储能式、液体势能储能式和电化学储能式 3 种；静止变换式是一种利用电子元器件的工作将化学能变为电能的静止式换能方式；动静结合式是一种将燃油发电机和电子电路混合应用的结构。

按输出波形分为：方波（准正弦波）、阶梯波和正弦波。

按输出电压的相数可分为：单相和三相。

按输入输出的方式可分为：单进单出、三进单出、三进三出。

按不停电供电方式可分为：后备式、在线互动式、三端口式（单变换式）和在线式等。

以上分类方法，有的反映了 UPS 技术发展的阶段性，有的反映了技术实现的手段。当然，UPS 各种分类方法也在一定程度上体现了 UPS 的不同性能和不同应用场合。

UPS 在市电供电时，系统输出无干扰工频交流电。当市电掉电时，UPS 系统由蓄电池通过逆变供电，输出工频交流电。

UPS 由整流模块、逆变器、蓄电池和静态开关等部件组成，此外，还有间接向负载提供市电（备用电源）的旁路装置。

三、UPS 的基本原理框图

目前 UPS 电源有如下几种类型。

（1）后备式 UPS

后备式 UPS 的工作原理框图，如图 7-1 所示。

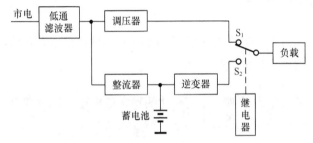

图 7-1   后备式 UPS 原理方框图

当市电供电正常时，经低通滤波器抑制高频干扰，经调压器对电压变化起伏较大的市电进行稳压处理，再经转换开关 S_1 向负载供电。此时，UPS 相当于一台稳压性能较差的稳压器，仅对市电电压幅度波动有所改善，对电网上出现的频率不稳、波形畸变等"电污染"调整能力不强。而整流器对蓄电池组充电，蓄电池处在充电状态，直到蓄电池充满而转入浮充状态，以备一旦市电不正常时，改由蓄电池通过逆变器，在控制电路的控制下逆变器开始工作，使逆变器产生 220V、50Hz 的交流电，经由转换开关 S_2 向负载供电。后备式 UPS 的逆变器总是处于后备供电状态。

后备式 UPS 的优点是：产品价格低廉，运行费用低。由于在正常情况下逆变器处于非工作状态，电网电能直接供给负载，因此，后备式 UPS 的电能转换效率很高。蓄电池的使用寿命一般为 3~5 年。

后备式 UPS 的缺点是：当电网供电出现故障时，由电网供电转换到蓄电池经逆变器供电瞬间存在一个较长的转换时间（10~20ms）。对于那些对电能质量要求较高的设备来说，这一转换时间是不允许的。再者，由于后备式 UPS 的逆变器不是经常工作的，因此，不易掌握逆变器的动态状况，容易形成隐性故障。后备式 UPS 一般应用在一些非关键性的小功率设备上。适合不太重要的单台 PC 机使用。

（2）在线互动式 UPS

在线互动式 UPS 基本原理框图，如图 7-2 所示。

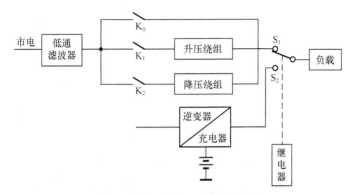

图 7-2 在线互动式 UPS 原理方框图

当市电供电正常时（150～276V），经对串入的射频干扰及传导型电磁进行衰减抑制后，经如下调控通道控制 UPS 的正常运行。

① 当电处于 175～264V 之间时，在逻辑电路控制下，经 K_0、S_1 向负载供电。

② 当市电处于 150～175V 时，鉴于市电较低，在逻辑电路控制下，经 K_1、S_1 向负载供电（升压供电输出为市电的 1.1～1.5 倍时）。

③ 当市电处于 264～276V 时，UPS 在选择电路控制下，经 K_2、S_1 输出（降压供电输出为市电的 0.9 倍）。

综上所述，当市电供电正常时，负载得到的是一路稳压精度很差的市电电源。

当市电不正常时，逆变器/充电器模块将从原来的充电工作方式转入逆变工作方式。这时由蓄电池提供直流能量，经逆变、正弦波脉冲调制向负载送出稳定的正弦波交变电源。

（3）三端式 UPS

这种 UPS 由整流器、蓄电池和三端口稳压器组成，如图 7-3 所示。

三端口稳压变压器的铁芯为双磁分路结构，每个初级绕组和次级绕组都有一个磁分路，并接电容可与每一个磁路组成 LC 谐振回路，当达到谐振点时，构成饱和电感，使次级

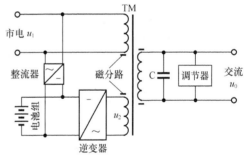

图 7-3 三端式 UPS 原理方框图

工作于饱和区，若初级输入电压变化时，次级输出电压恒定不变，实现稳压的目的。

（4）双变换在线式 UPS

双变换在线式 UPS 原理方框图，如图 7-4 所示。此类 UPS 将供电质量较差的市电首先经 UPS 内部滤波器、整流器变为直流稳压电源，再利用 PWM 方式经逆变器重新将直流电源变成纯正的高质量的正弦波交流电源，通过这样的变换，市电中的所有干扰几乎都被过滤掉，这就避免了由市电带来的任何电压或频率波动及干扰等影响。当市电供电发生故障或完全停电时，利用蓄电池组继续向逆变器提供直流电源，保证了 UPS 向用户提供高质量的正弦交流电源。

一旦 UPS 发生故障时，静态开关接通旁路系统，由市电直接经过静态开关向负载供电。双变换在线式 UPS 克服了市电质量差对其性能的影响，市电中断时，负载不会发生电源瞬时中断。它有如下的优越电气特性。

① 由于逆变器控制电路中，具有闭环负反馈控制电路，因此，使其输出电压具有高精度。

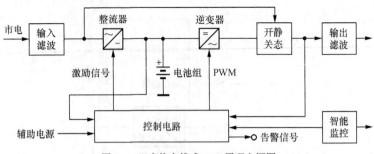

图 7-4　双变换在线式 UPS 原理方框图

② 锁相同步电路确保电源在 UPS 的锁相同步电路所允许的同步窗口与市电电源保持锁定的同步关系。

③ 由于采用了高频正弦脉宽调制技术，因此，从逆变器输出的电源具有非常标准的正弦波形。

④ 由于采用了双变换在线设计方案，完全消除了市电电网的电压波动、波形畸变、频率波动及干扰所产生的影响。

⑤ 永远处于不间断向用户的负载供电的状态。

（5）Delta 变换型 UPS

Delta 变换型 UPS 原理方框图，如图 7-5 所示。

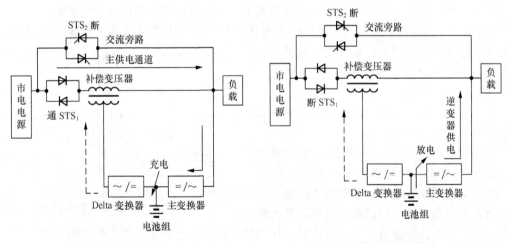

（a）市电供电正常时　　　　　　　　　　　　（b）市电供电不正常时

图 7-5　Delta 变换型 UPS 原理方框图

这是一种成功地将串联交流稳压控制技术与脉宽调制技术相结合的所谓 Delta 变换型的 UPS。它是利用小功率的 Delta 变换器（设计容量为 20% UPS 的标称输出功率）经位于主供电通道上的补偿变压器对不稳定的市电电源的电压执行 Delta 数量级电压调整的电压补偿的交流稳压电源（最大的输出电压调节量小于±15% UPS 的标称输出电压）。如图 7-5 所示，它主要由分别位于主供电通道和交流旁路供电通道上的静态 STS1 和 STS2，补偿变压器和两个具有四象限控制特性的 Delta 变换器和主变换器、电池组等部件组成。

Delta 变换型 UPS 共有 4 条供电通道向用户的负载供电。

① 主供电通道：市电电源→静态开关 1（STS1）→补偿变压器→负载。（Delta 变换型

UPS 实际上就相当于一台串联调控型的交流稳压电源。它的主要调控职责是：对市电电压进行稳压处理，将原来不稳压的普通市电电源变成电压稳压精度为 380V±1% 的交流稳压电源。但对于来自市电电网的频率波动、电压谐波失真和各种传导性电磁干扰等电源问题无实质性的改善。）

　　② 逆变器供电通道：电池→主变换器→负载。

　　③ 交流旁路供电通道：市电电源→静态开关 2（STS2）→负载。

　　④ 维修旁路供电通道（选件）→市电电源→维修旁路开关→负载。

四、UPS 逆变工作原理

（1）逆变电路

逆变器（逆变电路）是开关电源和 UPS 的核心装置，分析讨论逆变电路的工作原理是非常必要的。下面以脉宽调制型全桥逆变器为例来进行简单介绍。如图 7-6 所示，功率晶体管由基极驱动电路提供激励信号，VT_1、VT_4 和 VT_2、VT_3 在分别得到激励信号后，进入轮流导通或截止状态。从而在变压器一次侧和二次侧分别产生交流电压 u_1 和 u_2。经过 LC 滤波电路的作用使负载取得正弦电压。

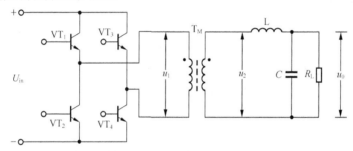

图 7-6　脉宽调制型全桥逆变电路原理图

逆变电路输出电压中除子基波外还含有一定的谐波成分，若要得到正弦输出电压，在二次输出电路中，必须设置滤波器。

UPS 交流滤波器应具有下列性能：一是使输出电压中单次谐波含量和总谐波含量降到指标允许范围内；二是在三相条件下使输出电压不平衡度符合规定范围；三是使负载的输出电压波动小，且满足动态指标，同时要重量轻、体积小。

（2）静态开关和锁相电路

在不间断供电系统中，由于单台 UPS 的功率容量有限，往往采用多台 UPS 并联在一起供电，并采用冗余方式向负载供电，除此之外，还有一路交流旁路作为备用电源。小功率 UPS 采用快速继电器作为切换元件，但由于继电器的切换时间为 2～3ms 会造成瞬间供电中断并随着 UPS 功率提高而产生继电器触点拉弧打火等现象，因此，在大功率 UPS 供电系统及切换过程中，采用静态开关作为切换元件。但若不设置静态开关，在两电源间会产生均衡电流，从而影响供电的可靠性。即使 UPS 中设置了静态开关，若由于静态开关中切换性能不良，亦可对系统造成供电中断。因此，静态开关是 UPS 的重要组件。

当主备用电源产生切换时，两电源应保持同步，若频率或相位存在差异，或两者电压不一样，会造成负载波形异常，实质上由于主备用电源存在的输出电压差，还将会造成环流，严重时会损坏静态开关及主电路中的逆变器件。因此，在 UPS 电源中需具有锁相同步电路，当市电电源频率超过 UPS 锁相同步电路所允许的同步窗口时，逆变器电源将不再跟踪市电电源，而回到 UPS 电源的本机振荡频率 50Hz。事实上，配置了静态开关的 UPS 当发生逆变频率不跟踪市电电网频率时，当输出过载或 UPS 逆变器故障时将会拒绝执行旁路动作，使输出中断。

保证同步切换有以下方法。

① 直接检测两电源电压的相位，以此作为切换时的一个控制信号。

② 检测两电源的电压差，以此间接反映出相位差，产生切换控制信号。

③ 为防止切换时感性负载中出现浪涌而损坏元件，可通过检测主用电源在稳态电流过零时接通旁路电源，以实现安全切换。

④ 其他切换条件，如主用电源的电压过高、过低，使旁路电源投入工作，必须也对旁路电源电压进行检测，若旁路电压不正常，则发生禁止切换信号；又如负载电流超过允许值时，电流检测电路发出切断静态开关信号，中断对负载供电，以防设备 损坏。

任务2　UPS 的操作介绍

一、UPS 操作介绍

UPS 可处于下列 3 种运行方式之一。

* 正常运行——所有相关电源开关闭合，UPS 带载。
* 维护旁路——UPS 关断，负载通过维护旁路开关，连接到旁路电源。
* 关断——所有电源开关断开，负载断电。

我们以在线式 UPS 为例，介绍 UPS 在上述 3 种运行方式之间互相切换、复位及关断逆变器的操作，如图 7-7 所示。

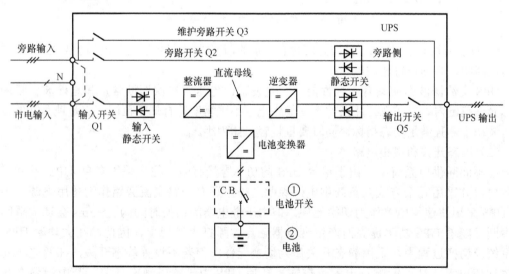

图 7-7　在线式 UPS 各操作开关示意图

（1）UPS 开机加载步骤

假设 UPS 安装调试完毕，市电已输入 UPS。UPS 开机加载操作如下。

① 合静态旁路开关 Q2。

② 合整流器输入开关 Q1。

③ 合 UPS 输出电源开关 Q5。

④ 手动合电池开关 CB。

在合电池开关前，检查直流母线电压，若电压符合要求（380V 交流系统为 432VDC，400V 交流系统为 446VDC，415V 交流系统为 459VDC）。

（2）UPS 从正常运行到维护旁路的步骤

负载从 UPS 逆变器切换到维修旁路（这在 UPS 需要维护时有用），负载由逆变器切换到静态旁路的操作过程如下。

① 关断 UPS 逆变器，负载切换到静态旁路。通常在主菜单上可以操作关断 UPS 逆变器。

② 取下 Q3 手柄上的锁，并扳动 Q3 内的锁定杆，然后闭合维护旁路开关 Q3。断开整流器电源输入开关 Q1，UPS 电源输出开关 Q5，静态旁路开关 Q2 和电池开关，UPS 已关闭，但市电通过维护旁路向负载供电。

（3）UPS 在维护旁路下的开机步骤

包括如何启动 UPS，并把负载从维护旁路切换到逆变器。

① 闭合 UPS 输出开关 Q5 和静态旁路开关 Q2。

② 闭合整流器输入电源开关 Q1，整流器启动并稳定在浮充电压，可查看浮充电压是否正常。

③ 闭合电池开关 CB。

④ 断开维护旁路开关 Q3，并上锁。

（4）UPS 关机步骤

① 断开电池开关和整流器输入电源开关 Q1。

② 断开 UPS 输出开关 Q5 和旁路电源开关 Q2。

③ 若要 UPS 与市电隔离，则应断开市电向 UPS 的配电开关，使直流母线电压放电。

（5）UPS 的复位

当因某种故障使用了 EPO（紧急关机）时，待故障清除后，要使 UPS 恢复正常工作状态，需要复位操作。或在系统调试时，选择手动方式从旁路切换到逆变器。UPS 由于逆变器过温、过载、直流母线过压而关闭，当故障清除后，需要采用复位操作，才能把 UPS 从旁路切换到逆变器带载。

操作复位按钮使得整流器、逆变器和静态开关重新正常运行。若是 EPO 后的复位，则还需用手动合电池开关。

二、运行注意事项

（1）UPS 的电源连接

① UPS 的配电箱所使用的开关不宜选用老式的闸刀开关，因为这种开关在接通或切断电源时有拉弧现象，会对电网产生干扰。另外，不可使用熔断式保险丝，因为其过流响应速度慢，在负载或 UPS 短路时不能及时切断电源，从而会对设备造成危害。所以应采用空气开关，这种开关不仅有消弧和负载短路时响应速度快的功能，而且有漏电保护和过热保护等功能。

② 空气开关的容量选用应适中，开关容量过大会造成在过流或负载发生短路时起不到保护作用，过小会经常造成市电中断。

③ 市电电压的波动范围应符合 UPS 输入电压变化范围的要求。目前市售的绝大多数 UPS 都具有抗干扰、自动稳压功能，一般没必要再外加抗干扰交流稳压器。如市电电压波动较大，

应在 UPS 前级增加其他保护措施（如稳压器等），可以将交流稳压器用作 UPS 的输入级。

④ 使用 UPS 时，应务必遵守厂家产品说明书中的有关规定，保证所接的相线、零线及地线符合要求，用户不得随意改变其相互的顺序。

⑤ 外接蓄电池至 UPS 的距离应尽量短，导线的截面面积应尽量大，以增大导电量和减小线路上的电能损耗。特别是在大电流工作时，电路上的损耗是不可忽视的。

（2）UPS 的防雷接地

雷击是所有电器的天敌，一定要注意保证 UPS 的有效屏蔽和接地保护。为防止寄生电容耦合干扰以及保护设备及人身安全，UPS 必须接地且接地电阻不可大于 1Ω。

（3）UPS 的工作环境

UPS 主机对环境温度要求不高，工作时环境温度要求为 0～40℃，湿度为 10%～90%。UPS 在摆放时应避免阳光直射，并留有足够的通风空间。UPS 的工作环境应保持清洁，避免有害灰尘对 UPS 内部器件的腐蚀，否则灰尘加上潮湿会引起主机工作不正常。蓄电池对温度要求较高，标准使用温度为 25℃，平时不能超出−15～+30℃的范围。

任务3　UPS 的配置与选择

一、UPS 常用技术参数

（1）设备运行条件

① 环境温度：0～40℃。

② 相对湿度：≤95%（25℃，无凝露）。

（2）输入指标

① 额定电压：220/380V_{AC}（主输入电源为三相三线，旁路输入电源为三相四线）。

② 额定频率：50Hz。

③ 输入电压允许变动范围：−15%～+10%。

④ 输入频率允许变动范围：±5%。

⑤ 功率因数：>0.8（满负荷）。

⑥ 电压谐波失真度：≤5%。

⑦ 功率软启动：10～15s 内爬升到额定功率。

（3）整流器输出指标

① 额定电压：按产品技术条件。

② 稳压精度：±1%。

③ 电压可调范围：$(2.00 \times n \sim 2.40 \times n) V_{DC}$，n——单体电池只数。

（4）逆变器输入指标

电压范围：$(1.70 \times n \sim 2.40 \times n) V_{DC}$。n——单体电池只数。

（5）逆变器输出指标

① 额定电压：220/380V（三相四线）。

② 输出电压可调范围：±5%。

③ 额定频率：50Hz。

④ 稳压精度：稳态：≤±1%。

　　　　瞬态：≤±5%。

⑤ 瞬态电压恢复时间：≤50ms。

⑥ 频率精度：±0.1%（内同步）。

⑦ 频率同步范围：±0.5，±1，±1.5，±2Hz（可调）。

⑧ 频率调节速率：0.1～11Hz/s。

⑨ 电压波形失真度：单谐波：≤3%；

　　　　　　　　　　总谐波：≤5%。

⑩ 三相输出电压不平衡度：<±1%（平衡负载）；

　　　　　　　　　　　　<±3%（50%不平衡负载）；

　　　　　　　　　　　　<±5%（100%不平衡负载）。

⑪ 三相输出电压相位偏移：<±1°（平衡负载）；

　　　　　　　　　　　　<±3°（不平衡负载）。

⑫ 过载能力：10 min（125%额定电流）；

　　　　　　10s（150%额定电流）。

⑬ 限流：100%～110%额定电流可调。

⑭ 负载功率因数：0.8（滞后）。

（6）噪声：≤60～70dB（A）（距离设备 1m 处）

（7）效率：≥90%（满载时）

（8）静态开关指标

① 过载能力：100ms（10 倍额定电流）；

② 转换时间：≤1ms。

（9）蓄电池

① 阀控式密封铅酸蓄电池：每台 UPS 各接一组。

② 浮充电压允差：1%。

③ 浮充电压：2.23～2.27V/单体。

④ 均充电压：2.3～2.4V/单体。

⑤ 放电终止电压：1.67～1.7V/单体。

⑥ 寿命：浮充运行情况下不低于 10 年（25℃）。

（10）电磁干扰：符合 GB9254 或 CISPR22 标准要求

（11）防雷要求

UPS 输入端应提供可靠的雷击浪涌保护装置，在下列模拟雷电波发生时，保护装置应起保护作用，使得设备不被损坏：电压脉冲 10/700μs，5kV；电流脉冲 8/20μs，20kA。

（12）UPS 应具有遥控、遥信、遥测功能，具有电池监测及保护系统

通信内容包括：输入电源故障、整流器故障、逆变器故障、工作方式（整流器、逆变器、旁路）、同步方式（内同步、外同步）、直流电压低、直流电压高。

UPS 的所有告警信号应通过继电器干节点引至 UPS 的端子板上。

二、UPS 蓄电池容量计算

蓄电池必须在一段时间内供电给逆变器，并且在额定负载下，其电压不应下降到逆变

器所能允许的最低电压以下。由于蓄电池的实际可供使用容量与放电电流大小、蓄电池工作环境温度、蓄电池存储时间的长短、负载种类和特性（电阻性、电容性、电感性）等因素密切相关，只有在充分考虑这些因素之后，才能正确选择和确定蓄电池可供使用容量与蓄电池标称容量的比率。

蓄电池的最大放电电流可由式（7-1）求得：

$$I = \frac{S \cos\varphi}{\eta E_i} \qquad (7-1)$$

式（7-1）中，S——UPS 电源的标称输出功率；

    $\cos\varphi$——负载的功率因数，一般取为 0.8；

    η——逆变器的效率，一般也取为 0.8；

    E_i——蓄电池放电终止电压。

可以先求出所需蓄电池的最大放电电流，再根据负载的性质以及 UPS 电源要求蓄电池应该提供的放电时间来求得蓄电池的容量。

也可以用式（7-2）来表述

$$放电电流 I = \frac{UPS容量VA \times UPS输出功率因数}{电池组电压V \times 电池逆变效率} \qquad (7-2)$$

然后根据放电时间要求查表（相关资料）确认容量系数（单位：小时），再根据电池容量 Q＝放电电流 I×容量系数 C，来计算求得蓄电池的容量。

为了说明这个问题，现举例。

例 7-1：一台负载功率因数 PF＝0.8，效率 η 为 80%的 1kVA UPS，在要求后备时间为 8h 小时的情况下，应选多大容量的电池多少只？（已知电池额定电压为 12V×7＝84V）

首先求放电电流 I_a，按照正确的算法是以 UPS 关机前一瞬间电池的终点电压为标准来求，意思是说在终点电压的时候，电池仍应给出 100%的负载容量，终点电压一般取 1.75V/单元，12V 电池是 6 个单元相串联，故终点电压为 1.75×6＝10.5V

这时放电电流

$$I = \frac{1\,000VA \times 0.8}{10.5 \times 7 \times 0.8} = 13(A)$$

求得蓄电池放电电流后，选择蓄电池容量可根据设计的放电时长和环境温度确定。

还有一种情况，即只有 1h 放电数据时，如何确定 1h 以上的电池容量，其可供参考的修正曲线，如图 7-8 所示。根据该修正曲线可得出 1h 以上电池容量的近似值。

$$C_n = knC_1 \qquad (7-3)$$

式（7-3）中，C_n——可供 n 小时放电的电池总容量（Ah）；

    n——规定的放电小时数；

    k——修正系数；

    C_1——根据放电数据表求出的 1h 电池容量（Ah）。

例 7-2：现有 6kVA UPS，100%带载，延时 4h，配多大电池？

根据公式，求放电电流，放电电流 $I = \frac{6\,000VA \times 0.7 \times 100\%}{12V \times 20 \times 0.85} = 20.59\,(A)$

查表 7-1，得到信息为：4h 对应系数时间 5.06h。

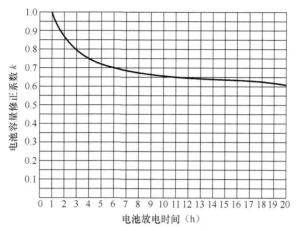

图 7-8　蓄电池容量修正曲线

表 7-1　　　　　　　　　　　　某蓄电池放电容量系数表

用户要求的放电时间	0.5	1	2	3	4	5	6	8	9	10
25℃时容量系数	1.43	2	3.28	4	5.06	6.02	6.74	8.51	9.28	10

故，蓄电池的容量 Q=20.59×5.06=104.18Ah，因此选用 100Ah 电池。

三、电缆截面的选择

用户在安装 UPS 时，往往都会提出机器的输入、输出、蓄电池的输出线用多粗的线的问题。导线的选用，根据用途、种类、型号及各种结构尺寸、载流量，不同类型导线，有不同的使用范围和要求。由于 UPS 均装于室内，而且离负载较近，其走线多为地沟或走明线，所以，一般采用铜芯橡皮绝缘电缆。其导线截面积主要考虑 3 个因素。

① 符合电缆使用安全标准。

② 符合电缆温升许可。

③ 满足电压降要求。

UPS 要求最大电压降为：交流 50Hz 或 60Hz 回路≤3%；交流 400Hz 回路≤2%，直流回路≤1%，如果压降超过上述范围，必须加粗导线截面积。

其计算方法如下。

（1）先求出电流值

交流输入、输出电流的计算：

因为　　　　P=3×$U_相$×$I_相$×$\cos \varphi$（单相输出者则为：P=$UI\cos \varphi$）

所以　　$I_相$=P/3×$U_相$×$\cos \varphi$= P_s/3×$U_相$

如 380V，50Hz，250kVAUPS 的输出电流为：

$$I_相=250VA×10^3/3×220V=380A$$

（2）确定导线截面

查表可知：当输出线约 100m 长时，可选择 185mm² 的铜芯电缆，超过 100m 长则需加粗些，因为 100m 的线路压降已达 2.7% 了。如果输出线在 80m 以下时，可选 150 mm² 的铜芯电缆，此时压降为 3.1×80/100=2.48%。

同理，可确定蓄电池的输出线的最小截面积。

直流输出电流 $I=P/U$，这里要注意的是 U 应取最小值。

逆变器输入电压为 362～480V 的 3 φ，380V，250kVA UPS，蓄电池的最大放电电流为：$I=250\,000\mathrm{VA}/362\mathrm{V}=690\mathrm{A}$。

所以电池输出线应选 600 mm² 以上的铜芯线。

100m 长回路的电压降比率（铜芯电缆），见表 7-2。选用时可参考。

表 7-2 中截面积的单位为 mm²；电流的单位为 A；电压降则表示电压降的比率。

表 7-2　　　　　　三相线路（铜芯导体）：50/60Hz，3 φ，380V

截面积（mm²） 压降 电流（A）	35	50	70	95	120	150	185	240	300
50	1.3	1.0							
63	1.7	1.2	0.9						
70	1.9	1.4	1.0	0.8					
80	2.1	1.6	1.2	0.9	0.7				
100	2.7	2.0	1.4	1.1	0.9	0.8			
125	3.3	2.4	1.8	1.4	1.1	1.0	0.8		
160	4.2	3.1	2.3	1.8	1.5	1.2	1.1	0.9	
200	5.3	3.9	2.9	2.2	1.8	1.6	1.3	1.2	0.9
250		4.9	3.6	2.8	2.3	1.9	1.7	1.4	1.2
320			4.6	3.5	2.9	2.5	2.1	1.9	1.5
400				4.4	3.6	3.1	2.7	2.3	1.9
500					4.5	3.9	3.4	2.9	2.4
600						4.9	4.2	3.6	3.0
800							5.3	4.4	3.8
1 000								6.5	4.7

续表：三相线路（铜芯导体）

截面积（mm²） 压降 电流（A）	25	35	50	70	95	120	150	185	240	300
100	5.1	3.6	2.6	1.9	1.3	1.0	0.8	0.7	0.5	0.4
125		4.5	3.2	2.3	1.6	1.3	1.0	0.8	0.6	0.5
160			4.0	2.9	2.2	1.6	1.2	1.1	0.8	0.7
200				3.6	2.7	2.2	1.6	1.3	1.0	0.8
250					3.3	2.7	2.2	1.7	1.3	1.0
320						3.4	2.7	2.1	1.6	1.3
400							3.4	2.8	2.1	1.6
500								3.4	2.6	2.1
600								4.3	3.3	2.7
800									4.2	3.4
1 000									5.3	4.2
1 250										5.3

四、UPS 系统的冗余

在 UPS 应用中，为了提高系统运行的可靠性，往往需要将多台 UPS 进行冗余连接，这种冗余连接技术包括并联连接和热备份连接（串联连接）两种方式。

（1）并联连接

由于 UPS 输出阻抗存在差异，加之逆变器输出电压和市电电压的误差，且各 UPS 之间的电压存在相位差和幅值差，因此，UPS 并联技术实现难度和风险都比较大，一般仅在大功率应用场合才会采用该技术。UPS 并联连接必须注意以下事项。

① 保证 UPS 相位和幅值相同，使各 UPS 之间不出现破坏性环流，当系统中并联的 UPS 越多，出现环流的几率也越大，系统带载能力及可靠性也就越差。

② 当并联 UPS 系统中任一台出现故障时，不能将负载单独转为旁路，而是将负载分摊到与其并联的其他 UPS 上，从而对其他 UPS 造成冲击或过载，影响系统工作的可靠性。

需要提出一个理解误区：用户往往以为并联就是简单的相加，二台 10kVA 的 UPS 并联，最大可带 20kVA，现在带上 14kVA 应该可以。其实不然，因为只要其中的一台 UPS 发生故障，14kVA 的负载将被强行加在另一台 UPS 上，这对 UPS 的工作性能非常不利，不可长期工作，最终还是交由旁路供电，从而降低了系统的可靠性。因此，如果系统要求 $N+1$ 冗余（$N>1$），可以使用并联冗余，而对 1+1 冗余，其可靠性与选择热备份连接方式基本一致。

③ 为了保证并联连接工作正常，必须在原 UPS 的基础上增加并联柜、并联板和并联静态开关等，这必然会增加用户投资。有些厂家的产品还需要现场调试，在使用过程中增减 UPS 时，需重新调试并联均流问题，增加了维护难度与成本。

并联技术的优点在于其动态性能好，扩容方便等，组建大容量系统时，一般都采用并联技术。

（2）热备份连接

热备份连接相对比较简单，稳定度和可靠性也较高，它只需将一台 UPS（如 UPS1）的旁路输入端与市电断开，连接到另一台 UPS（如 UPS2）的输出端，如图 7-9 所示。

正常情况下 UPS1 向负载供电，UPS2 处于热备份状态空载运行，当 UPS1 故障时，UPS2 投入运行接替 UPS1 向负载供电。由于热备份连接不存在高风险的均流问题，因此，系统稳定、可靠。其缺点是过载能力、动态和扩容能力较差。但大功率 UPS 一般过载能力非常强，125% 额定负载可坚持 5min，150% 额定负载可以坚持 10s，大于 150% 额定负载可坚持 200ms，动态为 60ms±5%。这个指标已和并联技术的指标相同，故在用户对系统可靠性要求非常严格的情况下，建议采用热备份方式连接 UPS。

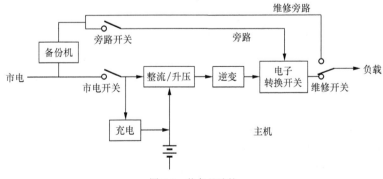

图 7-9　热备份连接

目前，热备份连接主要采用主从备份技术，其缺陷在于两台 UPS 的老化不均，如果主机在较长时间内没有出现故障，则从机一直空载运行，从而造成主、从机元器件的老化严重不均，当主机出现故障后将负载转到从机，可能会由于从机瞬间无法承受突加的重载而将负载甩给市电，造成系统崩溃。

任务4　UPS 日常维护

UPS 周期维护内容较少，只需要保证环境条件和清洁。但是周期记录还是必需的，用于检查和预防的目的是使机器保持最佳的性能并预防将小问题转变成大故障。

一、UPS 维护的基本要求

（1）UPS 主机现场应放置操作指南，指导现场操作。

（2）UPS 的各项参数设置信息应全面记录、妥善归档保存并及时更新。

（3）检查各种自动、告警和保护功能是否正常。

（4）定期进行 UPS 各项功能测试。

（5）定期检查主机、电池及配电部分引线及端子的接触情况，检查馈电母线、电缆及软连接头等各连接部位的连接是否可靠，并测量压降和温升。

（6）经常检查设备的工作和故障指示是否正常。

（7）定期查看 UPS 内部的元器件的外观，发现异常及时处理。

（8）定期检查 UPS 各主要模块和风扇电机的运行温度有无异常。

（9）保持机器清洁，定期清洁散热风口、风扇及滤网。

（10）定期进行 UPS 电池组带载测试。

（11）各地应根据当地市电频率的变化情况，选择合适的跟踪速率。当输入频率波动频繁且速率较高，超出 UPS 跟踪范围时，严禁进行逆变/旁路切换操作。在油机供电时，尤其应注意避免该情况的发生。

（12）UPS 应使用开放式电池架，以利于蓄电池的运行及维护。

二、UPS 周期维护项目

UPS 的周期维护项目，见表 7-3。

表 7-3　　　　　　　　　　　　　　　　UPS 周期维护项目

序　号	项　目	周　期
1	检查控制面板，确认所有指示正常，且面板上无报警	日
2	检查有无明显的高温、有无异常噪声	
3	确信通风栅无阻塞	
4	调出测量参数，观察有无异常	
5	测量并记录电池充电电压、电池充电电流、UPS 三相输出电压是否正常	周
6	测量 UPS 输出电流，并记录新增负荷的大小、种类和位置等	
7	观察 UPS 内部可目测的元器件的物理外观	月
8	清洁设备，根据现场环境实际情况安排散热风口、风扇及滤网的清洁	
9	检查记录 UPS 的输入/输出电压、电流及负载百分比	
10	检查告警指示及显示功能	
11	汇总分析设备运行数据	

续表

序　号	项　　目	周　　期
12	检查主机、电池及配电部分引线及端子的接触情况，检查馈电母线、电缆及软连接头等各连接部位的连接是否可靠，并测量压降和温升	季
13	测试中性线电流	
14	检查 UPS 各主要模块和风扇电机的运行温度	
15	记录 UPS 控制面板中的各项运行参数，特别是电池自检参数	
16	检查输出波形是否正常	
17	蓄电池组核对性容量试验	半年
18	UPS 各项功能测试，检查逆变器、整流器等启停、电池管理功能	
19	负荷均分系统单机运行测试，热备份系统负荷切换测试	年
20	检查防雷接地保护设施是否正常	

三、UPS 使用中应当注意的问题

（1）UPS 的功率问题

UPS 的输出功率与功率因数关系密切，在容性负载条件下，UPS 的输出功率可以达到标称功率，在感性负载条件下，UPS 的输出功率则大大下降。即使在功率因数为 0.8（感性）时，其输出功率也只能达到标称功率的 50%。UPS 的负载，一般都是计算机负载，而计算机负载内部电源大都是开关电源，在开关电源负载条件下，瞬时功率很高，但平均实际功率却很小。故一般 UPS 在开关电源作负载时，其功率因数只能达到 0.65 左右，而 UPS 的负载功率因数指标一般为 0.8，按此指标来带动开关电源负载，就有损坏 UPS 设备的可能。因此，选择 UPS 的功率时，一定要考虑负载的功率因数。

UPS 不宜带感性负载，有的单位在验收机器时，想用大功率风机、空调机来检验 UPS 的性能与输出功率，这是不适宜的。有的单位将风扇、电动机等加到小功率的方波输出的 UPS 上，这是不行的。

后备式方波输出的 UPS 不能带电感性负载，而且负载量在额定负载的 50%左右最好。因为在这种负载条件下，可以消除 50Hz 方波输出波形中的 3 次谐波（150Hz 正弦波）分量，减轻开关电源中，流过直流滤波电容中的电流，防止滤波电容因长期过流工作而损坏。

后备式 UPS 在逆变器供电时，一般都设有过载和短路自动保护功能，但在市电供电时，一般就靠输入交流保险来担当过载保护的任务，所以用户不可轻易地加大市电输入保险丝的容量。否则，一旦 UPS 输出发生短路事故时，有可能出现输入保险烧不断，印制板上的印制线却被烧毁的危险现象。

（2）蓄电池的使用问题

蓄电池在 UPS 中占有相当重要的地位，有人说，蓄电池是"UPS 的心脏"，这种说法并不过分。因为蓄电池在 UPS 的生产成本中占有相当大的比例，而在实际使用中，因蓄电池问题造成 UPS 不能正常工作的比例，却比它在生产成本中占的比例更大。在实际维修中，人们不重视它，忽视它的现象则更为严重。有的单位，费了九牛二虎之力才申请到几台 UPS，却舍不得使用，在仓库一放就是 1 年，无人过问。有的单位的备用 UPS，长期备用，连蓄电池的充电器输出都给停掉了，半年不给蓄电池充一次电。1 年、2 年，甚至 4 年、5 年

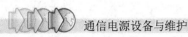

都不检查一次蓄电池的端电压现象普遍存在。然而，只要真心、用心对待蓄电池，蓄电池是会加倍回报给人们的。因为它不仅向你提供足够的容量，保证市电断电后能维持足够长时间的供电，而且还会延长服役年限，更多地为您服务。

蓄电池在使用中一般要注意以下问题。

① 严禁蓄电池过度放电，如小电流放电至自动关机，人为调低蓄电池最低保护值等，均可能造成电池过度放电。

② 对于频繁停电，使蓄电池频繁放电的地区，要采取措施，保证蓄电池在每次放电后有足够的充电时间，防止蓄电池长期充电不足。

③ 对于很少停电，蓄电池很少放电的 UPS，则要每隔 2~3 个月人为地断市电一次，让蓄电池放电一段时间，防止蓄电池"储存老化"。

④ 要定期检查蓄电池的端电压和内阻，及时发现"落后"电池，进行个别处理。

（3）UPS 轻载运行问题

大多数 UPS 在 50%～100% 负载时，其效率最高，当负载低于 50% 时，其效率急剧下降，因此，当 UPS 过度轻载运行时，从经济角度讲是不合算的。另外，有的用户总认为，负载越轻，机器运行可靠性就越高，故障率就越低，其实，这种概念并不全面，因为负载轻，虽然可以降低末级功率管被损坏的概率，但对蓄电池却极其有害。因为过度轻载运行时，一旦市电停电以后，如果 UPS 没有深放电保护系统，就可能造成蓄电池过度深放电，造成蓄电池永久性地损坏。

蓄电池过度深放电的原因如下。

① 长时间的小电流放电。大家都知道，蓄电池所使用的容量与放电电流的大小关系密切，放电电流越小，实际放掉的容量就越多。一般来说，蓄电池的放电容量，必须控制在 80% 的额定容量以内。也就是说，当蓄电池放出额定容量的 80% 时，就不允许继续放电。如果继续放电，就会造成蓄电池的深放电，如不及时采取补救措施，就可能造成蓄电池永久性的损坏。

② 长时间的频繁放电。有的单位和地区，由于市电停电比较频繁，就有可能造成蓄电池频繁放电。如果在蓄电池放完电后，没有足够的时间（一般在 10h 以上）来进行充电，第二次又马上放电，这样的次数多了，就可能造成蓄电池的深放电。

UPS 都具有蓄电池最低电压保护值，但蓄电池的端电压与放电电流的大小关系甚密，放电电流小，其端电压就高，达到最低保护值时所放出的实际容量就越多。所以，轻载运行的 UPS，应尽量避免放电到最低保护值才关机的现象出现。而长延时的 UPS 则应适当提高放电下限电压保护值。

（4）UPS 不宜带载开机和关机

没有延迟启动功能的 UPS，带载开机很容易在启动的瞬间，烧毁逆变器的末级驱动元件。因为刚开启时，控制电路的工作还未进入稳定状态，启动的瞬间又会产生较大的浪涌电流，末级驱动元件有可能承受不了。对于采用 MOS 管作为驱动元件的 UPS 来说，更是如此。当负载中包含有电感性负载时，带载关机也同样可能引起末级驱动元件的损坏。因此，不是紧急情况，不要带载开机和关机。

此外，还要注意的是 UPS 逆变器正常运行时，禁止用示波器观察控制电路波形。

最后值得一提的是人为因素的影响。由于在实际中，使用者不维护，维护者不使用。造成诸多隐患。如：使用者对系统中所有设备不能均匀配置，造成三相不平衡。系统中零地电压差过大。使用不当错误接入谐波电流大和启动冲击电流大的设备。系统中电力传输线过长和布局零乱而易产生干扰和发生人为事故。对 UPS 电气性能不清楚。维护者对 UPS 监测监控信息和显示功能不熟悉，对 UPS 运行时的常规维护要求执行不严格，对负荷电气性能不清楚等这些问题应引起我们足够的重视。

四、UPS 常见故障及处理

UPS 故障种类繁多，在实际的维护中，应根据 UPS 设备厂商的说明书及实际情况，进行具体分析及处理。下面列出较为常见的故障及故障处理方法，见表 7-4 的（1）～（6）。

表 7-4　　　　　　　　　　　　故障现象及排除方法

（1）市电有电时，UPS 出现市电断电告警

序　号	故　障　原　因	处　理　方　法
1	市电输入空开跳闸	检查输入空开
2	输入交流线接触不良	检查输入线路
3	市电输入电压过高、过低或频率异常	如市电异常可不处理或启动发电机供电
4	UPS 输入空开或开关损坏或保险丝熔断	更换损坏的空开、开关或保险丝
5	UPS 内部市电检测电路故障	检查 UPS 市电检测回路

（2）市电正常时，UPS 输出正常；市电断电后，负载也跟着断电

序　号	故　障　原　因	处　理　方　法
1	由于市电经常低压，电池处于欠压状态	a. 在市电电压正常时对电池充足电 b. 启动发电机对电池充电 c. 在 UPS 输入端加稳压器
2	UPS 充电器损坏，电池无法充电	检查充电器
3	电池老化、损坏	更换电池
4	负载过载，UPS 旁路输出	减少负载
5	负载未接到 UPS 输出	将负载接到 UPS 的输出
6	长延时机型的电池组未连接或接触不良	检查电池组是否接对、接好
7	UPS 逆变器未启动（UPS 面板控制开关未打开），负载由市电旁路供电	启动逆变器对负载供电（打开面板控制开关）
8	逆变器损坏，UPS 旁路输出	检查逆变器

（3）UPS 无法启动

序　号	故　障　原　因	处　理　方　法
1	电池长期放置不用，电压低	将电池充足电
2	输入交流、直流电源线未连接好	检查输入交流、直流线是否接触良好
3	UPS 内部开机电路故障	检查 UPS 开机电路
4	UPS 内部电源电路故障或电源短路	检查 UPS 电源电路
5	UPS 内部功率器件损坏	检查 UPS 内部整流、升压、逆变等部分的器件是否损坏

续表

（4）UPS 开机时，输入空开跳闸

序　号	故　障　原　因	处　理　方　法
1	输入空开容量太小	更换输入空开
2	UPS 内部短路	检查 UPS 内部整流、升压、逆变等部分的器件是否损坏
3	UPS 内部功率器件损坏	检查 UPS 内部整流、升压、逆变等部分的器件是否损坏
4	用户的市电空开有漏电保护	更换为无漏电保护的空开

（5）UPS 在正常使用时突然出现蜂鸣器长鸣告警

序　号	故　障　原　因	处　理　方　法
1	用户有大负载或大冲击负载启动	a. 负载投入时按先大后小的顺序； b. 增大 UPS 的功率容量
2	输出端突然短路	检查 UPS 的输出是否短路
3	UPS 内部逆变回路故障	检查 UPS 逆变器
4	UPS 保护、检测电路误动作	检查 UPS 内部控制电路

（6）UPS 工作正常但负载设备异常

序　号	故　障　原　因	处　理　方　法
1	UPS 输出零地电压过高	检查 UPS 接地，必要时可在 UPS 的输出端零地间并一个 $1 \sim 3k\Omega$ 电阻
2	UPS 地线与负载设备地线没接在同一点上	将 UPS 地与负载地接到同一个点上
3	负载设备受到异常干扰	重新启动负载设备

 过关训练

1．UPS 设备工作时对环境有哪些要求？为什么通信电源系统中 UPS 的作用和地位越来越重要。

2．比较后备式、在线互动式和在线式 UPS 在工作方式上的不同，说明各自的优缺点。

3．Delta 变换型 UPS 共有哪 4 条供电通道向负载供电？

4．造成蓄电池过度深放电的原因有哪些？

5．UPS 并机工作的目的是什么？

6．锁相电路、静态开关各自的作用是什么？

7．请描述 UPS 开机加载步骤以及 UPS 从正常运行到维护旁路的步骤。

8．UPS 日常维护的项目有哪些？

9．简述 UPS 逆变工作原理。

本模块学习目标、要求

- 空调器结构和工作原理
- 空调器的维护、保养及测试
- 空调器的常见故障

通过学习，掌握制冷及空调的组成和工作原理；掌握空调的维护、测试及安装规范；了解一般故障类别和排除方法。

本模块问题引入

空气调节简称空调，它是研究造成室内空气环境符合一定的空气温度、相对湿度、空气流通速度、清洁度和噪声等控制在需要范围内的专门技术。起到改善机房环境温度、湿度，确保通信设备正常运行的作用。

机房专用空调是针对计算机机房和各类通信机房的特点和要求而设计的。它除了具备普通空气调节器的功能外，还具备恒温恒湿、控制精度高、空气洁净度高、可靠性高等特点。

任务1 空调器的组成结构

一、相关基础知识

（1）温度的概念

在日常生活中，我们习惯用感觉来判别物体的冷热，用手摸冰感到冰是凉的，用手摸热水壶觉得水壶是烫的。冰的冷说明它的温度低，热水壶的热说明它的温度高。

对于温度的概念，我们可以简单地理解为温度是表示物体冷热程度的物理量。从分子运动论来看，我们知道物体的温度同大量分子的无规则运动速度有关。当物体的温度升高时，分子运动的速度就加快，反过来说，如果我们用某种方法来加快分子无规则运动的速度，那么物体的温度就升高。

（2）温度的计量

我们怎样判别一个物体的温度呢?用人的感觉来判别温度实际上是不准确的。比如，冬天寒风刺骨，一个人从外面走进了屋子，感觉这间屋子很暖和，另一个人从更热的地方进了这间屋子，反而觉得这间屋子很冷。同样一盆冷水，冷热不同的两只手放进去，感觉这盆水冷热不同。所以要准确测量温度，必须用温度计。

我们平常使用的温度计，是把纯水的冰点定为 0℃。把一个大气压下沸水的温度定为 100℃。在 0℃和 100℃之间分成 100 等份，每一份就是 1℃，用这种方法确定的温标叫做摄氏温标，摄氏温标是瑞典天文学家摄尔修斯在 1742 年提出来的，所以一般都认为摄氏温标的记号"℃"是摄尔修斯的英文字头。除了摄氏温标，另外在欧美等国家还采用华氏温标，以"℉"表示，华氏温标把水的冰点定为 32F，水的沸点定为 212F，在 32F 和 212F 之间分为 180 等份，每份为 1F，所以华氏温标的换算关系为：

$$℃=\frac{5}{9}(℉-32) \text{ 或者 } ℉=\frac{9}{5}℃+32 \tag{8-1}$$

在热力学中，常用绝对温标，单位为开（尔文）符号为 K，它是把水的冰点定为 273.15K，沸点定为 373.15K，在换算时常略去 0.15K，只有 273K。

热力学温度 K 与摄氏温度的换算关系为：

$$K=℃+273 \text{ 或者 } ℃=K-273 \tag{8-2}$$

（3）湿度的概念

表示空气中含有水蒸气多少的物理量称作湿度。通常用含湿量、绝对湿度和相对湿度来表示。

含湿量是湿空气中水蒸气质量（g）与干空气质量（kg）之比值，单位：g/kg。它较确切地表达了空气中实际含有的水蒸气量。

相对湿度指在一定温度下，空气中水蒸气的实际含量接近饱和的程度，也可称饱和度。或者定义为在指某湿空气中所含水蒸气的重量与同温度下饱和空气中所含水蒸气的重量之比。

绝对湿度是每立方米的湿空气中含有的水蒸气重量，单位：kg/m^3。

（4）热和热量的概念

在日常生活中，我们有这样的经验，把冷热程度不同的物体放在一起时，热的物体会慢慢冷下来，冷的物体会逐渐热起来。我们把一杯刚烧开的水与一杯凉水混合，可以得到不冷不热的温水。这时候我们就说开水放出了若干热量，它们进行了热传递。

热量是热传递过程中物体内能变化的量度。也可以说，在热传递过程中，物体吸收或放出了热的量叫做热量。热量的定义揭示了热的本质，指出了热传递过程实质上是能量的转移过程，而热量就是能量转换的一种量度。

在国际单位制中，热量的单位是焦耳（J），在工程技术中，常用的单位有卡（cal）、千卡（kcal）等，1g 的纯水温度升高或降低 1℃时，所吸收或放出的热量就是 1 卡，1 卡的热量和 4.18 焦耳的功相当，这个热量单位和功的单位之间的数量关系，在物理学中叫做热功当量，用 J 来表示：

$$J=4.18 \text{ 焦耳/卡} \tag{8-3}$$

由于热量是物体热能变化的一种量度，因此，热量单位也可以用焦耳来表示，于是热量有两种单位，焦耳和卡，这两个单位的换算关系是：

$$1 \text{ 卡}=4.18 \text{ 焦耳 } \text{ 或 } 1 \text{ 焦耳}=0.24 \text{ 卡} \tag{8-4}$$

二、房间空调器的类型和特点

小型整体式（如窗式和移动式）和分体式空调器统称为房间空调器。国家标准规定，房间空调器的制冷量在 9 000W 以下（现最高为 12 000W），使用全封闭式压缩机和风冷式冷凝器，电源可以是单相，也可以是三相。由于空调器广泛用于家庭、办公室等场所，因此，又称为家用空调器。

房间空调器形式多种多样，具体分类和型号含义如图 8-1 和图 8-2 所示。整体式的房间空调器主要是指窗式空调器，也包括移动式空调器。

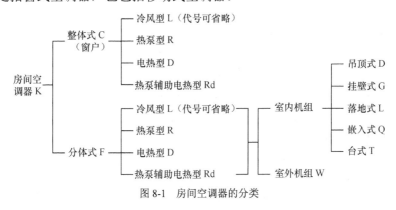

图 8-1　房间空调器的分类

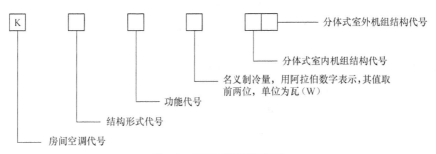

图 8-2　房间空调器型号表示

空调器型号举例：

KC-31：单冷型窗式空调器，制冷量为 3 100W；

KFR-35GW：热泵型分体壁挂式空调器，制冷量为 3 500W；

KFD-70LW：电热型分体落地式空调器，制冷量为 7 000W。

注：热泵型空调器的制热量略大于制冷量。

三、房间空调器的工作环境与性能指标

（1）房间空调器的使用条件

① 环境温度：房间空调器通常工作的环境温度，见表 8-1。

表 8-1　　　　　　　　　　　　　　空调器工作的环境温度

型　式	代　号	使用的环境温度（℃）
冷风型	L	18~43
热泵型	R	−5~43
电热型	D	<43
热泵辅助电热型	Rd	−5~43

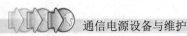

空调器最高工作温度限制在 43℃ 以下，热泵型空调器的最低工作环境温度为-5℃。这是因为空调器的压缩机和电动机封闭在同一壳体内，电动机的绝缘等级决定了对压缩机最高温度的限制。如果环境温度过高，则压缩机工作时冷凝温度随之提高，使压缩机排气温度过热，造成压缩机超负荷工作，使过载保护器切断电源而停机。另外，电动机的绝缘因承受不了过高温度而遭破坏，甚至电动机烧毁。对于热泵型空调器，如果环境温度过低，其蒸发器里的制冷剂得不到充分的蒸发，被吸入压缩机，产生液击事故，并导致机件磨损和老化。对于电热型空调器，冬季工况下压缩机不工作，只有电热器在工作，因此，对最低环境温度无严格限制。对于热泵型和热泵辅助电热型空调器，若不带除霜装置，则其使用的最低环境温度为 5℃，如果低于 5℃，则在室外的蒸发器就要结霜，使气流受阻，空调器就不能正常工作。若带除霜装置，则使用的最低环境温度可以为-5℃。

当外界气温高于 43℃ 时，大多数空调器就不能工作，压缩机上的热保护器自动将电源切断，使压缩机停止工作。

空调器的温度调节依靠温控器自动调节，温控器一般把房间温度控制在 16～28℃，并能在设定值 2℃ 的范围内自动工作。

② 电源：国家标准规定：电源额定频率为 50Hz，单相交流额定电压为 220V 或三相交流额定电压为 380V。使用电源电压值允许差为±10%。

工作电源为 60Hz 的空调器，可在 60Hz，197～253V 电压下运行，也可在 50Hz，180～220V 电压下运行。

工作电源为 50Hz 的空调器，不能用于电源为 60Hz 的地区，否则电动机要烧坏。

（2）空调器的性能指标

空调器的主要性能参数有以下 10 项。

① 名义制冷量——在名义工况下的制冷量，W。

② 名义制热量——冷热型空调在名义工况下的制热量，W。

③ 室内送风量——即室内循环风量，m^3/h。

④ 输入功率，W。

⑤ 额定电流——名义工况下的总电流，A。

⑥ 风机功率——电动机配用功率，W。

⑦ 噪声——在名义工况下机组噪声，dB。

⑧ 制冷剂种类及充注量——例如 R22，kg。

⑨ 使用电源——单相 220V，50Hz 或三相 380V，50Hz。

⑩ 外形尺寸——长×宽×高，mm。

注：制冷量——单位时间所吸收的热量。

空调器铭牌上的制冷量叫名义制冷量，单位为瓦（W），还可以使用的单位为千卡/小时（kcal/h），两者的关系为：

$$1kW=860kcal/h$$

或 $$1\,000kcal/h=1.16kW \tag{8-5}$$

国家标准规定名义制冷量的测试条件为：室内干球温度为 27℃，湿球温度为 19.5℃；室外干球温度为35℃，湿球温度为24℃。标准还规定，允许空调的实际制冷量可比名义值低 8%。

（3）空调器的性能系数

性能系数又叫能效比或制冷系数，用 EER 表示，EER 是"Energy and Efficiency Rate"

的缩写，即能量与制冷效率的比率。有些书刊和资料上，把制冷量与总耗能量的比率，称作制冷系数。其含义是指空调器在规定工况下制冷量与总的输入功率之比。其单位为 W/W，即性能系数 EER=实测制冷量/实际消耗总功率（W/W）。

性能系数的物理意义就是每消耗 1W 电能产生的冷量数，所以制冷系数高的空调器，产生同等冷量就比较省电。如制冷量为 3 000W 的空调器，当 EER=2 时，其耗电功率为 1 500W。当 EER=3 时，其耗电功率为 1 000W。所以能效比（制冷系数）是空调的一个重要性能指标，反映空调的经济性能。

一般工厂产品样本上没有性能系数这项数据，但可用下式计算：

性能系数=铭牌制冷量/铭牌输入功率（W/W）

这样计算出来的性能系数比实际运行的性能系数要大，因为实际的制冷量比名义值要小 8%。实际上国内外实测的性能系数一般也只有铭牌值的 92%左右。

四、空调器的组成结构

空调器的结构，一般由制冷系统、风路系统、电气系统以及箱体与面板 4 部分组成。

制冷系统：是空调器制冷降温部分，由制冷压缩机、冷凝器、毛细管、蒸发器、电磁换向阀、过滤器和制冷剂等组成一个密封的制冷循环。

风路系统：是空调器内促使房间空气加快热交换部分，由离心风机、轴流风机等设备组成。

电气系统：是空调器内促使压缩机、风机安全运行和温度控制部分，由电动机、温控器、继电器、电容器和加热器等组成。

箱体与面板：是空调器的框架、各组成部件的支承座和气流的导向部分，由箱体、面板和百叶栅等组成。

（1）压缩机

压缩机按其结构分为 3 类：开启式、半封闭式、全封闭式。目前大部分机房专用空调采用全封闭式压缩机，只有力博特空调部分型号采用半封闭式压缩机。

全封闭制冷压缩机是一种压缩机与电动机一起，装置在一个密闭铁壳内形成的一个整体。从外表看只有压缩机的吸、排气管接头和电动机的导线；压缩机壳分为上下两部分，压缩机和电动机装入后，上下铁壳用电焊焊接成一体。由于平时不能拆卸，因此，机器使用可靠。

在全封闭制冷压缩机中，又有活塞型压缩机和涡旋式压缩机。

在近期生产的机房专用空调系统中，采用的压缩机均为全封闭涡旋式制冷压缩机。它的构造主要由下列各项组成：旋转式进、出口阀门；压力表接口；内置式过载保护；弹性机座；曲轴箱加热器；内置式润滑油泵。

涡旋式制冷压缩机最大的优点如下。

① 结构简单：压缩机体仅需两个部件（动盘、定盘）就可代替活塞压缩机中的 15 个部件。

② 高效：吸气气体和变换处理气体是分离的，以减少吸气和处理之间的热传递，可以提高压缩机的效率。涡旋压缩过程和变换过程都是非常安静的。

（2）蒸发器

1）蒸发器的分类：

蒸发器按其被冷却的介质种类可分为冷却液体的蒸发器（干式蒸发器）和冷却空气用的蒸发器（表冷式蒸发器）两大类。

空调系统所使用的蒸发器一般为冷却空气的蒸发器。当制冷系统的氟利昂液态进入膨胀阀节流后送入蒸发器，属于气化过程，这时候需要吸收大量热量，使房间温度逐步降低，以达到制冷及去湿效果。

2）A 型蒸发器

A 型结构蒸发器的优点是该结构具有较大的迎风面积和较低的迎面风速以防止逆风带水。蒸发器配备有 1/2 铜管铝翅片及不锈钢凝结水盘，以利于热量更好的传递。

由于蒸发器盘管分为多路进入并作交错安排，因此，将每个制冷系统都能遍布于盘管迎风面上，当单一制冷系统运行时，显热制冷量可达总制冷量的 55%～60%。

3）蒸发器的去湿功能

在正常制冷循环中，室内机风扇以正常速度运转，供给设计气流以及最经济的能量以满足制冷量的要求。

① 简单的除湿功能。当需要除湿时，压缩机运行，但室内机电动机转速降低，通常为原转速的 2/3，因此，风量也减少了 1/3 时，通过冷却盘管的出风温度变成过冷，产生良好的冷凝效果即增加了除湿量。以此法增加去湿量带来的弊端有：当出风量减少 1/3 时，通常在几秒钟之内出风温度降低 2～3℃，当突然降低温度速度达到最大允许值每 10min 降低 1℃时，造成控制可靠性降低；当出风量减少 1/3 时，过滤效率降低，对换气次数及通风量都有很大影响，造成室内控制精度降低和温度分布不均匀；由于出风温度降低，需接通电加热器以提高室温。因此，造成温度控制不精确且增加运行费用。

② 专门的去湿循环。冷却绕组分为上、下两个部分，分别为总冷却绕组的 1/3 和 2/3。在正常冷却方式下，制冷工质流过冷却绕组的两个部分。在除湿方式下，常开电磁阀关闭，这样就把通向冷却绕组的上部绕组（（1/3 部分）的氟利昂制冷剂切断了，全部氟利昂制冷剂都流向冷却绕组的下部绕组（2/3）部分。通过下部绕组的空气的温度是很低的，通常至少比冷却循环中的空气降低 3℃，所以增加了去湿效果，但其弊端是总制冷量会减小和吸气压力降低。

③ 旁路气体调节器。在 A 型蒸发器顶部安装一个旁路气体调节器，在正常冷却方式下这个调节器是关闭的，所有返回的气体都要平均地经过两个冷却绕组。当需要进行除湿操作时，旁路气体调节器完全打开，使 1/3 的返回气体旁路经过 A 框绕组的顶部而没有经过冷却，另外 2/3 的返回气体均匀地通过 A 框绕组，排出气体的温度被快速降低，增加去湿效果。

虽然此种去湿方法的效果与专门的去湿循环相同，但是其优点是总制冷量将保持不变。

（3）冷凝器

冷凝器按其冷却形式可分为三大类型：水冷式、风冷式、蒸发式及淋水式。

1）水冷式

在水冷式冷凝器中，制冷剂放出热量被冷却水带走。冷却水可以一次流过，也可以循环使用。当使用循环水时，需要有冷却水塔或冷水池。水冷冷凝器有壳管式、套管式、沉浸式等结构形式。

2）风冷式

在风冷式冷凝器中，制冷剂放出的热量被空气带走。它的结构形式主要由若干组铜管所组成。由于空气传热性能很差，故通常都在铜管外增加肋片，以增加空气侧的传热面积，同时采用通风机来加速空气流动，使空气强制对流以增加散热效果。

3）蒸发式及淋水式

在这类冷凝器中，制冷剂在管内冷凝，管外同时受到水及空气的冷却。

目前进口机房专用空调的类型以风冷型为主。下面对风冷型冷凝器作详细叙述。

风冷冷凝器采用 $\phi10$ 铜管，铝翅片结构，风机采用可调速电机，以保证冷凝器在冬季、夏季能够均衡使用，也使冷凝压力在很冷、很热的环境下不至变化太大。

风冷冷凝器适用于环境温度 $-30\sim+40℃$ 范围之内，当环境温度较高时，将引起冷凝器压力升高，这将由调速器的压力传感机构感受到这种压力的变化，并将这种变化转变为输出电压的变化，从而使电机转速产生变化以达调节强制对流效果的目的。

当然，由于采用了无极调速的装置，那么这种电机转速的变化是能够非常平滑过渡的。

机房专用空调室外冷凝器在出厂时已经过调整及校验，但由于长途运输或者长期使用中的震动，偶尔会出现调速器的设定漂移现象。如果出现此情况可参照相应型号的说明书适当调整。

通常室外机调整转速过程为：室外机高压压力在 $14kgf/cm^2$ 左右时风机起转，在 $20\sim24kgf/cm^2$ 时达到满负荷转速，而在 $14\sim18kgf/cm^2$ 时调速性能为最佳状态。

（4）热力膨胀阀（节流阀）

1）热力膨胀阀的结构

膨胀阀的顶部由密封箱盖波纹薄膜感温包和毛细管组成一个密闭容器，里面灌注氟利昂，成为感应机构，感应机构内灌注的制冷剂可以与制冷系统的相同，也可以不同，比如制冷系统用的是 F-22，感温包可灌注 F-12 或 F-22，感温包用来感受蒸发器出口的过热蒸气温度，毛细管作为密封箱与感温包的连接管，传递压力作用在膜片上，波膜片是由一块 0.2mm 左右的薄合金片冲压成形，断面是波浪形的。受力后弹性形变性能很好，调节杆是用来调整膨胀阀门的开启过热度，在调试过程中用它来调节弹簧的弹力，调节杆向里旋时，弹簧压紧，调节杆向外旋时，弹簧放松，传动杆顶在阀针座与传动盘之间传递压力，阀针座上装有阀针，用来开大或关小阀孔。

2）热力膨胀阀的工作原理

膨胀阀通过感温包感受蒸发器出口端过热度的变化，导致感温系统内（感温系统是由感温包、毛细管、传动膜片和传动波纹管这几种互相连通的零件所构成的密闭系统）充注物质产生压力变化，并作用于传动膜片上。促使膜片形成上下位移，再通过传动片将此力传递给传动杆而推动阀针上下移动，使阀门关小或开大，起到降压节流作用。自动调节蒸发器的制冷剂供给量并保持蒸发器出口端具有一定过热度，得以保证蒸发器传热面积的充分利用，以及减少液击冲缸现象的发生。

3）膨胀阀的种类 （内平衡、外平衡）

作用于热力膨胀阀体内传动膜片下部的压力为节流后的蒸发压力（这一压力通过传动杆和传动片的缝隙而进入膜片下部分空间），这种结构称为内平衡式膨胀阀。

作用于热力膨胀阀体内传动膜片下部的压力不是节流后的蒸发压力，而是通过外接平衡管将蒸发器出口端的压力引入传动膜片下部空间结构的阀门，这种结构称为外平衡式热力膨胀阀。

与内平衡式膨胀阀相比，外平衡式热力膨胀阀的过热度要小得多，所以采用外平衡式热力膨胀阀时，能充分发挥蒸发器的传热面积的作用和提高制冷装置的效果，在蒸发器阻力较小、压力损失不大的情况下，可选用内平衡式膨胀阀；当蒸发阻力较大，压力损失比较大或具有液体分配器时，应选用外平衡式热力膨胀阀。采用分配器的，一般都选用外平衡膨胀阀。

在专用空调机中采用的通常是外平衡式热力膨胀阀。热力膨胀阀虽只是一个很小的部

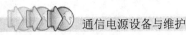

件，但它在制冷系统中的作用必不可少，所以它与制冷压缩机、蒸发器、冷凝器并称为制冷系统四大部件。

（5）制冷系统的其他辅件

1）液体管路电磁阀

液体管路电磁阀在制冷系统中可以受压力继电器、温度继电器发出的脉冲信号形成自动控制。在压缩机停机时，由于惯性作用以及氟利昂的热力性质，使氟利昂大量进入蒸发器，在压缩机再次启动时，湿蒸气进入压缩机吸入口引起湿冲程，不易启动，严重的时候甚至将阀片击破。液体管路电磁阀的设置，使这种情况得以避免。在佳力图空调机系统中压缩机的启动，也依赖于电磁阀，静止时电磁阀将高低压分为两个部分，低压部分的较低压力低于低压压力控制器的开启值，所以压缩机处于停止状态。当压缩机需要启动时，通过电脑输出信号接通电磁阀，当阀开启时，高压压力迅速向低压释放，当低压压力达到低压控制器开启值时，压缩机才能启动。

2）视液镜

视液镜在制冷系统中处于制冷电磁阀和干燥过滤器之间，顾名思义，它是用来观察液体流动状态的，根据气泡的多少可以作为制冷剂注入量的参考，根据视液镜颜色可以看出系统内水分的含量。

3）液体管道干燥过滤器

通常，液体管道干燥过滤器是不可拆卸的。内部采用分子筛结构，能够去除管道中的少量杂质水分等，起到净化系统的目的。因管道在焊接中会出现氧化物，并且氟利昂制冷剂的纯度也有所不一，所以我们采用的氟利昂制冷剂都要求是进口的。液体管道干燥过滤器出现堵塞时，会引起吸气压力降低，在过滤器两端会出现温差，如出现这种情况，则需要更换过滤器。

4）高低压力控制器

在制冷系统中高低压力控制器是起保护作用的装置。高压保护是上限保护，当高压压力达到设定值时，高压控制器断开，使压缩机接触器线圈释放，压缩机停止工作，避免在超高高压下运行损坏零件。高压保护是手动复位，当压缩机要再次启动时，需先按下复位按钮。当然，在重新启动压缩机前，应先检查出造成高压过高的原因，给予排除后，才能使机器运转正常。

低压保护是为了避免制冷系统在过低压力下运行而设置的保护装置。它的设定分为高限和低限。它的控制原理是低压断开值就是上限—下限的压差值，重新开机值是上限值。低压控制器是自动复位的，所以要求操作人员经常观察机器的运行情况，出现报警时要及时处理，避免压缩机长时间频繁启停而影响寿命。

任务2 空调器的工作原理

一、空调器的制冷（热）原理

空调器的制冷（热）原理是在管路系统中完成的。我们知道液体由液态变为气态时会大量吸收热量，使周围的温度下降，简称液体气化吸热。空调器、电冰箱等制冷设备就是利用液体气化吸热来制冷的。在这些制冷设备中，采用氟利昂制冷剂气化大量吸收热量，通俗地讲空调器就是把室内的热量移到室外，热量不可能由低温物体向高温物体转移，例如，夏天室内的温度比室外高，要想把室内的热量移到室外，必须借助强制的方式。压缩机就是一种强制进行热量传递的部件。

从物理学中我们知道，物质从液体到气体的变化不仅与温度有关，而且与压力有关，温度越高或者压力越低，液体就容易气化，吸收热量；反之，温度越低，压力越高，气体就容易液化成液体，散发热量。

制冷过程实际就是在温度和压力上做文章，制冷系统循环原理如图 8-3 所示。

制冷系统是一个完整的密封循环系统，组成这个系统的主要部件包括压缩机、冷凝器、节流

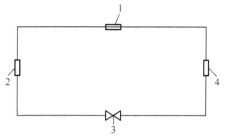

1—压缩机；2—冷凝器；3—节流装置；4—蒸发器

图 8-3　制冷系统循环原理图

装置（膨胀阀或毛细管）和蒸发器，各个部件之间用管道连接起来，形成一个封闭的循环系统，在系统中加入一定量的制冷剂（例如氟利昂）来实现制冷降温。

空调器制冷降温，是把一个完整的制冷系统装在空调器中，再配上风机和一些控制器来实现的，如图 8-4 所示。

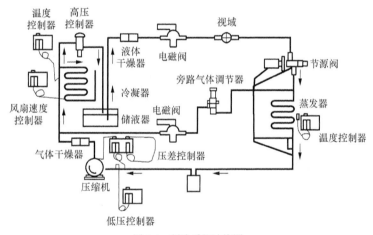

图 8-4　制冷系统结构图

制冷的方法很多，制冷机的种类也很多，根据制冷的基本工作原理可分为气体制冷，蒸气制冷（如压缩式制冷、吸收式制冷和蒸气喷射式制冷）和温差电制冷（如半导体制冷）。机房专用空调机通常采用的是蒸气压缩式制冷。蒸气压缩式制冷是利用液态制冷剂气化时吸热，蒸气凝结时放热的原理进行制冷的。

制冷的基本原理按照制冷循环系统的组成部件及其作用，分别由 4 个过程来实现。

（1）压缩过程：从压缩机开始，制冷剂气体在低温、低压状态下进入压缩机，在压缩机中被压缩，提高气体的压力和温度后，排入冷凝器中。

（2）冷凝过程：从压缩机中排出来的高温、高压气体，进入冷凝器中，将热量传递给外界空气或冷却水后，凝结成液体制冷剂，流向节流装置。

（3）节流过程：又称膨胀过程，冷凝器中流出来的制冷剂液体在高压下流向节流装置，进行节流减压。

（4）蒸发过程：从节流装置流出来的低压制冷剂液体流向蒸发器中，吸收外界（空气或水）的热量而蒸发成为气体，从而使外界（空气或水）的温度降低，蒸发后的低温、低

压气体又被压缩机吸回，进行再压缩、冷凝、节流、蒸发，依次不断地循环和制冷。

对单冷型空调器制冷系统，蒸发器在室内侧吸收热量，冷凝器在室外将热量散发出去。

对冷热两用型空调器，空调器的室内制冷或制热，是通过电磁四通换向阀改变制冷剂的流向来实现的。在制热时，室内侧将热量散发出来，在室外侧将吸收热量，如图 8-5 所示。

（1）制冷剂的流向。制冷剂从压缩机的排气管出来，经过四通阀到截止阀，注意截止阀流通液体变成了液阀，室内机的冷凝器，再到配管，通过截止阀经辅助毛细管，再到主毛细管，过滤器，外机的蒸发器，四通阀，汽液分离器，回到压缩机中。

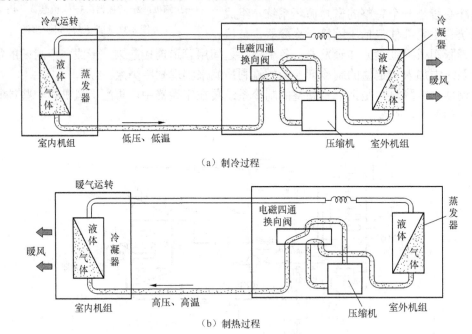

图 8-5　热泵型空调制冷和制热运行示意图

（2）空调器的除湿原理。安装在室内机的水槽，如果室内的湿度比较大，湿度比较高的潮湿空气会在蒸发器散热肋片上凝结成水珠，水珠落在水槽上，通过水槽旁边的小孔流向室外。如果水槽堵塞或者内机安装水平度不合格，将会产生室内滴水的故障。

二、制冷剂

制冷剂是进行制冷循环的工作物质。

理想的制冷剂要求化学性质是无毒、无刺激性气味、对金属腐蚀作用小、与润滑油不起化学反应、不易燃烧、不易爆炸并且要求制冷剂有良好的热力学性质，即在大气压力下它在蒸发器内的蒸发温度要低、蒸发压力最好与大气压相近；制冷剂在冷凝器中、冷凝温度对应的压力要适中，单位制冷量要大，气化热要大，而液体的比热要小，气体的比热要大。要求制冷剂的物理性质：凝固温度要低、临界温度要高（最好高于环境温度），导热系数和放热系数要大，比重和黏度要小，泄漏性要小。

制冷剂种类很多，实际应用时可根据制冷剂类型，蒸发温度、冷凝温度和压力等热力学条件以及制冷设备的使用地点来考虑。制冷剂可分为 4 类：无机化合物、碳氢化合物、氟利

昂和共沸溶液。

无机化合物制冷剂有氨、水和二氧化碳等；碳氢化合物制冷剂有乙烷、丙烯等；氟利昂（FREON）是 19 世纪 30 年代开始使用的一种制冷剂，比氨晚 60 年左右，它是饱和碳氢化合物的卤族（氟、氯、溴）衍生物的总称，或者说是由氟、氯和碳氢化合物组成的。目前作为制冷剂用的主要是甲烷（CH_4）和乙烷（C_2H_6）中的氢原子全部或部分被氟、氯、溴的原子取代而形成的化合物，除名称外，化学分子式规定了氟利昂各种类别的缩写代号。

（1）氟利昂的缩写代号把不含氢原子的氟利昂分子化合物的起首数编为 1，乙烷编为 11，丙烷（C_3H_8）编为 21，然后写上氟原子数。例如 F-12，称为二氯二氟甲烷，分子式 CF_2Cl_2 中有一个碳原子，不含氢为甲烷。故起首数编为 1，又有两个氟原子，故编写成 F-12。

（2）把含氢的甲烷衍生物数字首位定为 1，再加上氢原子数目为起首数。然后写上氟原子例如 F-22（CHF_2Cl）又叫一氯二氟甲烷，因为甲烷是 1，氢原子数为 1，相加为 2，又有氟原子数为 2，所以缩写成 F-22。

共沸溶液是由两种以上制冷剂组成的混合物。蒸发和冷凝过程也不分离，就像一种制冷剂一样。目前实用的有 R500、R502 等，与 R22 相比其压力稍大，制冷能力在较低温度下提高 13%左右。此外，在相同蒸发温度和冷凝温度下，压缩机的排气温度较低，可以扩大单组压缩机的使用温度范围，所以发展前景看好。

各种制冷剂，物理化学性质各不相同，在不同温度下，具有不同的饱和压力。在常温下，有的压力高，有的压力低，但无论压力如何，各种制冷剂钢瓶均为压力容器，使用时要多加小心。由于各种制冷剂性质不同，大多数属于易爆物。在钢瓶腐蚀未作检验或遇到外界的突然暴晒或火源时，有发生爆炸的可能，有的制冷剂还是有毒物。因此，对制冷剂的存放、搬运、使用都必须小心。

无论何种制冷剂用完后，都应立即关闭钢瓶阀门，在检修系统时，如果从系统中将制冷剂抽出压入钢瓶时，应得到充分的冷却，并严格控制注入钢瓶的重量，绝不能装满，一般不超过钢瓶容积的 60%，让其在常温下膨胀有一定余地。另外，在用卤素灯给制冷系统检漏时，遇颜色改变，确定漏点后，应立即移开吸口，以免光气中毒。

任务3　机房空调的维护

一、机房空调的特点

通信机房与一般空调房间相比，不仅在温度、湿度、空气洁净度及控制的精度等要求上有所不同，而且就设备本身而言区别也是非常明显的，我们把这种用于通信机房的空调设备称为专用空调。

机房空调相比一般家用空调，具有以下特点。

（1）设备热量大，散湿量小。

（2）设备送风量大、焓差小，换气次数多。

（3）一般多采用下送风方式。

（4）全天候运行。

二、机房空调维护的基本要求

（1）定期清洁各种空调设备表面，保持空调设备表面无积尘、无油污。设备应有专用的供电线路，供电质量应符合相关要求。

（2）设备应有良好的保护接地，与局（站）联合接地可靠连接。

（3）空调室外机电源线室外部分穿放的保护套管及室外电源端子板、压力开关、温湿度传感器等的防水、防晒措施应完好。

（4）空调的进、出水管路布放路由应尽量远离机房通信设备；检查管路接头处安装的水浸告警传感器是否完好有效；管路和制冷管道均应畅通，无渗漏、堵塞现象。

（5）确保空调室（内）外机周围的预留空间不被挤占，保证进（送）、排（回）风畅通，以提高空调制冷（暖）效果和设备的正常运行。

（6）使用的润滑油应符合要求，使用前应在室温下静置 24h 以上，加油器具应洁净，不同规格的润滑油不能混用。

（7）保温层无破损；导线无老化现象。

（8）保持室内密封良好，气流组织合理和正压，必要时应具有送新风功能。

（9）空调系统应能按要求调节室内温、湿度，并能长期稳定工作；有可靠的报警和自动保护功能、来电自动启动功能。

（10）充注制冷剂、焊接制冷管路时应做好防护措施，戴好防护手套和防护眼镜。

（11）定期对空调系统进行工况检查，及时掌握系统各主要设备的性能、指标，并对空调系统设备进行有针对性的整修和调测，保证系统运行稳定可靠。

（12）定期检查和拧紧所有接点螺丝，重点检查空调机室外机架的加固与防蚀处理情况。

三、机房专用空调的巡检

（1）空调处理机的维护：表面清洁，风机转动部件无灰尘、油污，皮带转动无异常摩擦，过滤器清洁，滤料无破损，透气孔无阻塞、无变形。蒸发器翅片应明亮无阻塞、无污痕。翅片水槽和冷凝水盘应干净无沉积物，冷凝水管应通畅。送、回风道及静压箱无跑、冒、漏风现象。

（2）风冷冷凝器的维护：风扇支座紧固，基墩不松动，无风化现象。电机和风叶应无灰尘、油污，扇叶转动正常，无抖动和摩擦。定期用钳形电流表测试风机的工作电流，检查风扇的调速机构是否正常。经常检查、清洁冷凝器的翅片，应无灰尘、油污，接线盒和风机内无进水。电机的轴与轴承应配合紧密，发现扇叶摆动或转动不正常时应进行维修或更换。

（3）压缩机部分的维护：用高、低压氟利昂表测试高（24kg）、低（2kg）压保护装置，发现问题及时排除。经常用手触摸压缩机表面温度，有无过冷、过热现象，发现有较大温差时，应查明原因。定期观察视镜内氟利昂的流动情况，判断有无水分，是否缺液。检查冷媒管固定位置有无松动或震动情况。检查冷媒管道保温层，发现破损应及时修补。制冷管道应畅通，发现堵塞及时排除。

（4）加湿器部分的维护：保持加湿水盘和加湿罐的清洁，定期清除水垢。检查给排水管路，保证畅通，无渗漏、无堵塞现象。检查电磁阀的动作、加湿负荷电流和控制器的工作情况，发现问题及时排除。检查电极、远红外管，保持其完好无损、无污垢。

（5）冷却系统的维护：冷却循环管路畅通，无跑、冒、滴、漏，各阀门动作可靠；定期清除冷却水池杂物及清除冷凝器水垢。冷却水泵运行正常，无锈蚀，水封严密。冷却塔风机运行正常，水流畅通，播洒均匀。冷却水池自动补水、水位显示及告警装置完好。定期清洁乙二醇冷却系统干冷器翅片。

（6）空调控制部分的维护：定期检查报警器声、光报警是否正常，接触器、熔断器接触是否良好，有无松动或过热，发现问题及时排除。检查电加热器的螺丝有无松动，热管有无尘埃，如有松动和尘埃应及时紧固和清洁。用钳形电流表测试所有电机的工作电流，测量数据与原始记录不符时，应查出原因，进行排除。检查继电器和电子元件有无损坏，发现问题及时更换。用干湿球温度计测量回风温度和相对湿度，偏差超出标准时，应进行校正。测量设备的保护接地线，如果引线接触不良，应及时紧固。测量设备绝缘，检查导线有无老化现象。定期检查配电盘、空调机零线接线端子接线是否紧固，不准用其他地线代替零线。

（7）工况测试：对空调系统每年应进行一次工况测试，及时掌握系统各主要部件的性能，并对空调设备进行一次有针对性的检修和调整，保证系统运行稳定可靠。

（8）具备动力与环境集中监控系统，应通过动力与环境集中监控系统对专用空调进行监控，发现故障及时处理。

四、普通分体、柜式空调的巡检

（1）机房内安装的普通空调设备应能够满足长时间运转的要求，并具备停电保存温度设置，来电自启动功能。

（2）使用普通空调应注意以下几点。

① 勿受压：空调器外壳是塑料件，受压范围有限，若受压，面板变形，影响冷暖气通过，严重时甚至会损坏内部重要元件。

② 换季不用时：清扫滤清器，以免灰尘堆积影响下次使用；拔掉电源插头，以防意外损坏；干燥机体，以保持机内干燥。室外机置上保护罩，以免风吹、日晒、雨淋。

③ 重新使用：检查滤清器是否清洁，并确认已装上；取下室外的保护罩，移走遮挡物体；冲洗室外机散热片；试机检查运行是否正常。

（3）普通空调设备维护的条件要求：空调维护人员应对普通空调系统进行定期巡检和不定期维护检修，巡检人员应具有较高维修能力和水平。

（4）检查普通空调室外机电源线部分的保护套管防护措施、室外电源端子板的防水、防晒措施是否完好。

（5）定期检测、校准空调的显示温度与空调实际温度的误差。

（6）定期检查、清洁空调表面和过滤网、冷凝器等，需要时给空调机加制冷剂。

（7）具备动力与环境集中监控系统，应通过动力与环境集中监控系统对普通空调进行监控，发现故障及时处理。

五、机房空调维护项目及周期表

（1）机房专用空调的维护项目及周期，见表 8-2。

表 8-2   机房专用空调的维护项目及周期表

维 护 项 目	序　号	维 护 内 容	周　期
空气处理机	1	检查水浸情况、水浸告警系统是否正常	月
冷凝器	1	清洁设备表面	
	2	测试风机工作电流,检查风扇调速状况、风扇支座	
	3	检查电机轴承	
	4	检查、清洁风扇	
	5	检查、清洁冷凝器翅片	
压缩机部分	1	检查和测试吸、排气压力	
加湿器部分	1	保持加湿水盘和加湿罐的清洁,清除水垢	
	2	检查电磁阀和加湿器的工作情况	
	3	检查给、排水路是否畅通	
电气控制部分	1	检查报警器声、光告警,接触器、熔断器是否正常	
空气处理机	1	检查和清洁风机的转动、皮带和轴承	季
	2	清洁或更换过滤器	
	3	检查及修补破漏现象	
	4	清除冷凝沉淀物	
冷却系统	1	检查冷却环管路、清洁冷却水池	
压缩机部分	1	检测压缩机表面温度有无过冷、过热现象	
	2	通过视镜检查并确定制冷剂情况是否正常	
加湿器部分	1	检查加湿器电极、远红外管是否正常	
电气控制部分	1	测量电机的负载电流、压缩机电流、风机电流是否正常	
空气处理机	1	检查和清洁蒸发器翅片	半年
压缩机部分	1	测试高低压保护装置	
加湿器部分	1	检查加湿器负荷电流和加湿器控制运行情况	
电气控制部分	1	检查所有电器触点和电气元件	
	2	测试回风温度、相对湿度并校正温度、湿度传感器	
空气处理机	1	测量出风口风速及温差	年
冷却系统	1	检查冷却水泵、除垢	
	2	检查冷却风机正常	
	3	检查冷却水自动补水系统及告警装置完好	
压缩机部分	1	检查制冷剂管道固定情况	
	2	检查并修补制冷剂管道保温层	
电气控制部分	1	检查电加热器可靠性	
	2	检查设备保护接地情况	
	3	检查设备绝缘状况	
	4	校正仪表、仪器	
	5	检查和处理所有接点螺丝、机架	

（2）普通空调维护项目及周期表，见表 8-3。

表 8-3　　　　　　　　　　　　　　　普通空调维护项目及周期表

序　号	项　目	周　期
1	清洁室内机设备表面及机柜	月
2	检查压缩机工况	
3	检查清洁空调冷凝器、蒸发器、滤网等	
4	检查室内外风机工作及空调控制系统是否正常	季
5	检查空调制冷系统是否正常	年
6	测量高低压等	
7	检查空调排水是否正常，排水管是否完好	
8	拧紧和加固所有接点螺丝；检查和处理室外空调机架的腐蚀情况	
9	检测和校准空调显示的温湿度与实际达到的温湿度	
10	测量出风口风速及温度	

任务4　机房空调的测试方法

一、机房空调的性能测试

1．制冷量的测试

制冷量指单位时间内制冷设备产生的冷负荷，是用于衡量制冷设备制冷能力的技术指标。制冷量与送风量、制冷剂数量、室内外温湿度、制冷系统的高低压力等有关。只有在调试正常的基础上才能进行性能测试，并要求在规定的测试条件下进行，即室内回风温度22℃，湿度50%，室外温度32℃。在测试前需先检查过滤网、皮带、高低压压力、制冷剂等情况。温度采集点尽可能靠近气流的中心位置，并尽可能靠近进出风口，以避免周围气流和热源的干扰。

制冷量的测试方法如下。

（1）计算出回风口面积 S。

（2）以过滤网对角线四等分点作为测试点，用风速仪分别测出风速，求得平均值 V。

（3）用温湿度仪在回风口测出回风的温度和湿度 T_1、Ψ_1，在出风口测出出风的温度和湿度 T_2、Ψ_2。

（4）根据测得的 T_1、Ψ_1、T_2、Ψ_2，查湿空气焓湿图，查出其对应的焓值 h_1 和 h_2。

（5）计算出制冷量 Q：

$$Q = V \times S \times p(h_2 - h_1) \qquad (8\text{-}6)$$

式（8-6）中，ρ——空气密度，取1.20。

2．能效比（η）

能效比指设备产生的制冷量与消耗的电能之比，即产出与投入之比，是衡量空调器性能的重要指标。能效比越高，空调越节能。

能效比测试方法如下。

在制冷的工作状况下，测算出制冷量 Q，用电力质量分析仪测出空调总输入功率 W，则能效比：

$$\eta = Q/W \qquad (8\text{-}7)$$

注意事项：

① 对双压缩机的系统，测试时确保两台压缩机均稳定工作。

② 测试时，除湿、加湿、加热均不工作。

3．显冷比（γ）

显冷比指用于空气降温的冷负荷与总制冷量之比。总制冷量中的一部分使空气温度下降，另一部分用于除湿。通信机房内通信设备产生大量的热负荷，而湿负荷却很少。在通常情况下，对通信机房只需降温，无需除湿。因此，机房专用空调的显冷比越大越好。显冷比受回风湿度的影响较大，测试时要严格控制回风湿度。显冷比的计算如下：

$$\gamma = (T_1 - T_2)/(h_2 - h_1) \qquad (8\text{-}8)$$

式（8-8）中，T_1、T_2 为回风、出风的温度；h_1、h_2 为对应的焓值。

二、运行工况测试

1．高、低压力的测试

高、低压力可反映设备的工作状况以及是否存在故障（如制冷剂多少、制冷管是否畅通、蒸发器、冷凝器换热性能等）。

（1）测试方法

① 拧开压缩机吸排气三通阀上测试接口上的封帽。

② 将双压表上两根高低压软管接在对应的测试接口上，并拧紧双压表上的两个截止阀。

③ 用专用棘轮扳手顺时针打开三通阀顶针。

④ 设置回风温度和回风湿度，使设备制冷工作，待压缩机运行稳定后（一般运行 5min 即可），读出压力表的指示值。

⑤ 用棘轮扳手逆时针关紧三通阀顶针。

⑥ 拧松双压表上的两个截止阀，放掉双压表软管内的制冷剂。

⑦ 拆下软管，盖上并拧紧封帽。

高、低压的压力范围根据制冷剂的种类不同而不同，高、低压压力的范围见表 8-4。

表 8-4　　　　　　　　　　　　机房专用空调工作压力范围

制冷剂种类	低压（kgf/cm²）	高压（kgf/cm²）
R22	4～5.8	13～18
R502	4.6～6.6	

（2）注意事项

① 测试时高、低压力表出现摆动现象，读数取平均压力。

② 若压力摆动幅度较大（低压＞2 kgf/cm²，高压＞4 kgf/cm²），需查明原因。

③ 若高压表指针剧烈抖动，将高压端三通阀开启度关小，即将顶针逆时针转动。

2．进、出风口温差的测试

温差作为度量空调制冷效果的常见方法，因其测试方法简单、理解直观，维护中经常采用；但由于影响温差的因素很多，具有很大局限性，因此，测试结果只能作为粗略参考。

测试方法如下。

① 通过设置使设备运行在制冷状态。

② 待空调运行稳定后，将温湿度仪放在进风口，温度指示稳定时，读数为 T_1；

③ 将温湿度仪放在出风口仪器温度指示稳定时，读数为 T_2；

④ 进、出口温差 $T=T_1-T_2$。

工作在制冷状态下，一般温差为 6～10℃ 。天气干燥时温差偏大，潮湿时偏小。测试 T_1、T_2 的时间间隔尽可能短，以免工况变化引起误差增加。

3．工作电流的测量

用钳形电流测量各工作部件的电流值，包括对室内风机、室外风机、压缩机、加热器、加湿器工作电流的测量。

室内风机、加热器的工作电流相对稳定，三相风机的三相电流也应基本一致。当测出电流超过额定值的 20% 时，应查明原因。加湿器有红外线及电极式两种。红外线加湿器的电流值是稳定的，三相电流应基本一致；电极式加湿器的电流值与加湿罐的使用时间、水质、水温有关。压缩机的电流值随制冷系统的工作压力而变化，其三相电流应基本一致。

三、功能测试

（1）制冷功能

设置回风温、湿度在当前回风温、湿度值，观察压缩机是否停机；设置回风温度在（T_h-5）℃ （T_h 为当前回风温度）以下，观察压缩机是否启动。

（2）加热功能

设置回风温度在（T_h+5）℃以上，测量每级加热器电流是否正常。

（3）除湿功能

设置回风温、湿度为当前回风温、湿度值，观察除湿系统是否停止工作；设置回风湿度在（$\psi_h-15\%$）以下（ψ_h 为当前回风湿度），观察压缩机、除湿电磁阀或除湿风机交流接触器是否均正常工作。

（4）加湿功能

设置回风湿度在（$\psi_h+15\%$）以上，观察加湿器电流是否正常。

四、告警功能测试

（1）低压告警

常见压力告警器有两种，一种为告警值可调式，另一种为不可调式。低压告警值一般设在 $1～2.4\ kgf/cm^2$。由于在制冷管路上一般有手动截止阀或电磁阀，因此，测试低压方法如下。

① 将双压表低压软管接在制冷管路低压侧测试口上。

② 按制冷功能测试方法，使压缩机工作。

③ 将电磁阀断电或顺时针关紧手动截止阀。

④ 观察低压表的压力变化，在告警产生时记下低压的压力值，该值为低压告警值。

⑤ 若低压的压力低于告警下限仍不告警或压力高于告警上限已告警，立即停机或停电，查明原因进行处理。

（2）高压告警

高压告警设在 22～26kgf/cm^2，具体数值要参考厂商的技术要求。

测试方法如下。

① 将双压表高压软管接在制冷管路高压侧测试口上。

② 按制冷功能测试方法，使压缩机工作。

③ 室外风机开关断开。

④ 观察高压表的压力变化，在告警产生时记下高压的压力值。

⑤ 若高压的压力超出告警压力值仍不告警，则立即停机，待压力低于 15kgf/cm^2 高压告警复位，调整高压的压力告警值重新测试使之符合要求。

测试完毕应检查高压告警是否复位。

（3）高温、低温告警

将回风温度与高温告警值均设到低于当前回风温度 5℃以下，观察有否高温告警产生；

将回风温度与低温告警值均设到高于当前回风温度 5℃以上，观察有否低温告警产生。

（4）高湿、低湿告警

将回风湿度与高湿告警值均设到低于当前回风湿度 15%以下，观察有否高湿告警产生；

将回风湿度与低湿告警值均设到高于当前回风湿度 15%以上，观察有否低湿告警产生。

（5）过滤网脏告警

空调处于工作状态时，用木板或纸板将过滤网堵塞一半，观察有否过滤网脏告警产生。

（6）失风告警

失风告警又称为气流故障告警。在空调处于工作状态时，将室内风机开关断开或将皮带取出，观察有否失风告警产生。

 过关训练

1. 100℃的水变成 100℃的水蒸气要吸收热量吗？

2. 100℃的水蒸气变成 100℃的水时会放热吗？

3. 简述空调器（制冷）工作过程。

4. 制冷剂有哪些特点？

5. 空调器除湿的原理是什么？

6. 空调器的高低压保护是如何工作的？

7. 电磁四通换向阀在空调器中起什么作用？

8. 简述热力膨胀阀的工作原理。

9. 简述空调器的组成结构。

10. 如何理解空调器的工作环境温度要求？

11. 视液镜的作用是什么？

12. 机房空调的巡检项目有哪些？

13. 如何对空调机进行基本的功能测试？

接地与防雷

本模块学习目标、要求

- 接地系统的概念、组成
- 接地的分类及各自作用
- 联合接地系统
- 通信电源系统的防雷保护
- 接地电阻的测量

通过学习，了解雷电的相关知识，掌握通信电源系统防雷保护的原则与措施；掌握联合接地的优点；掌握接地系统的组成和如何测量接地电阻；掌握交流工作接地的概念以及作用；掌握直流工作接地的作用，理解采用正极接地的原因。

本模块问题引入

在通信局（站）中，接地占有很重要的地位，它不仅关系到设备和维护人员的安全，同时还直接影响通信的质量；随着电力电子技术的发展，电子电源设备对浪涌高脉冲的承受能力和耐噪声能力不断下降，使电力线路或电源设备受雷电过电压冲击的事故常有发生。

因此，掌握理解接地和防雷的基本知识，正确选择和维护接地设备，正确测量接地电阻，具有十分重要的意义。

任务 1 通信系统接地

一、接地系统的概念

接地系统是通信电源系统的重要组成部分，它不仅直接影响通信的质量和电力系统的正常运行，还起到保护人身安全和设备安全的作用。在通信局（站）中，接地技术牵涉到各个电信专业的设备、电源设备和房屋建筑防雷等方面的知识。

1. 接地系统应具备的功能

所谓"接地"，就是为了工作或保护的目的，将电气设备或通信设备中的接地端子，通过接地装置与大地做良好的电气连接，并将该部位的电荷注入大地，达到降低危险电压和防止电磁干扰的目的。接地系统应具有以下功能。

（1）防止电气设备事故时故障电路发生危险的接触电位和使故障电路开路。

（2）保证系统的电磁兼容（EMC）的需要，保证通信系统所有功能不受干扰。

（3）提供以大地作回路的所有信号系统一个低的接地电阻。

（4）提高电子设备的屏蔽效果。

（5）降低雷击的影响，尤其在高层电信大楼和山上微波站的雷击影响更大。

2．接地系统的组成

接地系统由大地、接地体（或接地电极）、接地引入线、接地汇集线和接地线组成，如图 9-1 所示。

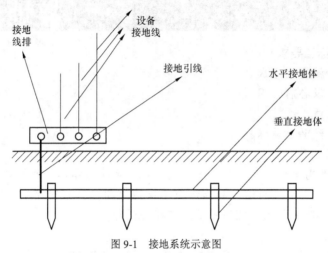

图 9-1　接地系统示意图

组成接地系统的各部分的功能如下。

（1）大地：接地系统中所指的地即为一般的土地，不过它有导电的特性，并且有无限大的容电量，可以用来作为良好的参考电位。

（2）接地体（接地电极）：接地体是使通信局（站）各地线电流汇入大地扩散和均衡电位而设置的与土地物理结合形成电气接触的金属部件。

联合接地系统的接地体可由两部分组成，即利用建筑基础部分混凝土内的钢筋和围绕建筑物四周敷设的环形接地电极（由垂直和水平电极组成）相互焊接组成的一个整体。

（3）接地引入线：接地体与贯穿通信局（站）各电信装机楼层的接地总汇集线之间相连的连接线称为接地引入线。接地引入线应作防腐蚀处理，以提高使用寿命。在室外，与土壤接触的接地电极之间的连接导线则形成接地电极的一部分，不作为接地引入线。

（4）接地汇集线：接地汇集线是指通信局（站）建筑物内分布设置可与各通信机房接地线相连的一组接地干线的总称。

根据等电位原理，为提高接地有效性和减少地线上杂散电流回窜，接地汇集线分为垂直接地总汇集线和水平接地分汇集线两部分，其中垂直接地总汇集线是一个主干线，其一端与接地引入线连通，另一端与建筑物各层楼的钢筋和各层楼的水平接地分汇集线相连，形成辐射状结构。

为了防雷电电磁干扰，垂直接地总汇集线宜安装在建筑物中央部位；也可在建筑物底层安装环形汇集线，并垂直引到各机房的水平接地分汇集线上。

（5）接地线：通信局（站）内各类需要接地的设备与水平接地分汇集线之间的连线，其截面积应根据可能通过的最大负载电流确定，并不准使用裸导线布放。

3．接地电阻的组成

接地体对地电阻和接地引线电阻的总和，称为接地装置的接地电阻。接地电阻的数值，等于接地装置对地电压与通过接地装置流入大地电流的比值。

接地装置的接地电阻，一般是由接地引线电阻、接地体本身电阻、接地体与土壤的接触电阻以及接地体周围呈现电流区域内的散流电阻 4 部分组成。

在上述决定接地电阻大小的 4 个因素中，接地引线一般是有相应截面的良导体，故其电阻值是很小的。而绝大部分的接地体采用钢管、角钢、扁钢或钢筋等金属材料，其电阻值也是很小的。

接地电阻主要由接触电阻和散流电阻构成。

接触电阻指接地体与土壤接触时所呈现的电阻。

接地体与土壤的接触电阻决定于土壤的湿度、松紧程度及接触面积的大小。一般来说，土壤的湿度越大、接触越紧、接触面积越大，则接触电阻就越小，反之，接触电阻就越大。

散流电阻是电流由接地体向土壤四周扩散时，所遇到的阻力。它和两个因素有关：一是接地体之间的疏密程度。二是和土壤本身的电阻有关。衡量土壤电阻大小的物理量是土壤电阻率。

土壤电阻率的定义为：电流通过体积为 $1m^3$ 土壤的这一面到另一面的电阻值，代表符号为 ρ，单位为 $\Omega \cdot m$ 或 $\Omega \cdot cm$，$1\Omega \cdot m = 100\Omega \cdot cm$。

电流由接地体向土壤四周扩散时，越靠近接地体，电流密度越大，散流电流所遇到阻力越大，呈现出的电阻值也越大。

土壤电阻率的大小与土壤的性质、土壤的温度、土壤的湿度、土壤的密度以及土壤的化学成分等 5 个主要因素有关。

二、接地的分类

根据电信工程需要，交直流电源系统和建筑物防雷等都要求接地，各种接地的分类一般可分为工作接地、保护接地和防雷接地。工作接地又可分为直流工作接地和交流工作接地。防雷接地也称为过电压保护接地，以上各种接地的性质和功能分述如下。

1．直流工作接地

直流工作接地，也可称为电信接地或功能接地。工作接地用于保护通信设备和直流通信电源设备的正常工作；而保护接地则用于保护人身和设备的安全。

在通信电源的直流供电系统中，为了保护通信设备的正常运行、保障通信质量而设置的电池一极接地，称为直流工作接地，直流工作接地的作用主要有以下几点。

（1）利用大地作良好的参考零电位，保证在各通信设备间甚至各局（站）间的参考电位没有差异，从而保证通信设备的正常工作。

（2）减少用户线路对地绝缘不良时引起的通信回路间的串音。

用户线路对地绝缘电阻的降低可能引起串话，而一个电话局中大量的用户线路因受潮或其他原因，使对地的绝缘电阻降低是经常发生的，有时还会同时发生多条用户线路对地绝缘电阻降低而接地。如果蓄电池组没有接地，则一条线路上的话音电流可能通过周围土壤找到一条通路而流到另一条线路上去，形成串话，如图 9-2 所示。图中上下两部分表示正在通话的用户，中间部分表示它们的馈电继电器和共用的蓄电池组。话音电流可以部分通过馈电继电器而流经大地造成相互串话。

2．直流保护接地

在通信系统中，将直流设备的金属外壳和电缆金属护套等部分接地，叫直流保护接地。其作用主要有以下两点。

（1）防止直流设备绝缘损坏时发生触电危险，保证维护人员的人身安全。

（2）减小设备和线路中的电磁感应，保持一个稳定的电位，达到屏蔽的目的，减小杂音的干扰，以及防止静电的发生。

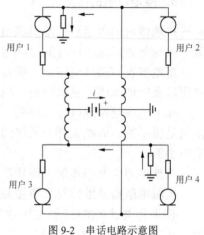

图 9-2　串话电路示意图

通常情况下，直流的工作接地和保护接地是合二为一的，但随着通信设备向高频、高速处理方向发展，对设备的屏蔽、防静电要求越来越高。

直流接地需连接的有：蓄电池组的一极，通信设备的机架或总配线的铁架，通信电缆金属隔离层或通信线路保安器，通信机房防静电地面等。

直流电源通常采用正极接地的原因，主要是大规模集成电路所组成的通信设备的元器件的要求，同时也为了减小由于电缆金属外壳或继电器线圈等绝缘不良，对电缆芯线、继电器和其他电器造成的电蚀作用。

上述接地系统说明通信用蓄电池均需接到公共的接地系统上，但这个公共的接地系统上不能引入干扰电压，如 50Hz 交流电压，若蓄电池的接地线接到或碰到交流电源零线接地线上，则由于交流零线接地线上有单相或三相不平衡电流通过，产生零线对地的电位，其大小随通信局（站）规模大小而变化。零线对地电压的频谱以 50Hz 基波分量和 150Hz 的三次谐波分量最大。零线电压的衡重值一般为几十毫伏，但也有高达 100～200mV 的。50Hz 的电压分量虽然最大，但其衡重值甚微，衡重值主要取决于 600～1 500Hz 频谱的电压分量。

比较工作地线与零线的对地电压，可看出工作地线的宽频杂音以及衡重杂音电压值比零线少一个数量级，所以工作地线与交流零线分开能减少工频交流对通信的影响。

在通信局（站）中，采用中性线（零线）和保护线分开布放，即所谓三相五线制和单相三线制的布线方式，就是为了避免接地线上经常受到干扰影响。

3．交流工作接地

在交流电力系统中，运行需要的接地（如中性点接地等）称为交流工作接地，如图 9-3 所示。

按照电力系统规程规定，10kV 级高压电力

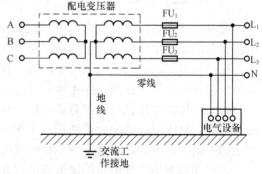

图 9-3　交流工作接地示意图

网应采用中性点非直接接地方式，故通信局（站）内装设的电力变压器高压侧中性点不需要接

地。但在 380/220V 低压系统中，因系统接地方式不同，分为直接接地和间接接地方式。

为了防止室外电力电缆和架空线在引入室内时，零线（中性线）发生断线或接触不良等故障时有可能损坏故障点后的用电设备或产生对人身的危害，故在 SDJ8-97《电力设备接地技术规程》和中华人民共和国行业标准 JGJ/T16-92《民用建筑电气设计规范》等标准的有关条文中均规定：在中性点直接接地的低压电力网中，零线应在电源处接地。电缆和架空线在引入车间或大型建筑物处零线应重复接地（但距接地点不超过 50m 者除外），或在屋内将零线与配电屏、控制屏的接地装置相连。

按照以上规定，通信局的变配电室和主楼的距离，若超过 50m 时，应增设重复接地，并与主楼内交流配电屏零线相连，但重复接地不应与直流工作接地线直接连接。

4．交流保护接地

（1）保护接地的作用。保护接地的作用是防止人身和设备遭受危险电压的接触和破坏，以保护人身和设备的安全，如图 9-4 所示。

在供电过程中，保护接地主要涉及间接接触保护，即对人与电源设备故障时可成为带电的外露部分危险接触的防护。当发生电源设备危险接触电位时，可以切断故障设备的电源，或用电位均衡的措施以避免接触到危险的电压，如在电源设备绝缘破坏时，经接点产生短路电流或漏电电流时，使熔断器、自动断路器或漏电自动开关动作，切断设备的电源。

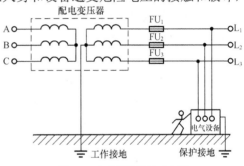

图 9-4　交流保护接地示意图

在低压交流系统中，电源设备外壳的保护接地则根据电力网接地方式不同，分为接零保护和接地保护两类。在中性点直接接地的低压电力网中，电力设备外壳与零线连接，称为低压接零保护，简称接零。电力设备外壳不与零线连接，而与独立的接地装置连接，则称为接地保护。在直流系统中，直流工作接地线可作设备的保护接地。

（2）保护人身和设备安全。为了避免因电气原因造成的事故，应当遵守有关接地的规范。当一个电气事故发生时，决定事故大小的因素是电流的强度、持续时间和路由。根据研究认为，流经人体的电流，当交流在 15～20mA 以下或直流在 50mA 以下时，对人身不发生危险，因为对大多数人来说，是可以不需别人帮助而自行摆脱带电体的。但是，即使是这样大小的电流，如长时间地流经人体时依然会有生命危险。如超过 50mA 的交流电流过人的心脏 0.1s 时，则是特别危险的。根据多次的试验证明，100mA 左右的电流流经人体时，毫无疑问是要使人致命的。

在低压配电系统中，由于电源设备绝缘损坏，使设备外壳带电，除发生人身触电事故外，还可能由于短路而发生火灾的危险性，故间接接地保护可采用自动切断电源的保护，包括采用漏电电流动作保护等措施。

为了避免人身触电的危险，其中最简单有效和可靠的措施便是采用接地保护，就是将电气设备在正常情况下，不带电的金属部分与接地体之间作良好的金属连接。下面先从接触电压和跨步电压的概念入手，加以说明接地的保护措施。

接触电压：在接地电流回路上，一个人同时触及的两点间所呈现的电位差，称为接触电压。接触电压在越接近接地体处或碰地处时其值则越小，距离接地体处越远时则越大。在距

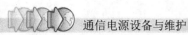

接地体处或碰地处约 20m 以外的地方，接触电压最大，可达到电气设备的对地电压。

跨步电压：当电气设备外壳或电力系统一相碰地时，则有电流向接地体或碰地处的四周流散出去，而在地面上呈现出不同的电位分布。当人的两脚站在这种带有不同电位的地面上时，两脚间所呈现的电位差称为跨步电压。

在计算跨步电压时，一般取人的跨距为 0.8m。跨步电压的大小，随着与接地体间的距离而变化。当人的一脚踏在接地体上或碰地处时，跨步电压最大；当人的两脚站在离接地体或碰地处越远时，跨步电压越小；若距离接地体或碰地处 20m 以外时，则跨步电压接近于零。

三、分设接地系统与联合接地系统

1．分设的接地系统

一个通信局（站）的工作接地、保护接地和防雷接地的系统，如果分别安装设置，自成系统、互不连接，则为分设的接地系统。如我国在 20 世纪 80 年代初通信局（站）的接地系统，分设成以上 3 个接地系统。分设接地系统如图 9-5 所示。

当各个接地系统分设时，各个接地系统的接地极之间的距离应相隔 20m 以上。

在其他通信局（站）中，按分设的原则设计的接地系统中，往往存在下列问题。

（1）侵入的雷浪涌电流在这些分离的接地之间产生电位差，使装置设备产生过电压。

（2）由于外界电磁场干扰日趋增大，如强电进城、大功率发射台增多、电气化铁道的兴建，以及高频变流器件的应用等，使地下杂散电流发生串扰，其结果是增大了对通信和电源设备的电磁耦合影响。而现代通信设备由于集成化程度高，接收灵敏度高，因而提高了环境电磁兼容的标准。分设接地系统显然无法满足通信的发展对防雷以及提高了的电磁兼容标准的要求。

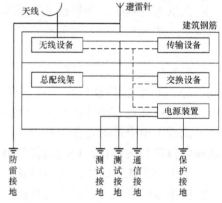

图 9-5　分设接地系统示意图

（3）接地装置数量过多，受场地限制而导致打入土壤的接地体过密排列，不能保证相互间所需的安全间隔，易造成接地系统间相互干扰。

（4）配线复杂，施工困难。在实际施工中由于走线架、建筑物内钢筋等导电体的存在，很难把各接地系统真正分开，达不到分设的目的。

2．联合接地系统

通信局（站）各类电信设备的工作接地、保护接地以及建筑防雷接地共同合用一组接地体的接地方式称为联合接地方式。联合接地方式的连接如图 9-6 所示。

利用通信机房大楼的基础钢筋作为合设的联合接地系统地极的优点是它的接地电阻很小。在合设的联合接地系统中，为使同层机房内形成一个等电位面，应从每层楼的建筑钢筋上引出接地扁钢，与同层的电源设备外壳相连接，有利于雷电过电压的保护，以保护人员和设备的安全。

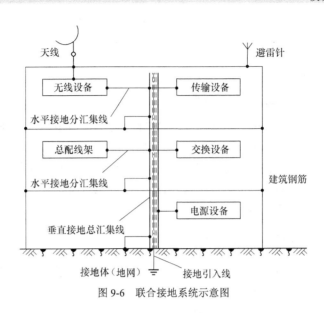

图 9-6　联合接地系统示意图

四、通信局（站）接地电阻值

通信局（站）联合接地装置的接地电阻应满足各种接地功能的要求，并以通信设备要求最高、接地电阻值最小数值为准。数字程控交换设备的局间中继器不以大地作为信号传输的共用回路，均采用双线制式，故接地电阻可以比过去纵横制交换机等旧设备的接地电阻要求要低，即规定的接地电阻值要大。

我国《通信局（站）电源系统总技术要求》，规定联合装置的接地电阻值见表 9-1，表中所示的接地电阻值均系直流或工频接地电阻值。

表 9-1　　　　　我国规定的通信局（站）联合接地装置的接地电阻值

适 用 范 围	接地电阻（Ω）	依　据
综合楼、国际电信局、汇接局、万门以上程控交换局、2 000 路以上长话局	< 1	YDJ20-88《程控电话交换设备安装设计暂行技术规定》
2 000 门以上 1 万门以下程控交换局、2 000 路以下长话局	< 3	
2 000 门以下程控交换局、光终端站、载波增音站、地球站、微波枢纽站、移动通信基站	< 5	
微波中继站、光缆中继站、小型地球站	< 10	YDJ2011-93《微波站防雷与接地设计规范》
微波无源中继站	< 20（注）	
适用于大地电阻率小于 100Ω·m，电力电缆与架空电力线接口处防雷接地	< 10	GBJ64-83《工业与民用电力装置过压保护设计规范》
适用于大地电阻率为 100~500Ω·m，电力电缆与架空电力线接口处防雷接地	< 15	
适用于大地电阻率为 500~1 000Ω·m，电力电缆与架空电力线接口处防雷接地	< 20	

注：当土壤电阻率太高，难以达到 20Ω 时，可放宽到 30Ω。

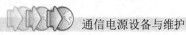

关于通信局（站）建筑物的防雷接地电阻值要求，根据 YD5003-94 中华人民共和国通信行业标准《电信专用房屋设计规范》8.5.2.4 条规定：电信建筑防雷接地装置的冲击接地电阻不应大于 10Ω，对三合一接地（联合接地）应满足工作接地电阻的要求。

五、接地连接应注意的问题

（1）共用接地系统的接地电阻应满足各种接地中最小接地电阻的要求。

（2）直流接地、交流接地和保护接地虽然最后都接在同一地线总汇流排上，但这并不意味着各种接地之间可以任意连接，在其未接入前，地线之前彼此应保持严格的绝缘。因此，通信大楼的地线设计应合理安排地线系统的拓扑结构，建筑防雷地应直接连接到地网，设备的工作地在地线总汇流排单点连接后汇集到地网。

六、电源系统的过电压保护

电源系统中，经常受到过电压的干扰。过电压产生一般基于下列原因。

（1）雷电过电压，包括受直击雷和感应雷产生的雷电过电压。

（2）电源系统内部过电压，包括工频过电压、操作过电压和谐波过电压。

当发生雷击时，雷闪通路内的电流很大，平均可达几万安培，也可达到 20 万安培。在闪电经过的地方，空气剧烈加热，对击中物体和周围环境造成极大危害。

电源系统内部过电压，是由于开关操作、故障、短路或其他原因，使电源系统工作状况发生变化，在过渡瞬态过程中因电磁能在系统内部发生振荡而引起过电压。如工频电流单相接地故障时，过电压倍数可达 1.1~1.3 倍，持续时间约为 0.1~1s；在操作开关断开电感性负载时，过电压倍数可达 1~4 倍，持续时间约为 0.000 2~0.04s；在 220/380V 系统中，10A 熔断器由于短路产生的过电压倍数可达 2~7 倍；而 35A 或 100A 熔断器熔断时可达 1.5~4 倍的工作电压；在直流 60V 系统中如 10A 机架熔断器烧坏时会产生 150V 过电压，持续时间为 0.4ms；而 63A 的机架列熔断器熔断时会产生 130V 过电压，持续时间为 0.7ms。

过电压不仅在交流或直流导线上产生，也会因感应和电的耦合在地线上和信号线上产生。

过电压将威胁人身和设备安全以及保护装置运行的可靠性，为此必须采取防范措施，设法将过电压降低到允许的水平。

任务2 通信系统的防雷

一、雷电的形成和特征

我国雷电区，南方多于北方，而南方以两广、两湖尤为突出。在通信局（站）中，尤以山上微波站、架空电力进局线，易遭受雷害次数最多。

雷电的形成必须具备 3 个条件。

一是空气吸足够水分，以夏季高温时空气中含水量最高，故易发生雷电。

二是湿热空气上升到高空开始凝结成水滴和冰晶。

三是大气中有足够高的正、负电荷形成的电位差。

形成的过程如下，含有水分的空气，经阳光直射地面后使热空气上升到高空，当进入高空时，湿热空气受环境温度影响，温度不断降低，空气中水分开始饱和并凝结成细小的水滴，形成云层和霰（即通常所说的小冰晶，雪粒）。

云层带电的原因比较复杂，也有不同假说，其中一种认为水滴分子外层电荷有吸收负电荷性能，就把空气中的负离子吸收到水滴的分子外表，使云层带负电荷，而空气中剩余的正离子则随上升气流升高，最后集中在云中的上层，由于这种分布才形成了云中的电场。

当天空中云层的电场增强到某点的电位梯度大于 $3\times10^{6}\mathrm{V/m}$ 时，产生击穿放电即闪电。闪电可发生在云与云层之间或云与大地之间。一次闪电由几次放电脉冲组成，第一次脉冲在放电之前有一个准备阶段——"先导"过程，云里的自由电子受强电场作用，向地面很快地移动，在运动时，电子和空气分子碰撞，使空气电离并发光，经连续多次放电，在电离发光途径上，空气强烈被电离，导电性能大大增加，这是先导阶段。受到电感应作用，大地感应出大量不同极性电荷，因之大多数先导的走向是从云通向地面，但也有在云中就消逝了。

当先导到达地面后，沿着先导途径从地面向云中通过大量电流，把空气通道烧得白热，呈现耀眼的线状闪光，这个阶段是雷电的主放电阶段，称为"回击"阶段，这个阶段一直持续到雷云中的电荷完全放完为止。

二、通信电源系统防雷保护原则

为了防止电信电源系统和人身遭受雷害，主要应采取以下原则。

（1）重视接地系统的建设和维护。通信局（站）的防雷保护措施，首先要做好全局接地系统的工事，防雷接地是全局接地的一部分，做好整个接地系统才能让雷电流尽快入地，避免危及人身和设备安全。

电信建筑物屋顶上设置避雷针和避雷带等接闪器与建筑物外墙上下的钢筋和柱子钢筋等结构相连接，再接到建筑物的地下钢筋混凝土基础上组成一个接地网。这个接地网与建筑物外的接地装置，如变压器、油机发电机、微波铁塔等接地相连接，组成电信设备的工作接地、保护接地、防雷接地合用的联合接地系统。

在已建的通信局（站）中，应加强对联合接地的维护工作，定期检查焊接和螺丝加固处是否完好，建筑物和铁塔的引下线是否受到锈蚀，影响防雷作用。还应根据《电信电源维护规程》规定，定期对避雷线和接地电阻进行检查和测量。

（2）采用等电位原理。等电位原理是防止遭受雷击时产生高电位差的使人身和设备免遭损害的理论根据。通信局站采用联合接地，把建筑物钢筋结构组成一个呈法拉第笼式的均压体，使各点电位分布比较均匀，则工作人员和设备安全将得到较好保障，而且对电信设备也起到屏蔽作用。

（3）采用分区保护和多级保护。按照 IEC1312-1《雷电电磁脉冲的防护》第一部分，一般原则（通则）中指出，应将需要保护的空间划分为不同的防雷区（LPZ），以确定各部分空间不同的雷电电磁脉冲（LEMP）的严重程度和相应的防护对策。

各区以其交界处的电磁环境有明显改变作为划分不同防雷区的特征。

第一级防雷区：指直击雷区，本区内各导电物体一旦遭受雷击，雷浪涌电流将经过此物体流向大地，在环境中形成很强的电磁场。

第二级防雷区：指间接感应雷区，此区的物体可以能流经感应雷浪涌电流。这个电流小于直击雷流涌电流，但在环境中仍然存在强电磁场。

第三级防雷区：本区导电物体可能流经的雷感应电流比第二级防雷区小，环境中磁场已很弱。

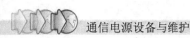
第四级防雷区：当需进一步减小雷电流和电磁场时，应引入后续防雷区。应按照保护对象的重要性及其承受浪涌的能力作为选择后续防雷区的条件。通常，防雷区划分级数越多，电磁环境的参数就越低。

我国 YD/T 944-1998 通信行业标准《通信电源设备的防雷技术要求和测试方法》中规定，与户外低压电力线相连接的电源设备入口处应符合冲击电流波（模拟冲击电流波形为 8/20μs）幅值≥20kA 的防雷要求。说明在防直接雷区进入防间接雷区时的要求。

除分区原则外，防雷保护也要考虑多级保护的措施，因为雷击设备时，设备第一级保护元件动作之后，进入设备内部的过电压幅值仍相当高。只有采用多级保护才足以把外来的过电压抑制到电压很低水平，以保护设备内部集成电路等元件的安全。如果设备的耐压水平较高，可使用二级保护，但当设备可靠性要求很高、电路元件又极为脆弱时，则应采用三级或四级保护。

一般把限幅电压较高、耐流能力较大的保护元件，如放电管等避雷器放在靠近外线电路处。而把限幅电压较低、耐流能力较弱的保护元件，如半导体避雷器放在内部电路的保护上。

（4）加装电涌保护器（Surge Protection Device）。电涌保护器（SPD）是抑制传导来的线路过电压和过电流装置，包括放电间隙、压敏电阻、二极管、滤波器等。

放电间隙、压敏电阻电涌保护器也称为避雷器，正常时呈高阻抗，并联在设备电路中，对设备工作无影响。当受到雷击时，能承受强大雷电流浪涌能量而放电，呈低阻抗状态，能迅速将外来冲击过量能量全部或部分泄放掉，响应时间极快，瞬间又恢复到平时高阻状态。

三、氧化锌压敏电阻避雷器

防雷的基本方法可归纳为"抗"和"泄"。所谓"抗"指各种电器设备应具有一定的绝缘水平，以提高其抵抗雷电破坏的能力；所谓"泄"指使用足够的避雷元器件，将雷电引向自身从而泄入大地，以削弱雷电的破坏力。实际的防雷往往是两者结合，有效地减小雷电造成的危害。

常见的防雷元器件有接闪器、消雷器和避雷器三类。其中接闪器是专门用来接收直击雷的金属物体。

接闪的金属杆称为避雷针，接闪的金属线称为避雷线，接闪的金属带、金属网称为避雷带或避雷网。所有接闪器必须接有接地引下线与接地装置良好连接。接闪器一般用于建筑防雷。

消雷器是一种新型的主动抗雷设备。它由离子化装置、地电吸收装置及连接线组成，如图 9-7 所示。其工作机理是金属针状电极的尖端放电原理。当雷云出现在被保护物上方时，将在被保护物周围的大地中感应出大量的与雷云带电极性相反的异性电荷，地电吸收装置将这些异性感应电荷收集起来通过连接线引向针状电极（离子化装置）而发射出去，向雷云方向运动并与其所带电荷中和，使雷电场减弱，从而起到了防雷的效果。实践证明，使用消雷器后可有效地防止雷害的发生，并有取代普通避雷针的趋势。

避雷器通常是指防护由于雷电过电压沿线路入侵损害被保护设备的防雷元件，它与被保护设备输入端并联，如图 9-8 所示。

常见的避雷器有阀式避雷器、排气式避雷器和金属氧化物避雷器等。下面以金属氧化物避雷器为例加以说明。

金属氧化物避雷器（MOA）又称为压敏电阻避雷器。这是一种没有火花间隙，只有压敏电阻片的新型避雷器。压敏电阻片是由氧化锌或氧化铋等金属氧化物烧结而成的多晶半导体陶瓷元件，具有理想的阀阻特性。在工频电压下，它呈现出极大的电阻，能迅速有效地抑制工频续流，因此，无需火花间隙来熄灭由工频续流引起的电弧；而在过电压的情况下，其电阻又变得很小，能很好地泄放雷电流。目前，金属氧化物避雷器已广泛用作低压设备的防雷保护。随着其制造成本的降低，它在高压系统中也开始获得推广应用。

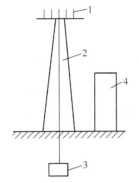

1—离子化发射装置；2—连接物；

3—地电收集装置；4—被保护物

图 9-7　消雷器结构示意图

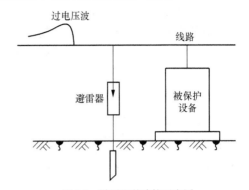

图 9-8　避雷器的连接示意图

金属氧化物避雷器的主要技术指标有：

① 压敏电压（U_{1mA}）：指通流电流为 1mA 下的电压。

② 通流容量：指采用可提供短路电流波形（如 8/20μs）的冲击发生器，所测量允许通过的电流值。

③ 残压比：浪涌电流通过压敏电阻时所产生的降压称为残压，残压比是指能流 100A 时的残压与压敏电压的比值，即 U_{100A}/U_{1mA}。有时也可取 U_{3kA}/U_{1mA} 比值。

压敏电阻响应时间为 ns 级，应用范围宽。但存在残压比高、有漏电流且易老化的缺点。

除此以外，在一些电子电路中，为进一步防止雷电的危坏损坏设备，还会加入其他的防雷器件，比如瞬变电压抑制二极管（TVP）。这种二极管是在稳压管工艺的基础上发展起来的，其反向恢复时间极短（小于 1×10^{-12}s），其峰值脉冲功率在 0.5～5kW，且具有体积小、不易老化的优点。由于防雷保护的重要性越来越被有关方面重视，目前涌现出了更多的防雷器件，它们的保护性能有了很大的提高。

四、交流低压系统内装设备电涌保护器的要求

国际电工委员会第 64 技术委员会（IEC/TC64）是制订建筑物电气装置安全标准的，负责制订对电气设备防过电压等安全标准。

按照 IEC664《低压系统中设备的绝缘配合》标准，将建筑物内低压电气设备按其在装置内的安装位置，划分为 4 类耐受冲击过电压水平。6kV、4kV、2.5kV 和 1.5kV 分别为220/380V 三相设备和 220V 单相设备的耐受冲击过电压水平。

如果电气装置由架空线供电，或经长度小于 150m 埋地电缆引入的架空线供电，地区雷电过电压大于 6kV，且每年的雷电日超过 25 天时就应在电源进线处安装 SPD；如地区雷电过电压水平在 4～6kV，则建议在进线处装设 SPD。当进线处受雷电电压击穿对地泄放雷电流，SPD 端子上的残压通常不大于 2.5kV，一般电气装置将不存在被过电压击坏的危险。但对过电压敏感的电子信息设备，由于其电路的耐压水平很低，还需要装设一级甚至二级SPD，将雷电过电压降至设备能承受的水平。

当采用多级 SPD 时，上下级间应能协调配合，以避免发生前级 SPD 不动作，后级 SPD 泄放过量雷电流而损坏的事故。为避免 SPD 自然失效，对地短路引起建筑物总电源开关跳闸断电事故，除非 SPD 制造厂产品资料有规定，应为 SPD 设置过流保护器。

各种电路电源设备耐雷电冲击指标，见表 9-2。

表 9-2　　　　　　　　　　各种电信电源设备耐雷电冲击指标

类　别	设 备 名 称	额 定 电 压（V）	混合雷电冲击波	
			模拟雷电压冲击波电压峰值（kV）（1.2/50μs）	模拟雷电流冲击波电流峰值（kV）（8/20μs）
5	电力变压器	10 000	75	20
		6 600	60	20
	交流稳压器	220/380	6	3
4	市电油机转换屏	220/380	4	2
	交流配电屏			
	低压配电屏			
	备用发电机			
3	整流器	220/380	2.5	1.25
	交流不间断电源（UPS）			
2	直流配电屏	直流−24V，−48V 或−60V	1.5	0.75
1	通信设备机架电源交流入口（由不间断电源供电）	220/380	0.5	0.25
	DC/AC 逆变器	直流−24V，−48V 或−60V		
	DC/DC 变换器			
	通信设备机架直流电源入口			

注：当设备安装在不同的环境条件下，应套用相应类别的指标。

五、通信电源系统防雷保护主要措施

微波站和卫星地球站等局站的市电高压引入线路，如采用高压架空线路，其进站端上方宜设架空避雷线，长度为 300～500m，避雷线的保护角应不大于 250，避雷线（除终端杆外）宜每杆作一次接地。

位于城区内的通信局，市电高压引入线路宜采用地理电力电缆进入通信局（站），其电缆长度不宜小于 200m。

电力变压器高、低压侧均应各装一组避雷器，避雷器应尽量靠近变压器装设。

出入局（站）的交流低压电力线路应采用地理电力电缆，其金属护套应就近两端接地。低压电力电缆长度宜不小于 50m，两端芯线应加装避雷器。通常将通信电源交流系统低压电缆进线作为第一级防雷，交流配电屏内作第二级防雷，整流器输入端口作为第三级防雷，这是通信电源系统防雷的最基本的要求，如图9-9所示。

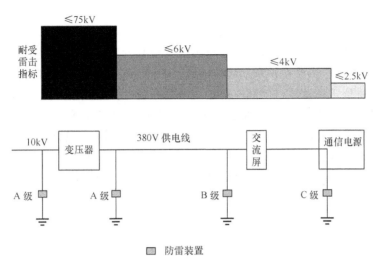

防雷装置

注：耐受雷击指标的波形为 1.2/50μs，参照标准为 IEC 664 和 GB 331.1-83

图 9-9　通信电源的三级防雷示意图

任务3　接地电阻的测试

通信设备的良好接地是设备正常运行的重要保证，对于交换机、光端机、计算机等电信网络中精密通信设备更是如此。设备使用的地线通常分为工作地（电源地）、保护地，防雷地，有些设备还有单独的信号地，以将强、弱电地隔离，保证数字弱信号免遭强电地线浪涌的冲击，这些地线的主要作用有：提供电源回路、保护人体免受电击，此外还可屏蔽设备内部电路免受外界电磁干扰或防止干扰其他设备。

设备接地的方式通常是埋设金属接地桩、金属网等导体，导体再通过电缆线与设备内的地线排或机壳相连。当多个设备连接于同一接地导体时，通常需安装接地排，接地排的位置应尽可能靠近接地桩，不同设备的地线分开接在地线排上，以减小相互影响。

通常，设备的接地电阻应尽可能地小，设备说明书上应给出对接地电阻的要求。设备的接地电阻包括了从设备内地线排到机房总地线排连线电阻、总地线排至接地桩的电阻、接地桩与大地间的电阻（地阻）以及彼此间的连接电阻，通常情况下，接地桩与大地间的电阻（地阻）是其中最主要的可变部分，除地阻外的其他部分总电阻在多数情况下总是小于 1 Ω。

接地电阻测试仪是检验测量接地电阻的常用仪表，也是电气安全检查与接地工程竣工验收不可缺少的工具，近年来，由于计算机技术的飞速发展，因此，接地电阻测试仪也渗透了大量的微处理机技术，其测量功能、内容与精度是一般仪器所不能相比的。目前先进的电阻测试仪能满足所有接地测量要求。运用新式钳口法，无需打桩放线进行在线直接测量。一台功能强大的地阻测试仪均由微处理器控制，可自动检测各接口连接状况及地网的干扰电压、干扰频率，并具有数值保持及智能提示等独特功能。

下面简单介绍手摇式地阻表和数字式钳形地阻表。

一、手摇式地阻表

1. 测量原理

手摇式地阻表是一种较为传统的测量仪表，它的基本原理是采用三点式电压落差法，如图 9-10 所示。其测量手段是在被测地线接地桩（暂称为 X）一侧地上打入两根辅助测试桩，要求这两根测试桩位于被测地桩的同一侧，三者基本在一条直线上，距被测地桩较近的一根辅助测试桩（称为 Y）距离被测地桩 20m 左右，距被测地桩较远的一根辅助测试桩（称为 Z）距离被测地桩 40m 左右。测试时，按要求的转速转动摇把，测试仪通过内部磁电机产生电能，在被测地桩 X 和较远的辅助测试桩（称为 Z）之间"灌入"电流，此时在被测地桩 X 和辅助地桩 Y 之间可获得一个电压，仪表通过测量该电流和电压值，即可计算出被测接地桩的地阻。

2. 使用方法

（1）测量接地电阻前的准备工作及正确接线

① 地阻仪有 3 个接线端子和 4 个接线端子两种，它的附件包括两支接地探测针、三条导线（其中 5m 长的用于接地板，20m 长的用于电位探测针，40m 长的用于电流探测针），如图 9-10 所示。

② 测量前做机械调零和短路试验，将接线端子全部短路，慢摇摇把，调整测量标度盘，使指针返回零位，这时指针盘零线、表盘零线大体重合，则说明仪表是好的。按图接好测量线。

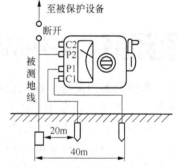

图 9-10　测量接地电阻的连接方法

（2）摇测方法

① 选择合适的倍率。

② 以每分钟 120 转的速度均匀地摇动仪表的摇把，旋转刻度盘，使指针指向表盘零位。

③ 读数，接地电阻值为刻度盘读数乘以倍率。

3. 使用地阻仪的注意事项

（1）测量前，选择辅助电极的布极位置，要求所选择的布极点没有杂散电流的干扰，并且辅助电压极、辅助电流极和接地体边缘三者之间，两两距离不少于 20m。

（2）为了提高测量精度，在条件允许的情况下，将接地体与其上连接的设备断开，以免接地体上泄漏的杂散电流影响测量精度。

（3）测试极棒应牢固可靠接地，防止松动或与土壤间有间隙。如果测量时，地阻仪灵敏度过高，可能将辅助电极向上适当拉出，如果地阻仪灵敏度过低，可以在辅助电极周围浇水，减少辅助电极的接触电阻。

（4）测量接地电阻的工作，不宜在雨天或雨后进行，以免因大地湿度大引起接地电阻偏小。

（5）当测试现场不是平地，而是斜坡时，电流极棒和电压极棒距地网的距离应是水平距离投影到斜坡上的距离。

二、数字式钳形地阻表

钳形地阻表是一种新颖的测量工具，它方便、快捷，外形酷似钳形电流表。使用方便，安全可靠，测量时不需打入辅助电极，不剪断接地线，只要用钳表的钳口钳合接地线，就能快速显示所测电阻值，极大地方便了地阻测量工作。

钳形地阻表还有一个很大的优点是可以对在用设备的地阻进行在线测量，而不需切断设备电源或断开地线。

（1）适用于各种形状的接地引线（圆钢、扁钢及角钢）；

（2）非接触式测量接地电阻、安全、快速；

（3）不必使用辅助接地棒，不需中断待测设备之接地；

（4）具有双重保护绝缘；

（5）抗干扰性强，测量精确度高。

钳形地阻表和手摇式地阻表的测量原理完全不同。手摇式地阻表在使用时，应将接地桩与设备断开，以避免设备自身接地体影响测量的准确性，手摇式地阻表可获得较高的精度，而不管是单点接地系统还是多点接地系统；对于钳形地阻表，其最理想的应用是用在分布式多点接地系统中，此时应对系统还是系统的所用接地桩依次进行测量，并记录下测量结果，然后进行对比，对测量结果明显大于其他各点的接地桩，要着重检查，必要时将该地桩与设备断开后用手摇式地阻表进行复测，以暴露出不良的接地桩。

 过关训练

1．接地系统由哪几个部分组成？

2．接地电阻由哪几部分组成？接地电阻的大小主要决定于哪些因素？

3．影响土壤电阻率的因素有哪些？

4．请画出交流工作接地的接法，并说明交流工作接地的作用。

5．直流工作接地的作用有哪些？通常正极接地的原因是什么？

6．简述通信电源系统防雷保护原则。在通信电源系统中防雷器的安装与配合的原则是怎样的？

7．什么是接触电压和跨步电压？

8．接地连接应注意的问题有哪些？

9．避雷器的阻值有什么特点？如何判断避雷器的好坏？

10．防雷的基本方法是什么？简述其原理。

11．常见的防雷元器件有哪些？

12．请画出通信电源的三级防雷示意图。

13．如何正确用地阻仪测量接地电阻？

本模块学习目标、要求

- 集中监控实施的背景、意义及功能
- 常见监控硬件介绍
- 电源监控系统的传输与组网
- 电源监控系统的结构和组成
- 监控对象及原则
- 电源集中监控系统操作及日常维护概述
- 告警排除及步骤

通过学习，理解集中监控实施的背景及意义，熟悉集中监控具有的功能；熟悉监控系统的监控对象，理解监控内容选择的原则；掌握常见传感器的作用与原理；掌握电源监控系统的组成；理解集中监控系统维护体系的组成。

本模块问题引入

随着通信规模的扩大，电源设备也大量增加。一方面电源设备的性能有很大提升，另一方面太多的现场人员维护反而影响设备的稳定性和可靠性；此外，随着计算机网络技术的不断成熟与普及，以及先进的维护管理体制的推广等，这些因素导致的必然趋势是通信电源集中监控的产生。

任务1　概述

一、动力环境集中监控系统

动力环境集中监控系统（以下简称监控系统）是对分布的各个独立的动力设备和机房环境监控对象进行遥测、遥信等采集，实时监控系统和设备的运行状态，记录和处理相关数据，及时侦测故障，并作必要的遥控操作，实时通知人员处理；实现通信局（站）的少人或无人值守，以及电源、空调的集中监控维护管理，提高供电系统的可靠性和通信设备的安全性。

二、监控系统功能

动力环境集中监控系统主要实现以下 3 种功能。

1. 数据采集和控制

数据采集是监控系统最基本的功能要求，必须精确和迅速；对设备的控制是为实现维护要求而立即改变系统运行状态的有效手段，必须可靠。对各种被监控设备（开关电源、空调、蓄电池、柴油发电机组、消防设备、摄像设备）进行集中操作维护，为实现机房少人无人值守创造条件。通过对设备的集中维护，缩短故障排除时间，提高设备利用率。数据采集和控制功能可以总结为"三遥"功能，即遥测——远距离数据测量、遥信——远距离信号收集、遥控——远距离设备控制。

2．设备运行和维护

运行和维护是基于数据采集和设备控制之上的系统核心功能，完成日常的告警处理、控制操作和规定的数据记录等。

3．维护管理

管理功能应实现以下 4 组管理功能。

（1）配置管理

配置管理提供收集、鉴别、控制来自下层数据和将数据提供给上级的一组功能。包括局向数据的增加、删除、修改等，现场监控量的一般配置、告警门限配置等。

（2）故障管理

故障管理提供对被监控对象运行情况异常进行检测、报告和校正的一组功能。及时发现紧急事件，防止因设备原因造成通信中断、机房失火等重大事件的发生。提供告警等级管理，告警信号的人机界面，告警确认，告警门限设置和告警屏蔽等。

（3）性能管理

性能管理提供对监控对象的状态以及网络的有效性评估和报告的一组功能。例如提供设备主要运行数据及参数；停电、油机及时供电情况；设备故障、告警统计；监控系统可用性分析等。

（4）安全管理

安全管理提供保证运行中的监控系统安全的一组功能。

三、监控系统网络结构

监控系统采用逐级汇接的结构，一般由监控中心、监控站、监控单元和监控模块构成，如图 10-1 所示。

其中：

SC（Supervision Center，监控中心）——本地网或者同等管理级别的网络管理中心。监控中心为适应集中监控、集中维护和集中管理的要求而设置。

SS（Supervision Station，监控站）——区域管理维护单位。监控站为满足县、区级的管理要求而设置，负责辖区内各监控单元的管理。

SU（Supervision Unit，监控单元）——监控系统中最基本的通信局（站）。监控单元一般完成一个物理位置相对独立的通信局（站）内所有的监控模块的管理工作，个别情况可兼管其他小局（站）的设备。

SM（Supervision Module，监控模块）——完成特定设备管理功能，并提供相应监控信息的设备。监控模块面向具体的被监控对象，完成数据采集和必要的控制功能。一般按照被监控系统的类型有不同的监控模块，在一个监控系统中往往有多个监控模块。

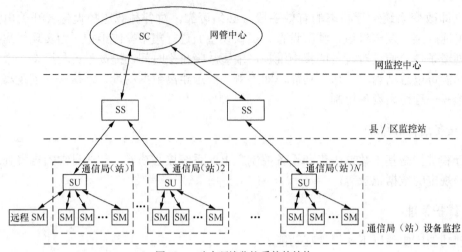

图 10-1　动力环境监控系统的结构

四、监控中心的结构

监控中心一般采用以太网进行组网，连接各监控设备。监控中心一般由通信服务器、数据库服务器、监控主机、大屏幕显示设备等组成，如图 10-2 所示。

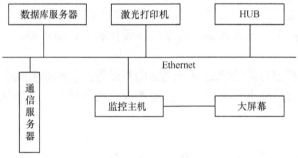

图 10-2　监控中心结构图

（1）通信服务器：负责数据的处理和中心与局（站）监控单元（SU）的通信工作（包括采集信息、发送命令和接收告警等），将接收到的数据提供给监控主机显示用，并将需要存储的数据发送到数据库服务器中存储。

（2）数据库服务器：主要负责各种监控历史数据的存储，供上层应用软件使用。

（3）监控主机：供维护人员进行操作，用来进行告警显示、查询实时或历史数据、发送命令。同时还向用户提供各种系统管理功能。

（4）大屏幕显示设备：更好地供维护人员进行人机交互，通常使用大屏幕显示器、投影仪等。

上述设备组成并不是固定的配置，根据监控系统的规模，可以灵活组合。规模大的网络可以多配置几台计算机用作维护终端，规模小的网络也可以只配置一台计算机，具有上述各设备的功能。为增加系统的安全性，也可以配置互为主备用两台数据库服务器。

五、监控单元的结构

根据通信局（站）的重要程度和监控量的多少，监控单元常有以下 3 种结构。

（1）带有前置机

带有前置机的 SU 结构图，如图 10-3 所示。在各局（站）配置一台性能较好的现场监控主机（前置机），作为一个整体（SU）对上位机的呼叫进行响应，本身具有告警判断能力，缩短了系统对告警的响应时间。并且这种方式可以提供更便利的现场维护功能，如存储被监控设备的历史数据和历史告警等信息，在通信故障的情况下依然保持对设备的监视，在线路恢复或维护人员下站时，重新提取原始设备资料。采用前置机还可以实现系统配置的远程下载功能，这也极大方便了监控系统自身的维护、功能的扩充和软件的升级。

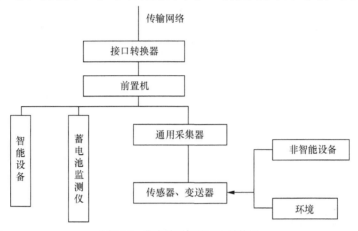

图 10-3　带有前置机的 SU 结构图

需要说明的是前置机虽然是一台计算机，但是与我们日常办公用的计算机并不相同，没有显示器和输入设备，现场维护可以通过笔记本电脑接入串口进行。通常前置机的配置不需要太高，并且应该是采用直流–48V 供电，功耗较小。这种结构适用于较重要的机房，如通信枢纽或交换局。

（2）没有前置机

没有前置机的 SU 结构图，如图 10-4 所示。对于没有配置前置计算机的方案，网络组织上，构成独立的数据总线连接至监控中心。使用功能上与干接点形式的监控比较，有质的飞跃，可以实现完全的模拟量监视和遥控功能。但是，其组网结构相对落后，由于各局（站）的监控模块全都以总线方式挂在监控中心下，因此，监控中心向下轮巡各监控模块。如果监控中心管辖较多的局（站），那么系统的告警反应时间会增长。而且局（站）没有配置前置机，无法保存较多的历史数据，也无法实现系统配置的远程下载功能。这种结构适用于规模较小的机房，如光缆干线的无人值守中继机房或较小的模块局机房。

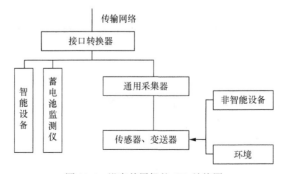

图 10-4　没有前置机的 SU 结构图

（3）一体化采集器

一体化采集器的 SU 结构图，如图 10-5 所示。在各局（站）配置一台一体化采集器，该采集器向下可以接入智能设备和蓄电池监测仪，并具有模拟量/数字量输入采集端口和数值量输出端口进行遥控；向上通过内置的接口转换设备连接传输网络。这种结构适用于不太重要的局（站），如较小的模块局。

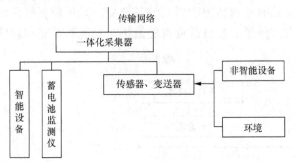

图 10-5　一体化采集器的 SU 结构图

通常考虑到投资费用的因素，该方案可以不配置蓄电池监测仪，只是通过一体化采集器监视几个标志电池的电压。

任务2　监控对象

监控系统监控的对象包括动力设备和机房环境。

1. 高压配电设备

（1）进线柜

遥测：三相电压，三相电流。

遥信：开关状态，过流跳闸告警，速断跳闸告警，失压跳闸告警，接地跳闸告警（可选）。

（2）出线柜

遥信：开关状态，过流跳闸告警，速断跳闸告警，接地跳闸告警（可选），失压跳闸告警（可选），变压器过温告警，瓦斯告警（可选）。

（3）母联柜

遥信：开关状态，过流跳闸告警，速断跳闸告警。

（4）直流操作电源柜

遥测：储能电压，控制电压。

遥信：开关状态，储能电压高/低，控制电压高/低，操作柜充电机故障告警。

2. 低压配电设备

（1）进线柜

遥测：三相输入电压，三相输入电流，功率因数，频率。

遥信：开关状态，缺相，过压、欠压告警。

遥控：开关分合闸（可选）。

（2）主要配电柜

遥信：开关状态。

遥控：开关分合闸（可选）。

（3）稳压器

遥测：三相输入电压，三相输入电流，三相输出电压，三相输出电流。

遥信：稳压器工作状态（正常/故障，工作/旁路），输入过压，输入欠压，输入缺相，输入过流。

3. 柴油发电机组

遥测：三相输出电压，三相输出电流，输出频率/转速，水温（水冷），润滑油油压，润滑油油温，启动电池电压，输出功率。

遥信：工作状态（运行/停机），工作方式（自动/手动），主备用机组，自动转换开关（ATS）状态，过压，欠压，过流，频率/转速高，水温高（水冷），皮带断裂（风冷），润滑油油温高，润滑油油压低，启动失败，过载，启动电池电压高/低，紧急停车，市电故障，充电器故障（可选）。

遥控：开/关机，紧急停车，选择主备用机组。

4. 油机发电机组

遥测：三相输出电压，三相输出电流，输出频率/转速，排气温度，进气温度，润滑油油温，润滑油油压，启动电池电压，控制电池电压，输出功率。

遥信：工作状态（运行/停机），工作方式（自动/手动），主备用机组，自动转换开关（ATS）状态，过压，欠压，过流，频率/转速高，排气温度高，润滑油温度高，润滑油油压低，燃油油位低，启动失败，过载，启动电池电压高/低，控制电池电压高/低，紧急停车，市电故障，充电器故障。

遥控：开/关机，紧急停车，选择主备用机组。

5. 不间断电源（UPS）

遥测：三相输入电压，直流输入电压，三相输出电压，三相输出电流，输出频率，标示蓄电池电压（可选），标示蓄电池温度（可选）。

遥信：同步/不同步状态，UPS/旁路供电，蓄电池放电电压低，市电故障，整流器故障，逆变器故障，旁路故障。

6. 逆变器

遥测：交流输出电压，交流输出电流，输出频率。

遥信：输出电压过压/欠压，输出过流，输出频率过高/过低。

7. 整流配电设备

（1）交流屏（或交流配电单元）

遥测：三相输入电压，三相输出电流，输入频率（可选）。

遥信：三相输入过压/欠压，缺相，三相输出过流，频率过高/过低，熔丝故障，开关状态。

（2）整流器

遥测：整流器输出电压，每个整流模块输出电流。

遥信：每个整流模块工作状态（开/关机，均/浮充，测试，限流/不限流），故障/正常。

遥控：开/关机，均/浮充，测试。

（3）直流屏（或直流配电单元）

遥测：直流输出电压，总负载电流，主要分路电流，蓄电池充/放电电流。

遥信：直流输出电压过压/欠压，蓄电池熔丝状态，主要分路熔丝/开关故障。

8．太阳能供电设备

遥测：方阵输出电压，电流。

遥信：方阵工作状态（投入/撤出），输出过压，过流。

9．直流—直流变换器

遥测：输出电压，输出电流。

遥信：输出过压/欠压，输出过流。

10．风力发电设备

遥测：三相输出电压，三相输出电流。

遥信：风机开/关。

11．蓄电池监测装置

遥测：蓄电池组总电压，每只蓄电池电压，标示电池温度，每组充/放电电流，每组电池安时量（可选）。

遥信：蓄电池组总电压高/低，每只蓄电池电压高/低，标示电池温度高，充电电流高。

12．分散空调设备

遥测：空调主机工作电压，工作电流，送风温度，回风温度，送风湿度，回风湿度，压缩机吸气压力，压缩机排气压力。

遥信：开/关机，电压、电流过高/低，回风温度过高/低，回风湿度过高/低，过滤器正常/堵塞，风机正常/故障，压缩机正常/故障。

遥控：空调开/关机。

13．集中空调设备

（1）冷冻系统

遥测：冷冻水进、出温度，冷却水进、出温度，冷冻机工作电流，冷冻水泵工作电流，冷却水泵工作电流。

遥信：冷冻机、冷冻水泵、冷却水泵、冷却塔风机工作状态和故障告警，冷却水塔（水池）液位低告警。

遥控：开/关冷冻机，开/关冷冻水泵，开/关冷却水泵，开/关冷却塔风机。

（2）空调系统

遥测：回风温度，回风湿度，送风温度，送风湿度。

遥信：风机工作状态，故障告警，过滤器堵塞告警。

遥控：开/关风机。

（3）配电柜

遥测：电源电压、电流。

遥信：电源电压高/低告警，工作电流过高。

14．环境

遥测：温度，湿度。

遥信：烟感，温感，湿度，水浸，红外，玻璃破碎，门窗告警。

遥控：门开/关。

任务3　常见监控硬件介绍

一、传感器

传感器是在监控系统前端测量中的重要器件，它负责将被测信号检出、测量并转换成前端计算机能够处理的数据信息。由于电信号易于被放大、反馈、滤波、微分、存储以及远距离传输等，加之目前电子计算机只能处理电信号，所以通常使用的传感器大多是将被测的非电量（物理的、化学的和生物的信息）转换为一定大小的电量输出。

1．温度传感器

温度是表示物体冷热程度的物理量。温度传感器是通过一些物体温度变化而改变某种特性来间接测量的。常用的温度传感器有热敏电阻传感器、热电偶温度传感器及集成温度传感器等。热敏电阻是利用物体在温度变化时本身电阻也随着发生变化的特性来测量温度的。主要材料有铂、铜和镍。一般热电阻测量精度高，但测量范围比较小。热电偶测量范围较宽，一般为$-100℃\sim+200℃$。热电偶基本工作原理来自物体的热点效应。集成温度传感器，它的线性好，灵敏度高，体积小，使用简便。

2．湿度传感器

湿度敏感器件是基于所用材料性能与湿度有关的物理效应和化学反应的基础上制造的。通过对湿度有关的电阻、电容等参数的测量，就可将相对湿度测量出来。下面简介几种常用的湿度传感器。

（1）阻抗型湿敏元件组成的湿度传感器

其湿敏材料主要是金属氧化物陶瓷材料，一般采用厚薄膜结构，它们有较宽的工作湿度范围，并且有较小响应时间。缺点是阻抗的对数与相对湿度所成的线性度不够好。

（2）电容式湿敏元件组成的湿度传感器

相对湿度的变化影响到内部电极上聚合物的介电常数，从而改变了元件电容值，由此引起相关电路输出电量的变化，其线性度较好，响应快。

（3）热敏电阻式湿度传感器

它利用潮湿空气和干燥空气的热传导之差来测定湿度，一般接成电桥式测量电路。

3．感烟探测器

火灾探测器分感烟探测器、感温探测器和火焰探测器。感烟探测器分为离子感烟型和光电感烟型，感温探测器分为定温感温型和差温感温型。工程上使用最多的是感烟探测器，如图 10-6 所示。

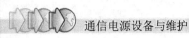

离子感烟探测器利用放射性元素产生的射线，使空气电离产生微电流来检测，如图 10-6 所示。由于离子感烟器只有垂直烟才能使其报警，因此，烟感应装在房屋的最顶部；灰尘会使感烟头的灵敏度降低，因此，应注意防尘；离子感烟探测器使用放射性元素 Cs137，应避免拆卸烟感，注意施工安全。

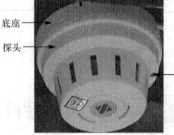

底座
探头
告警指示灯

图 10-6 离子感烟探测器

4．红外传感器

（1）被动式红外入侵探测器

目前安全防范领域普遍采用热释电传感器制造的被动式红外入侵探测器。热释电材料（如锆钛酸铝等），若其表上面的温度上升或下降，则该表面产生电荷，这种效应称热释电效应。热释电红外探测器主要由热释电敏感元件、菲涅尔透镜及相关电子处理电路组成。

菲涅尔透镜实际上是一个透镜组，它上面的每一个单元透镜一般都只有一个不大的视场角。相邻的两个单元透镜的视场既不连续，又不交叠，却都相隔一个盲区，这些透镜形成一个总的监视区域，当人体在这一监视区域中运动时，依次地进入某一单元透镜的视场，又走出这一透镜的视场，热释电传感器对运动的人体就能间隔地检测到，并输出一串电脉冲信号，经相应的电路处理，输出告警信号。

（2）微波、红外双鉴入侵探测器

红外告警探测器是鉴于探测人体辐射的红外线来工作的，对外界热源的反映比较敏感，在有较强的发热源的环境中工作容易出现告警。微波探测器根据多普勒效应原理来探测移动物体。多普勒效应简言之就是当发射的波遇到移动的物体，其反射回来波的频率就会发生变化。同时运用微波和红外原理制作的探测器能有效地降低误告警率。目前使用的入侵探测器常加上智能防小动物电路，即三鉴入侵探测器，系统的可靠性得到进一步提高。

5．液位传感器

（1）警戒液位传感器

常用的警戒液位传感器是根据光在两种不同媒质界面发生反射和折射原理来测量液体的存在。常被用于测量是否漏水，俗称为水浸探测器。

（2）连续液位传感器

连续液位传感器利用的测量压力（压降）或随液面变化带动线性可变电阻的变化，并经过一定的换算来测出液位的高度。在监控系统中常被用来测量柴油发电机组油箱油位的高度。

二、变送器

由于传感器转换以后输出的电量各式各样，有交流也有直流，有电压也有电流，而且大小不一，而一般 D/A 转换器件的量程都在 5V 直流电压以下，所以有必要将不同传感器输出的电量变换成标准的直流信号，具有这样的功能的器件就是变送器。换句话说，变送器是能够将输入的被测的电量（电压、电流等）按照一定的规律进行调制、变换，使之成为可以传送的标准输出信号（一般是电信号）的器件。

变送器除了可以变送信号外，还具有隔离作用，能够将被测参数上的干扰信号排除在数据采集端之外，同时也可以避免监控系统对被测系统的反向干扰。

此外，还有一种传感变送器，实际上是传感器和变送器的结合，即先通过传感部分将非电量转换为电量，再通过变送部分将这个电量变换为标准电信号进行输出。

三、协议转换器

对通信协议，原电信总局的《通信协议》中作了详细的规定，其内容包括通信机制、通信内容、命令及应答格式、数据格式和意义、通用及专用编码等。通信双方如果协议不一致，就会像两个语言不通的人一样难以进行相互交流。对于目前已经存在的大量智能设备通信协议与标准的《通信协议》不一致的情况，必须通过协议转换来保证通信。实现协议转换的方法一般是采用协议转换器，将智能设备的通信协议转换成标准协议，再与局（站）中心监控主机进行通信。

任务4　监控系统的数据采集及传输组网

一、数据采集与控制系统的组成

对动力设备而言，其监控量有数字量、模拟量和开关量。数字量（如频率、周期、相位和计数）的采集，其输入较简单，数字脉冲可直接作为计数输入、测试输入、I/O 口输入或作中断源输入进行事件计数、定时计数，实现脉冲的频率、周期、相位及计数测量。对于模拟量的采集，则应通过 A/D 变换后送入总线，I/O 或扩展 I/O。对于开关量的采集则一般通过 I/O 或扩展 I/O。对于模拟量的控制，必须通过 D/A 变换后送入相应控制设备。

串行通信是 CPU 与外部通信的基本方式之一，在监控系统中采用的是串行异步通信方式，波特率一般设定为 2 400～9 600bit/s。监控系统中常用的串行接口有 RS232、RS422、RS485 接口。RS232 接口采用负逻辑，逻辑"1"电平为−5～−15V，逻辑"0"电平为+5～+15V。RS232 传输速率为 1Mbit/s 时，传输距离小于 1m，传输速率小于 20kbit/s 时，传输距离小于 15m。RS232 只适用于作短距离传输。RS422 采用了差分平衡电气接口，在 100kbit/s 速率时，传输距离可达 1 200m，在 10Mbit/s 时可传 12m。和 RS232 不同的是在一条 RS422 总线上可以挂接多个设备。RS485 是 RS422 的子集。RS422 为全双工结构，RS485 为半双工结构。动力监控现场总线一般都采用 RS422 或 RS484 方式，由多个单片机构成主从分布式较大规模测控系统。具有 RS422、RS485 接口的智能设备可直接接入，具有 RS232 接口的智能设备需将接口转换后接入。各种高低配实时数据和环境量通过数据采集器，电池信号通过采集器接入现场控制总线送到端局监控主机，然后上报中心，如图 10-7 所示。

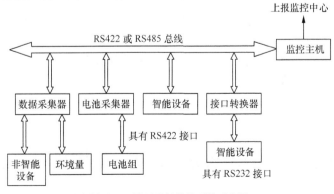

图 10-7　端局现场监控系统示意图

二、电源监控系统的传输与组网

传输与组网在电源监控系统中占有很主要的地位，它是监控数据正确和快速的基础。

1．传输资源

（1）PSTN

PSTN（Public Service Telephone Network，公用电话网）是最普通的传输资源。其特点是普及、成本低、误码多、易受干扰，一般不作主要传输路由，只作备份路由。

（2）2M

2M 资源，又称 E1 线路，是电信系统中最常见的一种资源。2M 的接口有两种，一种是平衡接口，采用两对 120Ω 的线对，一对收，一对发；另一种是非平衡接口，采用一对 75Ω 的同轴电缆，一根收，一根发。按照时分复用的方法，把一个 2 048kbit/s 的比特流，分为 32 个 64kbit/s 的通道，每个通道称为一个时隙，编号 0～31，其中时隙 0 作为交换机之间同步用，其他时隙可用来承载其他业务。在动力监控中既可用来传输图像信号，同时也可传输数据信号。

（3）DDN

DDN（Digital Date Network，数字数据网）是电信部门的一个数据业务网，其主要功能是向用户提供端到端的透明数字串行专线。

所谓透明专线，就是用户从一端发送出来的数据，在另一个端原封不动地被接收，网络对承载用户数据没有任何协议要求。可分为同步串行专线和异步串行专线。同步串行通路速率从 64kbit/s 至 n*64kbit/s，最高达 204kbit/s；异步串行通路速率一般小于 64kbit/s，从 2 400bit/s，9 600bit/s 至 38.4kbit/s。在动力监控系统中多被用来传输动力监控数据信号。

（4）97 网

97 网是电信系统内部的计算机网络，提供以太网或 RS232 串口，可直接利用。

（5）ISDN

ISDN（Integrated Service Digital Network，综合业务数字网）以全网数字化，将现有的话音业务和数据业务通过一个网络提供给用户。

2．传输组网设备

根据组网设备在网络互连中起的作用和承担的功能，可分为接入设备、通信设备、交换设备和辅助设备。

（1）接入设备用于接入各个终端计算机，主要有多串口卡和远程访问服务器等。

（2）通信设备用于承担连网线路上的数据通信功能。主要有调制解调器（MODEM），数据端接设备（DTU）等。

（3）交换设备用于提供数据交换服务，构建互连网络的主干。较常用的是路由器，在数据通信时，发送数据的计算机必须将发到其他网络上的数据帧首先发给路由器，然后才由路由器转发到目的地址。

（4）辅助设备在网络互连中起辅助的作用，常用的有网卡、收发器和中继器等。

任务5　动力环境集中监控系统设备维护和性能测试

动力环境集中监控系统的现场维护内容侧重日常检查和测试工作，具体内容如下。

（1）工作电源检查

系统供电所使用的逆变器、UPS 电源或其他设备的工作状态是否正常，可根据具体设备的说明书进行检查。

逆变器工作状态检查。观察逆变器指示灯并检查是否有异常的噪声。指示灯状态可参见产品说明书。如果有异常噪声说明逆变器内部部件已经出现故障，请更换或维修。

UPS 性能检查（指监控系统使用的 UPS），保证 UPS 的功能稳定，确保不间断电源的正常工作。检测 UPS 电池电压是否正常，具体电压值可参照设备自带说明书。

（2）传输设备工作状况检查

可通过观察设备指示灯来判断设备的运行状况。

（3）智能及非智能设备控制量的测试

① 可控性检查。周期性的测试可保证设备的可控性，以免紧急情况时操作失灵，引起事故。可在 SS 或 SC 的终端上完成控制操作，现场维护人员配合完成此项测试。

② 响应速度测试。响应速度测试是为了保证系统处于最优状态，能够快速地响应中心发出的命令。

无论是智能设备还是非智能设备的控制，凡是涉及设备操作控制的，均要求有人员在现场。对设备进行控制时要做好操作记录，记录下操作前后设备的状况。对每个控制信号，通过 SS、SC 或现场终端发送命令现场测试设备动作或设置值变化。

控制执行的响应时间应在 10s 以内（如果是智能设备，不包含设备本身响应时间）。

（4）重要告警测试

① 市电告警。市电状态的重要告警的测试是为检查告警的可靠性，用于保证重要告警的正确性。应保证此项功能正确无误。此处单独将此信号列出来是为了表示此信号的特殊性，因为此信号包括停电、缺相、电压过高、电压过低等多种状态。

测试时可以制造停电、缺相等现象，观察系统是否能够快速（10s 以内）并正确地反映出各种告警状态。

② 其他重要告警。为减少工作量可只对重要信号（例如，整流器工作状态告警、整流器过流告警等）的响应做测试。在底端模拟量的响应时间在 10s 以内，开关量响应时间在 5s 以内。

（5）数据准确度测试

数据准确度测试是指采集开关量的值变化准确无误。对每个开关量制造出 0 和 1 两种状态，测试采集值的变化。

（6）数据精度测试

数据精度指设备和环境的真实值与采集值的误差范围。对每个模拟量进行严格测试，要求数据精度要符合要求，各监控量测量精度对直流电量应优于 0.5%，蓄电池单体电池电压为±5mV，其他电量应优于 2%，非电量应优于 5%。

保证系统的精确性，防止系统老化。可用实际值同 SS、SC 的显示值进行比较。主要是电压、电流的精度测试。可使用万用表和钳形电流表来测量电压、电流信号后同 SS、SC 的数据进行比较。温湿度的测试可以通过外置仪表进行测试并同 SS、SC 的数据进行比较。

（7）检查误告警和错误数据

通过终端检查各类采集值是否出现负值，数值明显漂移等现象；检查告警频率高的信号。可以通过人为制造告警来判断该信号是否稳定。

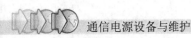

任务6 监控系统常见故障分析与处理

当监控系统发生故障时，必须及早修复，以避免对监控工作造成影响。与电源故障不同，监控系统发生的故障在其自诊断功能还不够强大时，很大程度上需要依靠日常的维护、系统运行状况的观察、对各种告警现象的分析以及对系统的检测等来发现，只有一小部分能够由系统自己准确发现并进行告警。因此，对监控系统故障的发现、诊断和修复需要维护人员在日常的维护工作中不断积累经验，勤思考、勤分析、勤记录，尤其是诊断过程，对故障类型、故障区域、故障部位、故障点的判断以及故障原因的分析，都需要凭借对监控系统深入地了解、丰富的维护经验和敏锐的职业目光。

一、故障的表现类别

对于监控系统，其故障的表现是多种多样的，归纳起来有以下几类。

1．硬件故障

硬件故障是由于组成系统的元器件和设备等硬件损坏、失效而引起的故障，常见的有：

（1）元器件失效，包括元器件电特性超出正常范围、短路、开路以及机械损坏等。

（2）电路故障，如线路短路、开路、高阻抗等。

（3）电源故障，如电源模块无输出、输出噪声过大等。

（4）设备故障，该故障可能是由于以上3种故障之一所导致的，但该设备在系统中作为一个不可分割的单元，设备内具体的故障原因可以不予分析，而只关心设备的输入—输出特性。这种故障如网卡故障、集线器网口故障等。

（5）连接故障，如插头松动等。

2．软件故障

软件故障是指软件设计过程中因疏忽、理解偏差或考虑不周全而造成的与实际目标的不一致。软件故障一般表现为程序显示错误、运行结果错误、命令执行错误、程序死（无响应）等。

3．系统故障

系统故障属于系统级的错误，通常是指系统间或组成系统的各部分（软、硬件模块）之间相互配合、协调工作时发生的错误，以及由于系统与工作环境之间的配合不良而引发的错误，而这些模块或系统本身可能并不存在错误。笼统地讲，系统故障表现在系统的输入、输出与预先的设计或说明不一致，通常以软件故障的形式具体表现出来。系统故障包括软硬件不匹配、多系统间协议不匹配、通信线路干扰等。

二、故障产生的原因

对于监控系统来说，其故障产生的原因包括内部和外部两个方面。

1．内部原因

内部原因是指系统本身存在的不可靠因素，主要包括以下几个方面。

（1）元器件及设备本身的性能和可靠性。元器件、设备性能、可靠性的好坏将最终影响到整个系统的性能和可靠性。

（2）系统结构设计，包括软件设计和硬件设计两个方面。结构设计的不合理将会导致系统故障，如容易受到外界干扰或内部相互干扰，容易扩大误差而导致错误，容易因局部微小故障而引发系统全局故障等。

（3）安装与调试，包括硬件的安装调试和软件的安装调试两个方面。系统元器件和设备的可靠性再好，结构设计再合理，如果安装工艺粗糙，调试不严格，仍然会给系统带来许多故障隐患。

2．外部原因

故障产生的外部原因是指由于系统所处的外部环境条件而给系统带来的不可靠因素，主要包括以下几个方面。

（1）外部电气条件，包括电源电压的稳定性、其他设备的电磁干扰、浪涌电流的侵入、雷击等。

（2）外部环境条件，包括环境温度、湿度、空气洁净度等。

（3）外部机械条件，包括外力冲击、振动等。

（4）人为误操作，由于操作人员有意或无意对系统的误操作而引发系统故障。

（5）异常外力破坏，包括各种不可预测的外界因素的破坏，如火灾、水浸引起短路、鼠患等。

三、监控系统常见故障及处理

1．监控系统常见故障

监控系统常见的故障及其可能的故障原因，见表 10-1。这里所列的都是一些共性故障，不同的监控系统故障情况可能会有所不同。

表 10-1　　　　　　　　　　　　　　监控系统常见故障

故　障　现　象	可能的故障原因
监控模块故障告警	监控模块故障 监控模块地址配置错误
端局通信中断告警	端局通信中断 监控主机死机 监控主机地址配置错误
所有端局通信中断告警	监控中心通信中断 通信服务器死机或程序出错
实时数据不刷新或无信号	通信中断 监控中心及主机程序出错 端局设备电源故障 上下配置不统一
某设备实时数据不刷新	该设备监控模块故障 接口（协议）转换器故障 通道故障
实时数据及告警时延变长	网络故障 应用程序错误 计算机病毒 电源干扰 接地不良

故 障 现 象	可能的故障原因
监控软件突发性异常或死机	应用程序错误
	计算机病毒
	计算机硬件故障
误告警或不告警	传感器、变送器故障
	信号线路故障
	环境干扰
	组态错误
遥控不成功	接口和设备故障
	程序（协议）错误
	地址配置错误
	组态错误
遥测不准	传感器、变送器故障
	安装错误
	环境干扰
	参数设置错误
报表错误	参数设置不当
	组态错误
	软件设计错误
	数据库出错

2．监控系统故障的修复

对于硬件故障的修复，最常用的措施是更换器件；如果是接触不良、接头松动、线缆脱落等故障，应采取有效的紧固措施；如果是由于线路上器件受到干扰，则应考虑采取重新布线、改变路由、良好接地、屏蔽隔离等措施加以解决。对于软件故障的修复，最常用的措施是重新登录或重新启动；对配置有错误的应及时更正；如果系统遭到破坏，则要通过备份数据的恢复或系统的重新安装来修复；如果是软件设计错误，则只有通知厂家进行修复。而对于传输线路上的故障，则需要相关专业配合予以解决。

 ## 过关训练

1．什么是动力环境集中监控系统？

2．集中监控实施有何意义？

3．告警屏蔽功能和告警过滤功能有什么区别？举例说明。

4．什么是三遥功能？举例说明。

5．请画出动环监控系统网络结构图。

6．电源集中监控系统的参数配置功能有哪些？请各举例说明。

7．请列举 4 种常见的传输资源。

8．监控系统常用传感器哪些？它与变送器有何区别？

9．画一个五级电源集中监控系统的分层体系结构示意图。

10．远程实时图像监控由哪些部分组成？

11．监控系统现场维护内容大致有哪些？

12．谈一谈就你理解的电源集中监控维护管理体系应该是怎样的？如果你是监控值班人员，你日常的主要工作有哪些？

参 考 文 献

[1] 张雷霆. 通信电源. 北京：人民邮电出版社，2005
[2] 漆逢吉. 通信电源，北京：北京邮电大学出版社，2004
[3] 强生泽，杨贵恒，李龙，钱希森. 现代通信电源系统原理与设计. 北京：中国电力出版社，2009
[4] 朱雄世. 新型电信电源系统与设备. 北京：人民邮电出版社，2002
[5] 侯振义. 夏峥，通信电源站原理及设计. 北京：人民邮电出版社，2002
[6] 王家庆. 智能型高频开关电源系统的原理使用与维护. 北京：人民邮电出版社，2000
[7] 朱品才，张华，薛观东. 阀控式密封铅酸蓄电池的运行与维护. 北京：人民邮电出版社，2006
[8] 王其英，刘秀荣. 新型不停电电源（UPS）的管理使用与维护. 北京：人民邮电出版社，2005
[9] 孙建新. 内燃机构造与原理. 北京：人民交通出版社，2004
[10] 杜润田，高欣. 通信用柴油发电机组. 北京：人民邮电出版社，2008
[11] 贾继伟. 通信电源的科学管理与集中监控. 北京：人民邮电出版社，2004
[12] 中国移动集团公司. 通信电源、空调与监控维护管理规定. 2008
[13] 中国电信湖南分公司电源维护支撑中心. 模块局电源系统实用手册. 2006